Steigerung der Ressourceneffizienz beim pulverbettbasierten Schmelzen von Metallen

Von der Fakultät für Ingenieurwissenschaften
der Universität Bayreuth
zur Erlangung der Würde eines
Doktor-Ingenieur (Dr.-Ing.)
genehmigte Dissertation

von

M. Sc. Alexander Mahr

aus

Lichtenfels

Erstgutachter: Prof. Dr.-Ing. Frank Döpper

Zweitgutachter: Prof. Dr.-Ing. habil. Gerd Witt

Tag der mündlichen Prüfung: 11. März 2025

Lehrstuhl Umweltgerechte Produktionstechnik

Universität Bayreuth

2025

PRODUKTION.BESSER.MACHEN.

Alexander Mahr

Steigerung der Ressourceneffizienz beim pulverbettbasierten Schmelzen von Metallen

Herausgeber:
Prof. Dr.-Ing. Frank Döpper

Band 11

UNIVERSITÄT BAYREUTH

Bibliografische Information der Deutschen Nationalbibliothek
Die Deutsche Nationalbibliothek verzeichnet diese Publikation in der Deutschen Nationalbibliografie; detaillierte bibliografische Daten sind im Internet über https://portal.dnb.de abrufbar.

Alexander Mahr:

Steigerung der Ressourceneffizienz beim pulverbettbasierten Schmelzen von Metallen

1. Auflage, 2025

Gedruckt auf holz- und säurefreiem Papier, 100% chlorfrei gebleicht.

Wissenschaftsverlag des Instituts für Industriekommunikation und Fachmedien an der RWTH Aachen
Steinbachstr. 25, 52074 Aachen, Deutschland
Internet: www.apprimus-verlag.de, E-Mail: info@apprimus-verlag.de

Druck: CPI Druckdienstleistungen GmbH
Ferdinand-Jühlke-Straße 7 | 99095 Erfurt | Deutschland

ISBN 978-3-98555-279-5

Vorwort

Die vorliegende Dissertation entstand während meiner Tätigkeit als akademischer Rat auf Zeit am Lehrstuhl Umweltgerechte Produktionstechnik (LUP) der Universität Bayreuth und als Projektleiter der Projektgruppe Prozessinnovation des Fraunhofer-Instituts für Produktionstechnik und Automatisierung (IPA). Inspiriert von den aktuellen Herausforderungen des Klimawandels, habe ich diese Arbeit verfasst, um einen wichtigen Beitrag zu einer nachhaltigeren Fertigungstechnologie zu leisten.

Mein besonderer Dank gilt Herrn Prof. Dr.-Ing. Frank Döpper für die wissenschaftliche Betreuung und Förderung dieser Arbeit sowie für die Unterstützung und Freiräume, die mir bei der Beantragung und Leitung von Projekten und Forschungsarbeiten im Rahmen meiner Tätigkeiten am LUP und IPA gewährt wurden. Ferner gilt mein Dank Herrn Prof. Dr.-Ing. habil. Gerd Witt für die Übernahme des Koreferates und das an der Arbeit entgegengebrachte Interesse.

Mein aufrichtiger Dank gilt meinem Kollegen und Freund Dr.-Ing. Christian Bay für das konstruktive Lektorat der Arbeit und die vielen anregenden Diskussionen. Darüber hinaus richte ich meinen besonderen Dank an meinen Kollegen und Freund Dr.-Ing Andreas Hofmann, der mit seiner anhaltenden Motivation und bedeutenden Unterstützung nicht nur eine wertvolle Hilfe war, sondern auch die Phase meiner Dissertation durch unsere Freundschaft bereichert hat. Ein weiterer Dank geht an meine Kollegen und Freunde aus der Arbeitsgruppe „Additive Fertigung" am LUP und IPA für die hervorragende Zusammenarbeit, insbesondere an Jan Kemnitzer und Hajo Groneberg. Die gemeinsamen Erlebnisse bei Veranstaltungen, Messen und Konferenzen werde ich stets in guter Erinnerung behalten und freue mich auf viele Weitere.

Meinen ganz besonderen Dank richte ich an meine Eltern Rosl und Leo sowie meine Geschwister Katharina und Thomas, die mir während der gesamten Zeit der Dissertation den Rücken gestärkt haben und mich jederzeit ermutigt haben, meine Ziele zu verfolgen.

Abschließend möchte ich meiner Frau Isabell danken. Vielen Dank für Deine Geduld und den Freiraum, den Du mir gegeben hast, um die vorliegende Arbeit abzuschließen. Ich freue mich auf die gemeinsame Zeit, die vor uns liegt.

Ich widme diese Arbeit meiner Tochter Clara. Du hast mir unermüdlich Kraft und Freude geschenkt und mir geholfen, die richtige Balance zwischen Arbeit und Ablenkung zu finden.

Bayreuth, im April 2025 *Alexander Mahr*

Inhaltsverzeichnis

1 Einleitung **1**

1.1 Ausgangssituation 1

1.2 Motivation und Handlungsbedarf 1

1.3 Zielsetzung und Eingrenzung des Betrachtungsraums 3

1.4 Vorgehensweise 5

2 Stand der Wissenschaft und Technik **7**

2.1 Prozess des pulverbettbasierten Schmelzens von Metallen mittels Laserstrahl (PBF-LB/M) 7

2.1.1 Einordnung und Begriffsdefinition 7

2.1.2 Prozess des PBF-LB/M 7

2.1.3 Rohstoffbedarf beim PBF-LB/M-Prozess 9

2.1.4 Rohstoffseitige Gefahren beim PBF-LB/M-Prozess 16

2.1.5 Betriebsstoffbedarf beim PBF-LB/M-Prozess 19

2.1.6 Zeitbedarf beim PBF-LB/M-Prozess 26

2.2 Prozesskette des pulverbettbasierten Schmelzens von Metallen mittels Laserstrahl 27

2.2.1 Einordnung und Begriffsdefinition 27

2.2.2 Prozessschritte entlang der PBF-LB/M-Prozesskette 27

2.2.3 Rohstoffbedarf entlang der PBF-LB/M-Prozesskette 30

2.2.4 Rohstoffseitige Gefährdungen entlang der PBF-LB/M-Prozesskette 33

2.2.5 Betriebsstoffbedarf entlang der PBF-LB/M-Prozesskette 34

2.2.6 Zeitbedarf entlang der PBF-LB/M-Prozesskette 36

2.3 Existierende Ansätze zur Bilanzierung und Steigerung der Ressourceneffizienz 36

2.4 Identifizierung des Forschungsbedarfs 44

3 Konzeptionierung der Methodik **47**

3.1 Anforderungen an die Methodik 47

3.2 Grundstruktur der Methodik 49

4 Detaillierung der Methodik **51**

4.1 Modul 1: Definition von anwenderspezifischem Ziel und Rahmenbedingungen 51

4.2 Modul 2: Hotspot-Analyse 58

4.2.1 Ist-Aufnahme 60

4.2.2 Normalisierung ... 65
4.2.3 Monetarisierung ... 66
4.2.4 Aggregation ... 72
4.2.5 Hotspot-Definition ... 73
4.3 Modul 3: Maßnahmenableitung und -umsetzung ... 77
4.3.1 Hotspot-Management ... 78
4.3.2 Analyse der Ursachen ... 79
4.3.3 Ableitung potenzieller Maßnahmen ... 81
4.3.4 Auswahl von Maßnahmen ... 85
4.3.5 Umsetzung von Maßnahmen ... 87
4.4 Modul 4: Zielkontrolle und Verstetigung ... 88
4.4.1 Zielkontrolle ... 88
4.4.2 Verstetigung ... 90
5 Praktische Erprobung der Methodik ... 93
5.1 Fallstudie 1: Praktische Erprobung im Forschungsumfeld ... 93
5.1.1 Szenario ... 94
5.1.2 Anwendung der Methodik ... 95
5.2 Fallstudie 2: Praktische Erprobung im Industrieumfeld ... 103
5.2.1 Szenario ... 103
5.2.2 Anwendung der Methodik ... 104
5.3 Diskussion der Forschungsergebnisse ... 111
5.3.1 Bewertung der praktischen Erprobung ... 111
5.3.2 Evaluierung der Erfüllung von Zielsetzung und Anforderungen an die Methodik ... 112
6 Schlussbetrachtung ... 117
6.1 Zusammenfassung ... 117
6.2 Ausblick ... 118
7 Conclusion ... 121
7.1 Summary ... 121
7.2 Outlook ... 122
Abkürzungsverzeichnis ... 125
Formelzeichenverzeichnis ... 127
Abbildungsverzeichnis ... 131
Tabellenverzeichnis ... 135

Literaturverzeichnis 137

Anhang 165

A1 Maßnahmenauswahl 165

A2 Maßnahmenkatalog 167

A3 Ergänzende Informationen zur Fallstudie im Forschungsumfeld 173

A4 Ergänzende Informationen zur Fallstudie im Industrieumfeld 177

1 Einleitung

1.1 Ausgangssituation

"Die reinste Form des Wahnsinns ist es, alles beim Alten zu lassen und gleichzeitig zu hoffen, dass sich etwas ändert."
(Albert Einstein, 1879 – 1955)

In Anbetracht der weltweit zunehmenden Knappheit natürlicher Ressourcen steht die Menschheit vor der Herausforderung, eine Umorientierung hin zu einem ressourceneffizienten Wirtschaften zu vollziehen [WIR24]. Dieser Handlungsbedarf wird zukünftig an Bedeutung gewinnen, insbesondere bei einem weiteren Anstieg des globalen Ressourcenbedarfs, der sich in den letzten fünf Jahrzehnten verdreifacht hat [REC24]. Die Förderung und Verarbeitung von natürlichen Ressourcen verursacht einen signifikanten Anteil an den globalen Treibhausgasemissionen [REC24], die die primäre Ursache des anthropogenen Klimawandels darstellen, dem bekanntesten Beispiel einer systemischen weltweiten Umweltveränderung [REU24].

Der Ressourcenbedarf der deutschen Volkswirtschaft ist zwischen 2020 und 2023 jährlich um durchschnittlich 2,0 % gestiegen [WIR24], während das preisbereinigte Bruttoinlandsprodukt im gleichen Zeitraum um durchschnittlich 1,6 % gewachsen ist [STA24]. Diese Diskrepanz deutet auf eine sinkende Ressourceneffizienz in der jüngsten Vergangenheit hin, was sich auch in einem Rückgang des Anteils an verarbeiteten Sekundärmaterialien um 16 % im gleichen Zeitraum zeigt [CIR23]. Um die Zukunfts- und Wettbewerbsfähigkeit der deutschen Volkswirtschaft zu stärken, hat die Bundesregierung die *Steigerung der Ressourceneffizienz* als einen strategischen Schwerpunkt in der Zukunftsstrategie *Forschung und Innovation* verankert [PRE24]. Das Ziel der Zukunftsstrategie besteht darin, durch Ressourceneffizienz und Ressourcenschonung die deutsche Volkswirtschaft möglichst klimaneutral und resilient zu gestalten sowie das Wirtschaftswachstum zu fördern [PRE24]. Die Ressourceneffizienz ist von hoher Relevanz für die Makroökonomie, da das Ressourceneinsparpotenzial in Form von Material und Energie alleine für das produzierende Gewerbe in Deutschland auf mehr als 10 Milliarden Euro jährlich geschätzt wird [BUN21]. Auch aus mikroökonomischer Sicht besitzt die Ressourceneffizienz eine erhebliche Relevanz, da Unternehmen durch ressourceneffizientes Wirtschaften ihre Kosten drastisch senken und ihre Wettbewerbsfähigkeit stärken können [BUN21]. Dies ermöglicht die Erschließung neuer Märkte, die Sicherung von Arbeitsplätzen sowie die Generierung eines positiven Unternehmensbildes [ANS22].

Folglich kann konstatiert werden, dass die Steigerung der Ressourceneffizienz sowohl einen Beitrag zur Reduzierung der Klimaerwärmung leistet als auch, insbesondere im produzierenden Gewerbe, eine strategische Notwendigkeit zur Sicherung und zum Ausbau der Wettbewerbsfähigkeit darstellt. Trotz der Notwendigkeit zur Steigerung der Ressourceneffizienz waren die bislang ergriffenen Maßnahmen unzureichend, was sich in der sinkenden Ressourceneffizienz in den vergangenen Jahren widerspiegelt. Die Forderung nach einer gesteigerten Ressourceneffizienz bei gleichzeitigem Festhalten an altbewährten Prozessabläufen kann demnach nicht zum Erfolg führen und stellt ein Dilemma, analog zur eingangs zitierten Aussage von Albert Einstein, dar.

1.2 Motivation und Handlungsbedarf

Das Formgebungsprinzip additiver Fertigungsverfahren, welches die endkonturnahe Fertigung kundenindividueller und komplexer Bauteile ermöglicht, weist ein signifikantes Potenzial zur Steigerung der Ressourceneffizienz auf [DIN22b, KOH24]. Dabei steht additive Fertigung laut

DIN EN ISO/ASTM 52900 als Oberbegriff für verschiedene „Technologien, bei denen Materialien sukzessive miteinander verbunden werden“ [DIN22b]. Die Branche der additiven Fertigung gilt als innovativ, was sich an einer überproportionalen Zunahme an Patentanmeldungen widerspiegelt. Die jährliche Anzahl an Patentanmeldungen im Bereich der additiven Fertigung stieg zwischen 2013 und 2020 um durchschnittlich 26,3 % und damit um das Achtfache des Durchschnitts an Patentanmeldungen im gleichen Zeitraum [EUR23].

Insbesondere die metallbasierten additiven Fertigungsverfahren, denen eine jährliche Wachstumsrate von 26,1 % prognostiziert wird, besitzen eine hohe industrielle Relevanz [AMP23]. Darunter stellt das pulverbettbasierte Schmelzen von Metallen mittels Laserstrahl (engl. Powder Bed Fusion of Metals via Laser Beam; PBF-LB/M; siehe Abbildung 1) das am meisten genutzte additive Fertigungsverfahren dar [AMP24, TOY22].

Abbildung 1: Bauteilfertigung mittels des additiven Fertigungsverfahrens Pulverbettbasiertes Schmelzen von Metallen mittels Laserstrahl; Quelle: Fraunhofer IPA, Foto: Rainer Bez

Dem Potenzial zur ressourceneffizienten Fertigung kundenindividueller und komplexer Metallbauteile mittels PBF-LB/M stehen verschiedene Hemmnisse gegenüber, die eine breite industrielle Anwendung des PBF-LB/M einschränken. Ein Hemmnis hierfür stellt der Bedarf an kostenintensiven und in der Herstellung energieintensiven Materialien dar, der entlang der gesamten PBF-LB/M-Prozesskette – von der Lagerung des Ausgangsmaterials bis hin zur Fertigstellung der Bauteile – vorliegt [CAL23, MAH24]. Hierbei sind insbesondere das Metallpulver und das Inertgas sowie der energieintensive PBF-LB/M-Prozess hervorzuheben [DIE20, MAH24]. So benötigt beispielsweise der Aufbau von 1 cm^3 Material mittels PBF-LB/M etwa den 200-fachen Energiebedarf im Vergleich zum Abtrag des gleichen Volumens mittels spanender Bearbeitung, vgl. Abschnitt 2.1.5 [HU17, YI18]. Weitere Hemmnisse für einen breiten industriellen Einsatz des PBF-LB/M stellen der umfangreiche manuelle Arbeitsaufwand, z. B. für die manuelle Entfernung der prozessbedingt notwendigen Stützstruktur, sowie die zeitintensive Nutzung von Maschinen und Peripheriegeräten, z. B. aufgrund der im Vergleich zur subtraktiven und formativen Fertigung geringen Produktivität von PBF-LB/M-Maschinen, dar [TAD20, MAH24].

Nach WESTKÄMPER wird der Gewinn eines produzierenden Unternehmens als Differenz aus dem Erlös für verkaufte Produkte und den eingesetzten Ressourcen **Material**, **Mensch** und **Maschine** definiert [WES06]. Auf diese Definition von Ressourcen wird im Rahmen der vorliegenden Arbeit zurückgegriffen. Unter der Ressource *Material* wird die Menge aller für die Erzeugung von Produkten erforderlichen Materialien (z. B. in Stück) subsummiert. Nach SPINDLER werden Materialien differenziert in Rohstoffe (Grundmaterialien), Halbfertigprodukte[1] (Zukaufteile) und Hilfsstoffe[1] (Zusatzmaterialien), die jeweils in das Produkt eingehen, sowie Betriebsstoffe[2] (Verbrauchsmaterialien), die keinen Bestandteil des Produkts bilden [SPI22]. Die Ressource *Material* besitzt für produzierende Unternehmen mit steigender Tendenz den größten Anteil an den Gesamtkosten für die Fertigung von Bauteilen [STA19, STA23]. Die Ressource *Mensch* repräsentiert die Arbeitszeit der Mitarbeiter, während die Ressource *Maschine* die Laufzeit der Maschinen und Peripheriegeräte darstellt.

Die Steigerung der Effizienz einer der drei Ressourcen *Material*, *Mensch* und *Maschine* kann nicht nur die Effizienz einer anderen Ressource beeinflussen, sondern auch Auswirkungen auf die *Bauteilqualität* und *Arbeitssicherheit* besitzen [MAH24, VDI24b]. Eine Steigerung der Ressourceneffizienz darf nicht zu einer Beeinträchtigung der *Bauteilqualität* und *Arbeitssicherheit* führen. Dies ist notwendig, um einerseits den Anforderungen der Kunden gerecht zu werden und um Produkthaftungsrisiken zu minimieren. Andererseits ist der Arbeitgeber durch gesetzliche Vorgaben dazu verpflichtet, die Arbeitssicherheit der Mitarbeiter auf einem hohen Niveau sicherzustellen [GES17, BUN23].

Zusammenfassend ergibt sich damit ein starker Handlungsbedarf zur Unterstützung der Anwender des PBF-LB/M, um den Materialbedarf (Ressource *Material*), die Arbeitszeit der Mitarbeiter (Ressource *Mensch*) und die Laufzeit der Maschinen und Peripheriegeräte (Ressource *Maschine*) entlang der PBF-LB/M-Prozesskette unter Sicherstellung von *Bauteilqualität* und *Arbeitssicherheit* systematisch zu reduzieren.

1.3 Zielsetzung und Eingrenzung des Betrachtungsraums

Basierend auf der dargelegten Ausgangssituation und dem daraus abgeleiteten Handlungsbedarf leitet sich die Zielsetzung der vorliegenden Arbeit ab:

> Entwicklung einer Methodik zur Steigerung der Ressourceneffizienz beim PBF-LB/M unter Sicherstellung von Bauteilqualität und Arbeitssicherheit.

Gemäß dem ökonomischen Prinzip wird ***effizientes Wirtschaften*** als die Erreichung eines Ziels mit dem geringstmöglichen Aufwand oder die Erreichung des höchstmöglichen Ziels bei festgelegtem Aufwand definiert [NEH23]. Im Hinblick auf die Zielsetzung der vorliegenden Arbeit wird der Begriff *Ressourceneffizienz* als die Fertigung von Bauteilen unter minimalem Einsatz der Ressourcen *Material*, *Mensch* und *Maschine* (vgl. Abbildung 2) verstanden.

[1] Bei den mittels PBF-LB/M erzeugen Produkten handelt es sich um Bauteile, die ausschließlich aus dem Rohstoff Metallpulver bestehen. Deshalb werden Zukaufteile und Hilfsstoffe im Rahmen der vorliegenden Arbeit nicht näher thematisiert.

[2] Gemäß SPINDLER wird die für die betriebliche Erzeugung von Produkten notwendige elektrische Energie zu den Betriebsstoffen gezählt [SPI22].

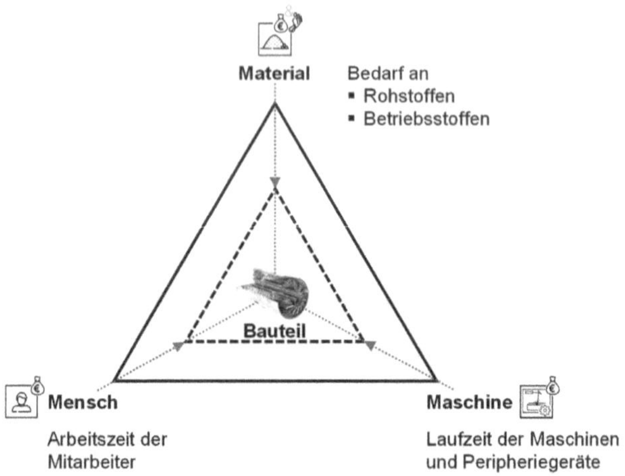

Abbildung 2: Verständnis des Begriffs Ressourceneffizienz als die Reduzierung des Bedarfs der Ressourcen Material, Mensch und Maschine bei der Fertigung von Bauteilen mittels PBF-LB/M

Um die Auswirkungen des Materialbedarfs beim PBF-LB/M auf den Klimawandel zu erfassen und zu bewerten, wird die Ressource ***Material*** im Rahmen der vorliegenden Arbeit nicht nur ökonomisch, sondern auch ökologisch bewertet. Die ökologische Bewertung erfolgt anhand der Treibhausgasemissionen, die durch die Herstellung und Bereitstellung der entlang der PBF-LB/M-Prozesskette eingesetzten Roh- und Betriebsstoffe entstehen. Diese duale Bewertung steht im Einklang mit der Definition des Effizienzbegriffs nach LACHMAYER ET AL., wonach die Effizienz von Prozessen im Bereich der additiven Fertigung stets unter ökonomischen und ökologischen Aspekte zu bewerten ist [LAC21]. Eine ökologische Bewertung der Ressourcen *Mensch* (z. B. Anfahrt zum Arbeitsplatz) und *Maschine*[3] (z. B. Herstellung und Transport der Maschinen und Peripheriegeräte zur PBF-LB/M-Produktionsstätte) wird nicht vorgenommen, da diese Faktoren auf Produktionsebene bei gegebener Personal- und Maschinenkapazität kaum beeinflussbar sind [FRE14].

Die Steigerung der Ressourceneffizienz beim PBF-LB/M wird durch die ursachenorientierte Ableitung und Umsetzung[4] von Maßnahmen realisiert, die hinsichtlich drei verschiedener Wirkungsansätze unterschieden werden können:

1. Reduzierung der Bedarfsmenge einer Ressource
2. Erhöhung des Bedarfsturnus einer Ressource
3. Reduzierung der ökonomischen und/oder ökologischen Auswirkungen einer Ressource

---

3 Die zum Betrieb von Maschinen und Peripheriegeräten erforderlichen Betriebsstoffe (z. B. Inertgas, Energie) werden nicht durch die Ressource *Maschine*, sondern durch die Ressource *Material* bilanziert.

4 Unter der Umsetzung einer Maßnahme wird im Rahmen der vorliegenden Arbeit die technische oder organisatorische Entwicklung sowie die Anwendung einer Maßnahme subsummiert.

Um den Betrachtungsraum der vorliegenden Arbeit einzugrenzen, wird die Taxonomie nach COOPER angewendet [COO88]. Der daraus resultierende Betrachtungsraum ist in Tabelle 1 dargestellt.

Tabelle 1: Eingrenzung des Betrachtungsraums der vorliegenden Arbeit anhand der Taxonomie nach Cooper [COO88]

Merkmal	Ausprägung				
Unternehmensgröße	Kleinstunternehmen	Kleine Unternehmen	Mittlere Unternehmen	Große Unternehmen	
Funktionen im Unternehmen	Forschung und Entwicklung	Beschaffung	Produktion	Logistik	Vertrieb
Unternehmensperspektive	Fertigungsprozess	Prozesskette	Produktion	Wertschöpfungskette	
Dimensionen der Nachhaltigkeit	Ökonomie	Ökologie	Soziales		
Nachhaltigkeitsstrategie	Effizienz	Suffizienz	Konsistenz		
Produktionstyp	Einzelproduktion	Kleinserienproduktion	Serienproduktion	Sortenproduktion	Massenproduktion
Reichweite der Maßnahmen	Prozessschritt-spezifische Maßnahme	Abteilungsweite Maßnahme	Organisationsweite Maßnahme	Organisationsübergreifende Maßnahme	
Nutzen	Ergebnisse	Methoden	Theorien	Anwendung	

Fokus der Arbeit
Möglicher Anwendungsbereich der Arbeit

1.4 Vorgehensweise

Der Aufbau der vorliegenden Arbeit ist schematisch in Abbildung 3 dargestellt.

In **Kapitel 1** der vorliegenden Arbeit wird die Ausgangssituation und Motivation zur Steigerung der Ressourceneffizienz beim PBF-LB/M erläutert. Darauf aufbauend wird die Zielsetzung der vorliegenden Arbeit definiert, der Betrachtungsraum eingegrenzt sowie die Vorgehensweise dargestellt.

In **Kapitel 2** wird der Stand der Wissenschaft und Technik bezüglich des Bedarfs der Ressourcen *Material*, *Mensch* und *Maschine* beim Prozess und entlang der Prozesskette des PBF-LB/M dargestellt. Zudem werden existierende Ansätze zur Bilanzierung und Steigerung der Ressourceneffizienz vorgestellt sowie der Forschungsbedarf im Kontext der Zielsetzung der vorliegenden Arbeit abgeleitet.

In **Kapitel 3** werden die Anforderungen an die zu entwickelnde Methodik definiert und die Grundstruktur der Methodik vorgestellt.

In **Kapitel 4** wird die Methodik zur Steigerung der Ressourceneffizienz beim PBF-LB/M unter Sicherstellung von ***Bauteilqualität*** und ***Arbeitssicherheit*** beim PBF-LB/M erarbeitet, die aus vier Modulen besteht. Basierend auf der Definition von anwenderspezifischem Ziel und Rahmenbedingungen werden Hotspots der Ressourcen *Material*, *Mensch* und *Maschine* entlang der PBF-LB/M-Prozesskette definiert. Für diese Hotspots werden ursachenorientiert Maßnahmen abgeleitet, ausgewählt und umgesetzt. Des Weiteren wird das Vorgehen zur Kontrolle der

Maßnahmen erläutert sowie erörtert, inwiefern die Methodik als kontinuierlicher Verbesserungsprozess in Unternehmen etabliert werden kann.

In **Kapitel 5** wird die Methodik anhand einer Fallstudie im Forschungs- und einer Fallstudie im Industrieumfeld praktisch erprobt. Die praktische Erprobung endet mit der Evaluierung der Erfüllung von Zielsetzung und Anforderungen an die Methodik.

Zum Schluss werden in **Kapitel 6** die Ergebnisse der vorliegenden Arbeit zusammengefasst und ein Ausblick über weitere zukünftige Forschungsbedarfe gegeben.

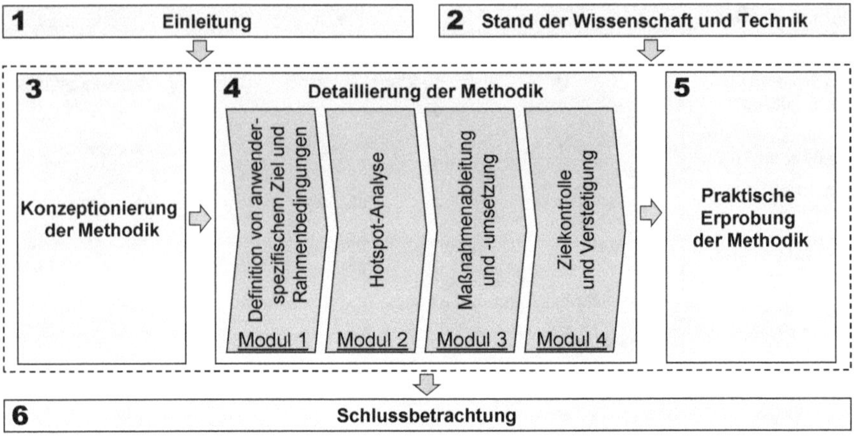

Abbildung 3: Vorgehensweise zur Erreichung der Zielsetzung der vorliegenden Arbeit

2 Stand der Wissenschaft und Technik

In diesem Kapitel werden die Grundlagen und der aktuelle Stand der Wissenschaft und Technik im Kontext der formulierten Zielsetzung zusammengefasst. Dabei liegt der Fokus auf dem Bedarf der Ressourcen *Material*, *Mensch* und *Maschine* beim Prozess und entlang der Prozesskette des pulverbettbasierten Schmelzens von Metallen mittels Laserstrahl. Besonders wird auf den Bedarf des Rohstoffs Metallpulver und den damit verbundenen Gefahren sowie den Bedarf an Betriebsstoffen eingegangen, die jeweils als Referenzdaten für die Hotspot-Definition (vgl. Modul 1) herangezogen werden können. Anschließend werden existierende Ansätze zur Steigerung der Ressourceneffizienz erläutert sowie darauf aufbauend der Forschungsbedarf für die vorliegende Arbeit abgeleitet.

2.1 Prozess des pulverbettbasierten Schmelzens von Metallen mittels Laserstrahl (PBF-LB/M)

2.1.1 Einordnung und Begriffsdefinition

Das pulverbettbasierte Schmelzen von Metallen mittels Laserstrahl (engl. Powder Bed Fusion of Metals via Laser Beam; PBF-LB/M) wird nach DIN 8580 der Hauptgruppe 1 *Urformen*, Gruppe *Urformen durch additive Fertigung,* zugeteilt [DIN22a]. Laut DIN EN ISO/ASTM 52900 wird das PBF-LB/M durch einen Prozess charakterisiert, *„...in dem Wärmeenergie gezielt Bereiche eines Pulverbetts [...] schmilzt“* [DIN22b].

Das PBF-LB/M stellt mit etwa 75 % der verkauften PBF-LB/M-Maschinen das meistgenutzte additive Fertigungsverfahren metallischer Bauteile dar [AMP23]. Viele Hersteller von PBF-LB/M-Maschinen haben für ihre Fertigungstechnologie häufig eigene Bezeichnungen am Markt etabliert und diese als Schutzmarken eintragen lassen [DIN22b, GEB16]. Gleichzeitig wurden durch Fachausschüsse und Forschungseinrichtungen eigene herstellerneutrale Bezeichnungen dieses Fertigungsverfahrens definiert, die im Rahmen der vorliegenden Arbeit unter PBF-LB/M zusammengefasst werden [DIN22b]. Bei den häufigsten Synonymen für das PBF-LB/M handelt es sich um Folgende:

- *„Laser Metal Fusion“* (Trumpf) [TRU24b]
- *„Selektives Laserschmelzen“* (Nikon SLM Solutions) [NIK24a]
- *„Direktes Metall Laser-Schmelzen“* (EOS) [EOS24a]
- *„Direktmetalldruck“* (3D Systems) [3D 24]
- *„Laser powder bed fusion“* (Colibrium Additive bzw. GE Aerospace) [GEN24a]

2.1.2 Prozess des PBF-LB/M

Das PBF-LB/M wird laut VDI-Richtlinie 3405 als ein *„Schicht-für-Schicht-Bauprozess durch lokales Aufschmelzen pulverförmigen Materials mittels Laser und Verschmelzen (Verschweißen) beim Erstarren“* [VDI14a] beschrieben. Charakteristisch für das PBF-LB/M ist der zyklische Prozess (vgl. Abbildung 4), der je Prozesszyklus mit dem Auftrag einer Schicht des pulverförmigen Materials (Metallpulver) beginnt (siehe Abschnitt Beschichtung). Die aufgetragene Schicht Metallpulver wird im Anschluss selektiv mittels eines Lasers belichtet (siehe Abschnitt Belichtung). Durch das daraus resultierende lokale Aufschmelzen und das anschließende Erstarren des belichteten Metallpulvers entsteht eine feste Verbindung zu dem umgebenden, bereits erstarrten Material. Vor dem Auftrag der nächsten Schicht Metallpulver im folgenden

Prozesszyklus wird die Bauplattform um die Höhe einer Schicht entgegen der z-Achse abgesenkt (siehe Abschnitt Absenkung). Abbildung 5 zeigt den Aufbau einer typischen PBF-LB/M-Maschine.

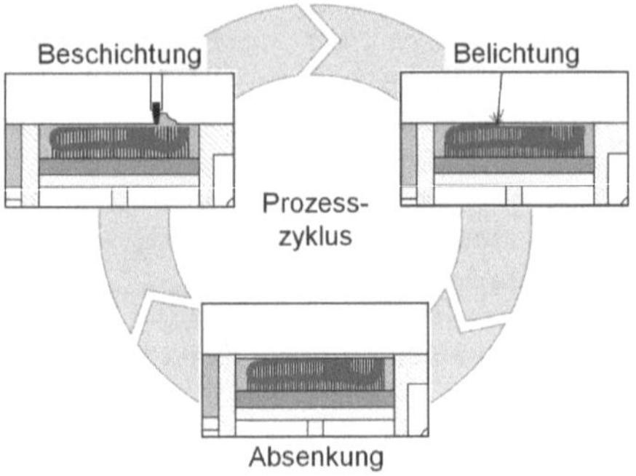

Abbildung 4: Prozess des PBF-LB/M; in Anlehnung an [KUM18]

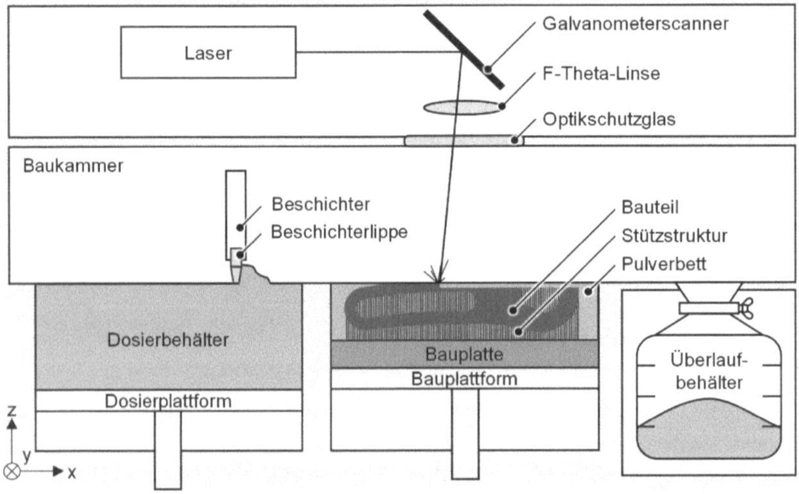

Abbildung 5: Schematischer Aufbau einer typischen PBF-LB/M-Maschine; in Anlehnung an [REI22, VDI14a]

Beschichtung

Bei der Beschichtung wird Metallpulver mittels eines Beschichters auf einer auf der Bauplattform befestigten Bauplatte oder den bereits in den vorherigen Prozesszyklen aufgetragenen Pulverschichten verteilt. Das pro Schicht aufgetragene Metallpulver wird bei den meisten PBF-LB/M-Maschinen jeweils durch eine Anhebung der Dosierplattform in z-Richtung vorgelegt und anschließend durch eine Linear- oder Rotationsbewegung des Beschichters auf der Bauplatte verteilt. Das Metallpulver hat dabei lediglich Kontakt mit der an dem Beschichter befestigten Beschichterlippe, für die nach SEYDA im industriellen Umfeld aufgrund der vergleichsweise geringen Anschaffungskosten am häufigsten Elastomerlippen eingesetzt werden [SEY18]. Der

Auftrag einer homogenen Schicht ist von großer Bedeutung, um Bauteile mit einer hohen relativen Dichte zu erzielen [GIB20, HOF24]. Am Ende der Beschichterbewegung fällt gegebenenfalls zu viel vorgelegtes Metallpulver in den Überlaufbehälter.

Belichtung

Jede aufgetragene Schicht Metallpulver wird mit einem oder mehreren Festkörperlasern, meist Faserlasern mit einer Laserleistung von 100 W bis 1000 W und einer Wellenlänge von etwa 1070 nm, selektiv aufgeschmolzen [KAR12, GRU15, THO14, LEE17]. Die Ablenkung des Laserstrahls erfolgt mittels eines Galvanometerscanners. Eine F-Theta-Linse wird eingesetzt, die den Fokuspunkt des Laserstrahls in einer horizontalen Ebene, der Bauebene, positioniert [KAR12]. Zum Schutz der Optikkomponenten werden diese von der Baukammer separiert, weshalb der Laserstrahl durch ein Optikschutzglas in die Baukammer geführt wird. Die Baukammer wird insbesondere zur Vermeidung einer Oxidationsreaktion mit Inertgas geflutet [DIE20].

Beim Kontakt des Laserstrahls mit dem Metallpulver erfolgt eine werkstoff- und wellenlängenabhängige Absorption der Laserstrahlung, woraus ein lokaler Temperaturanstieg des Metallpulvers über dessen Schmelztemperatur resultiert [RUB15]. Dadurch bildet sich ein Schmelzbad aus. Der Fokuspunkt des Lasers wird mit einer Geschwindigkeit von etwa 1 m/s entlang von vorgegebenen Scanvektoren innerhalb der Bauebene abgelenkt [ZEU14]. Durch das Abfahren von aneinandergereihten Scanvektoren wird der gesamte Bauteilquerschnitt belichtet. Die sich entlang der Scanvektoren bildenden Schmelzbahnen kühlen bereits innerhalb weniger Millisekunden nach dem Kontakt mit dem Laserstrahl annähernd auf Baukammertemperatur ab [FU14]. Durch das Erstarren der Schmelzbahnen entsteht eine feste schmelzmetallurgische Verbindung mit den darunterliegenden Schichten und den benachbarten Schmelzbahnen [POP05]. Insgesamt können so Bauteile mit einer relativen Dichte von nahezu 100 % – typischerweise über 99 % – realisiert werden [BIE19, SEY18].

Absenkung

Die Absenkstrecke der Bauplattform definiert die Höhe der jeweils pro Prozesszyklus aufgetragenen Pulverschicht. Bei den auf dem Markt verfügbaren PBF-LB/M-Maschinen sind Schichtdicken von 20 µm bis 150 µm üblich [LAC16]. Durch die Schichtdicke wird die Anzahl an zu belichtenden Schichten je PBF-LB/M-Prozess sowie die minimale geometrische Auflösung der gefertigten Bauteile festgelegt, weshalb diese einen maßgeblichen Einfluss auf die Produktivität von PBF-LB/M-Maschinen sowie auf die erzielbare Oberflächenqualität besitzt [DI 20].

2.1.3 Rohstoffbedarf beim PBF-LB/M-Prozess

Rohstoffe werden als Grundstoffe bezeichnet, die direkt in das herzustellende Produkt eingehen [SPI22]. Für die Fertigung von Bauteilen mittels PBF-LB/M wird als Rohstoff ausschließlich Metallpulver benötigt. Infolge des sich stark erweiternden Anwendungsspektrums für das PBF-LB/M steigt die Anzahl an verarbeitbaren Metallpulverwerkstoffen stetig an [WOH23]. Die nachfolgende Übersicht fasst das angebotene Werkstoffspektrum an Metallpulvern der fünf umsatzstärksten Unternehmen zusammen, die PBF-LB/M-Maschinen herstellen (TRUMPF, Renishaw, EOS, Nikon SLM Solutions und Colibrium Additive bzw. GE Aerospace) [STA22][5]:

- Al-Basis: AlSi10Mg, AlSi7Mg0.6 [GEN24b, EOS24b, NIK24b]
- Ti-Basis: Reintitan, Ti6Al4V [GEN24b, REN24, EOS24b, NIK24b, TRU24a]
- Fe-Basis: 1.2709, 1.4404, 1.4542 [GEN24b, REN24, EOS24b, NIK24b, TRU24a]
- Ni-Basis: 2.4856, 2.4668 [GEN24b, REN24, EOS24b, NIK24b, TRU24a]
- Co-Basis: CoCr [EOS24b, TRU24a, REN24]
- Cu-Basis: Reinkupfer, CuCr1Zr [EOS24b, NIK24b, TRU24a]

Die Herstellung von Metallpulver für das PBF-LB/M erfolgt in der Regel mittels Verdüsungsverfahren [WOH23, MAT20b]. Dabei wird metallisches Ausgangsmaterial durch Induktionsspulen oder eine Plasmastromquelle aufgeschmolzen und die Schmelze durch die Zufuhr von Inertgas unter Druck zerstäubt [WAL19]. Die dabei entstehenden Schmelzetropfen erstarren innerhalb eines Zeitintervalls von 0,05 s bis 1 s und bilden annähernd sphärische Partikel aus, siehe Abbildung 6b) und Abbildung 6c) [SCH07]. Die Größenverteilung, die Morphologie und das Gefüge der erzeugten Partikel werden durch eine Vielzahl an Einfluss- und Stellgrößen, wie beispielsweise die Temperatur der Schmelze, der Druck des zugeführten Inertgases sowie die Abkühlgeschwindigkeit beeinflusst [SEY18, BER09, CLE18]. Aufgrund der Reaktivität der Schmelze wird der Verdüsungsprozess unter einer Inertgasatmosphäre oder im Vakuum durchgeführt [CLE18]. Abhängig von dem jeweils angewandten Verdüsungsverfahren sowie dem verarbeiteten Werkstoff entstehen typischerweise Partikel mit einer Größenverteilung von 0 µm bis 250 µm [WAL19, DAW15]. Um eine für den PBF-LB/M-Prozess geeignete Partikelgrößenverteilung von beispielsweise 15 µm bis 45 µm, siehe Abbildung 6a), herzustellen, wird das Metallpulver gesiebt und gesichtet [WAL19, LUT20b, LUT20a, SEF22]. Durch die damit einhergehende anteilige Nutzbarkeit des Metallpulvers, die komplexe Prozessführung, den hohen Energie- und Inertgasbedarf sowie die hohen Investitionskosten einer Verdüsungsanlage sind Kosten für Metallpulver reaktiver und hochlegierter Werkstoffe von bis zu 450 €/kg möglich [WOH23, OER23, ERI17]. Im Gegensatz dazu können nicht-reaktive Metallpulver, z. B. Metallpulver auf Eisenbasis, durch eine Zerstäubung einer Metallschmelze mittels Wasserstrahl hergestellt werden. Hieraus resultiert eine deutlich kostengünstigere Herstellung, die jedoch meist mit einer schlechteren Fließfähigkeit des Metallpulvers einhergeht [KEL17b, HOE18, SEY18, PFA20]. Bei einer Verdüsung mittels Wasserstrahl sind Kosten für Metallpulver ab 20 €/kg möglich [WOH21].

[5] In der Übersicht sind alle Werkstoffe aufgeführt, die durch mindestens drei der fünf genannten Hersteller vertrieben werden. Hierbei wurden jeweils die industriell am häufigsten verwendeten Werkstoffbezeichnungen genutzt.

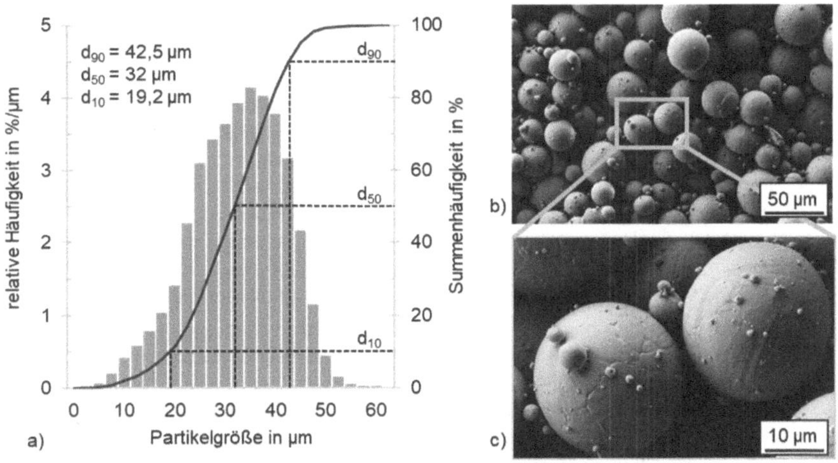

Abbildung 6: a) Partikelgrößenverteilung[6] und Rasterelektronenmikroskopaufnahmen von Metallpulver des Werkstoffs Ti6Al4V mit b) 1000-facher und c) 5000-facher Vergrößerung

Die für den PBF-LB/M-Prozess erforderliche Masse an Metallpulver kann in Anlehnung an MA ET AL. anhand der Masse der Bauteile, der Stützstrukturen, der Zusatzstrukturen und des aufzubereitenden Metallpulvers abgeschätzt werden, siehe Gl. (2.1) [MA18, MA22].

$$m_{bMP} = m_B + m_{Ss} + m_{Zs} + m_{aMP} = \rho \times \nu \times (V_B + V_{Ss} + V_{Zs}) + m_{aMP} \tag{2.1}$$

m_{bMP}: Masse an benötigtem Metallpulver für den PBF-LB/M-Prozess

m_B: Masse der Bauteile

m_{Ss}: Masse der Stützstrukturen

m_{Zs}: Masse der Zusatzstrukturen

m_{aMP}: Masse des aufzubereitenden Metallpulvers

ρ: Werkstoffdichte (Vollmaterial)

ν: mittlere relative Dichte der Bauteile, Stützstrukturen und Zusatzstrukturen

V_B: Volumen der Bauteile

V_{Ss}: Volumen der Stützstrukturen

V_{Zs}: Volumen der Zusatzstrukturen

[6] Die Perzentile 10, 50 und 90 beschreiben den Prozentanteil x an Pulverpartikeln einer Partikelgrößenverteilung, die einen kleineren Durchmesser als d_x aufweisen.

Stützstruktur

Nach DIN EN ISO/ASTM 52900 handelt es sich bei einer Stützstruktur um eine *„Konstruktion, die nicht Teil der Geometrie des Bauteils [...] ist und die hergestellt wird, um während des [PBF-LB/M-Prozesses] als Basis und Verankerung für das Bauteil zu dienen“* [DIN22b]. Beim PBF-LB/M muss die mittels Laser eingebrachte thermische Energie an die Umgebung abgeführt werden, um eine lokale Überhitzung und damit Bauteilfehler zu vermeiden. Die Abfuhr der thermischen Energie findet beim PBF-LB/M fast ausschließlich mittels Wärmeleitung statt. Allerdings beträgt die effektive Wärmeleitfähigkeit des Pulverbettes bei typischen Metallpulverwerkstoffen nur etwa 1,4 % bis 3,2 % von der des Vollmaterials [PAR14, KRA16, HOF22, WEI18]. Deshalb werden Stützstrukturen eingesetzt, um über eine durchgängige Verbindung mit der Bauplatte eine möglichst homogene Wärmeabfuhr zu ermöglichen [LIP18].

Durch die mit der Erstarrung und Abkühlung der Schmelze einhergehende Materialschrumpfung werden Eigenspannungen in den verfestigten Bauteilbereichen induziert [MIS18]. Ohne Stützstrukturen führen diese thermisch-induzierten Eigenspannungen zu einer makroskopischen Deformation der verfestigten Bauteilbereiche, wodurch diese aus dem Pulverbett ragen und bei Kontakt mit dem Beschichter zu einem Prozessabbruch führen können [KOL21, KEL17]. Durch die Stützstrukturen werden einerseits aufgrund der homogeneren Wärmeabfuhr die Höhe der thermisch-induzierten Eigenspannungen reduziert und andererseits aufgrund einer Aufnahme der mit den Eigenspannungen einhergehenden Kräften einer makroskopischen Deformation entgegengewirkt [XIA22]. Die thermisch-induzierten Eigenspannungen werden entweder durch eine nach dem PBF-LB/M-Prozess durchgeführte Wärmebehandlung (siehe Abschnitt 2.2.2) abgebaut oder bei einem Abtrennen der Bauteile von der Bauplatte frei, wodurch sie zu einem Bauteilverzug führen [KOL21, HOF21].

Es existieren vielfältige Gestaltungsprinzipien für die Auslegung von Stützstrukturen, siehe Abbildung 7. Viele wissenschaftliche Untersuchungen beschäftigen sich mit den Vor- und Nachteilen einzelner Gestaltungsprinzipien in Abhängigkeit von Geometrie und Orientierung der zu stützenden Bauteilbereiche [KEL17, BRE22, KÜN19, SUB22].

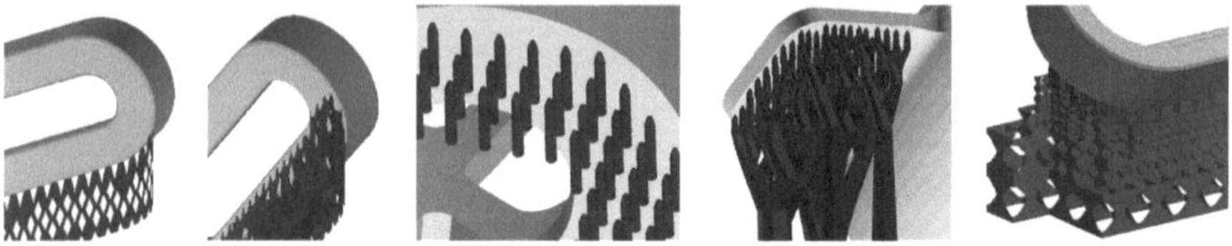

„line“ „block“ „rod“ „tree“ „adaptive Cell“

Abbildung 7: Auswahl an Gestaltungsprinzipien von Stützstrukturen

Zusatzstruktur

Unter den Zusatzstrukturen werden alle beim PBF-LB/M-Prozess gefertigten Strukturen subsummiert, die für die Qualitätssicherung oder für die prozessbegleitende Kalibrierung der PBF-LB/M-Maschine erforderlich sind [DIN20]. Beispielsweise werden zur Untersuchung der Bauteilqualität häufig Fertigungsbegleitproben gefertigt. Die Fertigungsbegleitproben werden entweder direkt nach Prozessende untersucht oder für spätere Prüfungen, wie z. B. bei Garantiefällen, aufbewahrt. Zu den Fertigungsbegleitproben gehören z. B. Würfel zur Bestimmung der Porosität oder des Gefüges sowie Zugproben zur Bestimmung der Festigkeit. [KUN23]

Aufzubereitendes Metallpulver

Beim PBF-LB/M wird das gesamte Bauraumvolumen[7] mit Metallpulver gefüllt. Das Volumen der Bauteile entspricht allerdings nur einem geringen Anteil des Bauraumvolumens. Dieser Anteil wird nach KOLB als Füllfaktor F_F bezeichnet, siehe Gl. (2.2) [KOL21].

$$F_F = \frac{V_B}{V_{BR_{max}}} \tag{2.2}$$

F_F: Füllfaktor

V_B: Volumen der Bauteile

V_{BR}: Bauraumvolumen

Ein Teil der Metallpulverpartikel im Bauraum wird durch die Interaktion mit dem Laserstrahl, durch Wärme oder durch das Prozessgas insbesondere hinsichtlich deren Größe, Form, Morphologie und dem Vorhandensein von Oxiden beeinflusst [GAS18]. Die beeinflussten Metallpulverpartikel beeinträchtigen die Qualität der gefertigten Bauteile, weshalb versucht wird, diese nach dem PBF-LB/M-Prozess zu entfernen [LAN24]. Da die beeinflussten und unbeeinflussten Metallpulverpartikel nach dem PBF-LB/M-Prozess vermischt vorliegen, ist eine Aufbereitung des gesamten Metallpulvers, welche mittels Sieben erfolgt (vgl. Abschnitt 2.2), erforderlich. Dabei werden alle Metallpulverpartikel mit einem Durchmesser größer als die Maschenweite des Siebes entfernt.

In wissenschaftlichen Untersuchungen wurde die Beeinflussung von Metallpulverpartikeln auf verschiedene Mechanismen zurückgeführt (siehe Abbildung 8) [WAN17, DIE20, LY17, GAS18, YOU20]. Der Anteil der durch die einzelnen Mechanismen beeinflussten Metallpulverpartikeln hängt stark vom jeweiligen Werkstoff und den verwendeten Prozessparametern ab [GUN18, YOU20].

Mechanismus I: In Flugphase vollständig erstarrte Schweißspritzer

Beim PBF-LB/M-Prozess führt die Intensität der Laserstrahlung zu einem Anstieg der Temperatur im Schmelzbad auf deutlich oberhalb der Schmelztemperatur, wodurch ein Teil der Schmelze verdampfen kann [KRU04]. Die beim Übergang von der Flüssig- in die Gasphase sowie bei der weiteren Erwärmung des entstandenen Prozessgases resultierende Ausdehnung führt zur Ausbildung eines lokalen Rückstoßdrucks, infolge dessen Tropfen flüssiger Schmelze (sogenannte Schweißspritzer) aus dem Schmelzbad emittiert werden [KHA15, LIU15].

Die Schweißspritzer, die bei der Emission aus dem Schmelzbad einen im Vergleich zur Pulverbettoberfläche steilen Austrittswinkel aufweisen, bilden nach LUTTER-GÜNTHER ET AL. während ihrer Flugphase annähernd eine sphärische Form aus und erstarren vollständig vor ihrem Kontakt mit der Pulverbettoberfläche [LUT18a]. Charakteristisch für die erstarrten Schweißspritzer ist eine hohe Oxidation an deren Oberfläche [LAD16, LUT18a, WAN17]. Die typische Größe der erstarrten Schweißspritzer liegt im Bereich von 1 µm und mehreren 100 µm, wodurch diese bei einer dem PBF-LB/M-Prozess nachgelagerten Pulveraufbereitung teilweise ausgesiebt werden [GAS18, LUT18a].

[7] Das Bauraumvolumen ergibt sich aus der Fläche der Bauplattform und der maximalen Absenkstrecke der Bauplattform bei der Fertigung eines Bauteils.

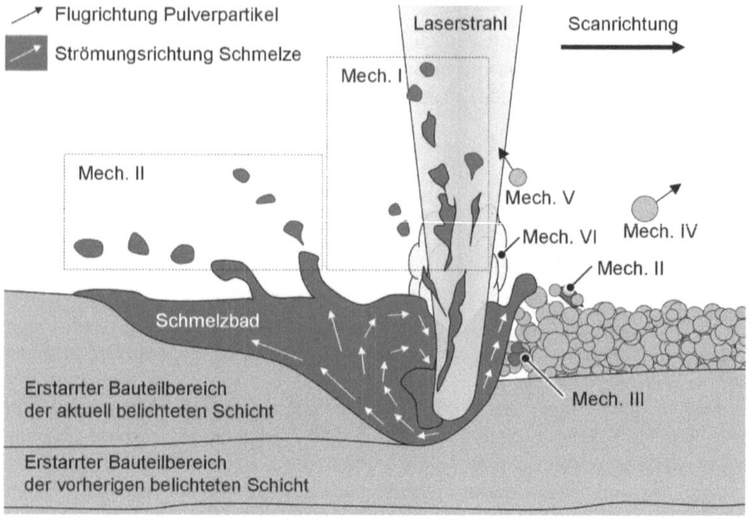

Abbildung 8: Mechanismen (Mech.) zur Beeinflussung von Metallpulverpartikeln beim PBF-LB/M, in Anlehnung an [LAD16, WAN17, LIU23]

Mechanismus II: Agglomerate infolge der Benetzung mit noch nicht erstarrten Schweißspritzern

Bei einer Emission der Schweißspritzer mit einem im Vergleich zur Pulverbettoberfläche flachen Austrittswinkel ist deren Flugphase zu kurz, um vollständig zu erstarren. Dadurch werden bei deren Kontakt mit der Pulverbettoberfläche Metallpulverpartikel mit Schmelze benetzt, wodurch sich Agglomerate mit asphärischer Form ausbilden [LUT18a]. Dieser Effekt tritt bei einer Emission der Schweißspritzer in Scanrichtung deutlich wahrscheinlicher auf, da in dieser Richtung die Flugphase der Schweißspritzer typischerweise kürzer ausfällt [WAN17]. Bei Untersuchungen von WANG ET AL. betrug die Größe der sich beim Erstarren der Schweißspritzer auf dem Pulverbett bildenden Agglomerate durchschnittlich etwa das Fünffache der Größe des Frischpulvers [WAN17]. Auch bei Untersuchungen von GASPER ET AL. wurden Agglomerate mit einer Größe von bis zu 273 µm nachgewiesen [GAS18]. Aufgrund ihres Größenunterschiedes zum Frischpulver werden diese Agglomerate bei einer dem PBF-LB/M-Prozess nachgelagerten Pulveraufbereitung größtenteils ausgesiebt [ANW18].

Mechanismus III: Agglomerate infolge der Nähe zum Schmelzbad

Der Übergangsbereich zwischen Schmelzbad und Pulverbett wird als Wärmeeinflusszone bezeichnet [DIE20]. Innerhalb dieser Wärmeeinflusszone liegt die lokale Temperatur der Metallpulverpartikel knapp unterhalb der werkstoffspezifischen Schmelztemperatur, wodurch sich Agglomerate infolge der Ausbildung von Sinterhälsen zwischen mehreren Metallpulverpartikeln bilden können [ALI19, TAB23]. Diese Agglomerate, die sich im Vergleich zum Frischpulver durch ein gröberes metallisches Gefüge auszeichnen, werden aufgrund ihrer erhöhten Größe bei einer dem PBF-LB/M-Prozess nachgelagerten Pulveraufbereitung größtenteils ausgesiebt [DIL17, YAN16].

Mechanismus IV: Angesaugte Metallpulverpartikel ohne Laserstrahl-Interaktion

Aus der partiellen Verdampfung der Schmelze (vgl. Mech. I) innerhalb des Laserfokus sowie der hohen Geschwindigkeit des entstehenden Prozessgases resultiert oberhalb des Schmelzbades ein lokaler Druckabfall. Dieser ist auf den Bernoulli-Effekt zurückzuführen, welcher besagt, dass eine hohe Bewegung eines Gases einen geringen statischen Druck impliziert [IGO09]. Um den lokalen Unterdruck auszugleichen, strömt Inertgas aus der Prozessatmosphäre seitlich nach, wobei Metallpulverpartikel mit einer Geschwindigkeit von etwa 0,4 m/s mitgerissen werden [NAS19]. Dieser Effekt, infolge dessen eine sogenannte Verarmung von Pulver insbesondere quer zur Scanrichtung resultiert, wird als Denudation bezeichnet und zählt zu den Hauptgründen für Prozessfehler beim PBF-LB/M [MAN16, CHE22, YAN22]. Die mitgerissenen Metallpulverpartikel weisen keinerlei Veränderung im Vergleich zum Frischpulver auf, insofern diese den Strahlengang des Lasers nicht kreuzen [GAS18]. Je größer und schwerer die mitgerissenen Metallpulverpartikel ausfallen, desto geringer fällt die Strecke aus, die der Inertgasstrom die Metallpulverpartikel mitführt [ANW18]. Insbesondere bei kleinen Metallpulverpartikeln können diese bis in den Prozessgasfilter getragen und dadurch nicht erneut für den PBF-LB/M-Prozess verwendet werden [DIE20].

Mechanismus V: Angesaugte Metallpulverpartikel mit Laserstrahl-Interaktion

Kreuzen die mitgerissenen Metallpulverpartikel (vgl. Mech. IV) den Strahlengang des Lasers, schmelzen diese typischerweise vollständig auf [YOU20]. Diese Metallpulverpartikel weisen nach ihrer Erstarrung eine im Vergleich zum Frischpulver geringere Sphärizität auf [GAS18]. Kollidieren zwei oder mehrerer Metallpulverpartikel innerhalb des Strahlengangs des Lasers, bilden dieses Agglomerate aus, die größer als das Frischpulver ausfallen [GAS18]. Dadurch werden diese mit hoher Wahrscheinlichkeit in einer dem PBF-LB/M-Prozess nachgelagerten Pulveraufbereitung ausgesiebt.

Mechanismus VI: Partiell verdampfte Schmelze

Das aufgrund der Intensität der Laserstrahlung partiell verdampfte Material (vgl. Mech. I) kondensiert und erstarrt innerhalb kurzer Zeit, wobei sich Partikel mit einem Durchmesser von 10 nm bis 150 nm ausformen [LAD16, KEA20]. Je nach Erstarrungsdauer und chemischer Zusammensetzung können diese Partikel Agglomerate oder Aggregate ausbilden [LEH12, POH13]. Die erstarrten Partikel werden aufgrund ihrer geringen Größe durch die Inertgasströmung typischerweise bis in den Prozessgasfilter getragen, wodurch diese nicht erneut für den PBF-LB/M-Prozess verwendet werden können [DIE20].

Die beschriebenen Mechanismen zur Beeinflussung von Metallpulverpartikeln begünstigen einerseits eine hohe Porosität und Oberflächenrauigkeit der gefertigten Bauteile [SNO23, CHU21, TAH18]. Andererseits reduzieren diese Mechanismen in Kombination mit der nachgelagerten Pulveraufbereitung mittels Sieben die Masse an wiederverwendbarem Metallpulver. Im Allgemeinen steigt der Anteil an beeinflussten Metallpulverpartikeln überproportional mit dem Füllfaktor und der Intensität des Laserstrahls [WAN17, TAH18, KOL21]. In einer Untersuchung von Lutter-Günther et al., bei der Bauteile aus AlSi10Mg mittels PBF-LB/M gefertigt wurden, betrug der Anteil der beeinflussten Metallpulverpartikeln etwa 16,7 % der gefertigten Bauteilmasse [LUT18a]. Dabei blieb der Anteil der beeinflussten Metallpulverpartikeln annähernd konstant in Aufbaurichtung [LUT18a].

Aufgrund des Unterschiedes zwischen der relativen Dichte des Pulverbettes und der relativen Dichte der aufgeschmolzenen Bereiche muss bei der Beschichtung mehr Pulver aufgetragen werden, als das Bauraumvolumen infolge der Absenkung der Bauplattform je Schicht zunimmt.

Dieses Verhältnis wird als Dosierfaktor bezeichnet, siehe Gl. (2.3). Wird der Dosierfaktor zu gering gewählt, erfolgt kein vollständiger Auftrag der Schicht Metallpulver, wohingegen ein zu groß gewählter Dosierfaktor zu einem erhöhten Bedarf an Metallpulver führt, welches beim PBF-LB/M-Prozess durch den Beschichter direkt in den Überlaufbehälter geschoben wird. Beim PBF-LB/M liegt der Dosierfaktor in der Größenordnung von 130 % bis 400 % [SEY18, ORL18]. Nach SEYDA sollte der Dosierfaktor in Abhängigkeit von der Länge der Bauplatte in Verfahrrichtung des Beschichters sowie der maximalen Fläche des in einer Schicht belichteten Bauteilquerschnitts angepasst werden [SEY18]. Sowohl der Füllfaktor als auch der Dosierfaktor haben einen hohen Einfluss auf den Bedarf an Metallpulver beim PBF-LB/M [SEY18, HAN16].

$$D = \frac{\Delta V_D}{\Delta V_{BR}} = \frac{s_{DP} \times A_{DP}}{s_{BP} \times A_{BP}} \tag{2.3}$$

D:	Dosierfaktor
ΔV_D:	Pulvervolumen, welches je Schicht durch die Anhebung der Dosierplattform für die Beschichtung vorgelegt wird
ΔV_{BR}:	Zunahme des Bauraumvolumens infolge der Absenkung der Bauplatte um eine Schicht
s_{DP}:	Anhebestrecke der Dosierplattform je Schicht
A_{DP}:	Grundfläche der Dosierplattform
s_{BP}:	Schichtdicke bzw. Absenkstrecke der Bauplattform
A_{BP}:	Grundfläche der Bauplattform

2.1.4 Rohstoffseitige Gefahren beim PBF-LB/M-Prozess

Aufgrund der Partikelgröße und der chemischen Zusammensetzung der beim PBF-LB/M eingesetzten Metallpulver gehen von diesen sowohl physikalische als auch Gesundheitsgefahren für die Mitarbeiter aus [MAH19, BUN20].

<u>Physikalische Gefahr</u>

Metallpulver besitzen eine hohe spezifische Oberfläche, wodurch deren potenzielle Kontaktfläche zu einem Oxidationsmittel (z. B. Luftsauerstoff) erhöht ist [FÖR20]. Dies hat zur Folge, dass Metallpulver bei einer Aufwirbelung in einer sauerstoffhaltigen Atmosphäre eine explosionsfähige Mischung mit dem Luftsauerstoff bilden können. Beim Vorhandensein einer Zündenergie, die höher als die Mindestzündenergie des Metallpulvers ist, kann diese Mischung zu einer Staubexplosion führen [FRI22]. Bei der Mindestzündenergie handelt es sich laut DIN EN ISO/IEC 8079 um die *„niedrigste elektrische Energie, die in einem Kondensator gespeichert ist, die bei Entladung ausreicht, um die Entzündung der empfindlichsten [...] Mischung, unter festgelegten Prüfbedingungen, auszulösen"* [DIN16]. Unter Bezugnahme der Mindestzündenergie kann die vom Metallpulver ausgehende physikalische Gefahr bewertet werden [FRI22]. Beispielsweise besitzt das in Abbildung 6 dargestellte Metallpulver des Werkstoffs TiAl6V4 eine Mindestzündenergie von etwa 3 mJ, siehe Abbildung 9 [TRU17b]. Dabei gilt der Zusammenhang, dass mit sinkender Partikelgröße die Mindestzündenergie abnimmt und folglich die vom Metallpulver ausgehende physikalische Gefahr zunimmt [VDI18a].

Neben der Oxidation mit Luftsauerstoff können Bestandteile der Metallpulverlegierung mit Wasser reagieren und zu einer Freisetzung von Wasserstoffgas mit einer deutlich niedrigeren

Mindestzündenergie (0,011mJ) im Vergleich zu Metallpulver führen, siehe Abbildung 9. Zur Einordnung der Höhe der Mindestzündenergien sind in dieser Abbildung zusätzlich die minimale Energie eines mechanisch erzeugten Schleiffunkens und eines Schweißfunkens sowie die maximal freiwerdende Energie infolge der elektrostatischen Entladung einer Person dargestellt [FRI22]. Beispielsweise kann eine Mischung des in Abbildung 6 dargestellten Metallpulvers des Werkstoffs TiAl6V4 mit Luftsauerstoff bereits durch die infolge einer elektrostatischen Aufladung einer Person gespeicherte Energie entzündet werden.

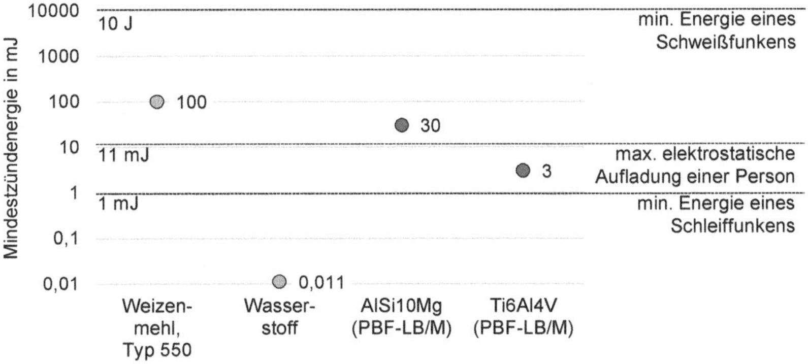

Abbildung 9: Mindestzündenergie verschiedener Stoffe; eigene Darstellung in Anlehnung an [FRI22, INS24, TRU17b, REN23]

Gesundheitsgefahr

Abhängig von der Partikelgröße des beim PBF-LB/M eingesetzten Metallpulvers kann dieses bei einer Aufwirbelung für bis zu mehreren Stunden in der Luft schweben. Die Absinkzeit von Metallpulverpartikeln in Gasen kann aufgrund der geringer Partikelgröße durch die Stokessche-Gleichung angenähert werden, siehe Gl. (2.4) [DIN89, ZAN77].

$$t_p = \frac{s_p}{v_p} = \frac{s_p \times 18 \times \eta}{d_P{}^2 \times g \times (\rho_P - \rho_F)} \quad (2.4)$$

t_p:	Absinkzeit
s_p:	Absinkstrecke
v_p:	Absinkgeschwindigkeit
η:	Dynamische Viskosität des Gases (für Luft: $1{,}8 \times 10^{-4}$ g/cm×s)
d_P:	Durchmesser des Metallpulverpartikels
g:	Erdbeschleunigung (9,81 m/s²)
ρ_P:	Dichte des Metallpulverpartikels (für Ti6Al4V: 4,3 g/cm³)
ρ_F:	Dichte des Gases (für Luft: 0,0012 g/cm³)

Die mithilfe dieser Gleichung für verschiedene Partikeldurchmesser des Werkstoffs Ti6Al4V angenäherte Absinkzeit aus einer typischen Arbeitshöhe von 1,5 m ist in Abbildung 10 dargestellt. Demnach steigt mit sinkendem Durchmesser eines Metallpulverpartikels die Wahrscheinlichkeit, dass dieses aufgrund der höheren Schwebedauer in den Atembereich einer

Person gelangt und dort mit einer von der Partikelgröße abhängigen Wahrscheinlichkeit eingeatmet wird.

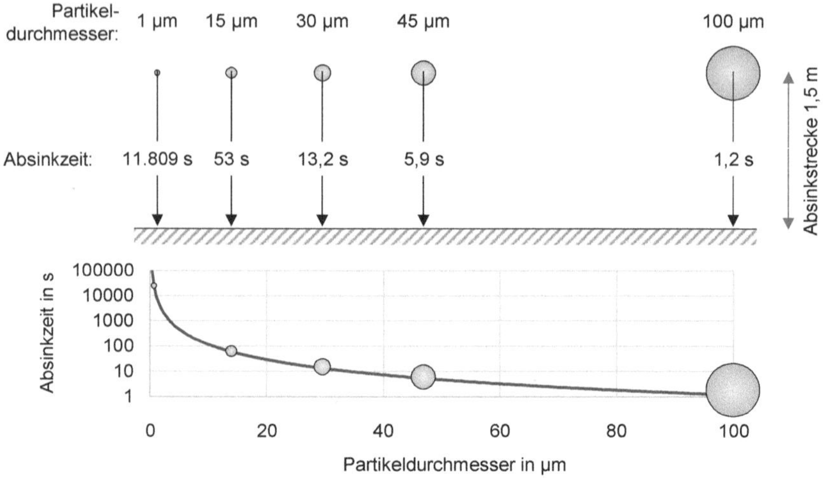

Abbildung 10: Absinkzeiten von Metallpulverpartikeln des Werkstoffs Ti6Al4V in Luft in Abhängigkeit des Partikeldurchmessers

Der eingeatmete Anteil von Partikeln wird als einatembare Fraktion oder auch E-Staubfraktion bezeichnet [DIN93, BUN22]. Grundsätzlich gilt, dass mit sinkender Größe von Partikeln die Wahrscheinlichkeit steigt, dass diese über den Kehlkopf (thoraxale Faktion) bis in die Alveolen der Lunge (alveolengängige Fraktion; A-Staubfraktion) eindringen [BUN22, DIN93]. Die Anteile der einatembaren, thoraxalen und alveolengängigen Fraktion werden gemäß DIN EN 481 über Wahrscheinlichkeitsfunktionen definiert [DIN93]. Mithilfe dieser Wahrscheinlichkeitsfunktionen und der Stokesschen-Gleichung kann das zeitliche Schwebeverhalten der Fraktionen berechnet werden. In Abbildung 11 ist dies für das Metallpulver des Werkstoffs Ti6Al4V mit der in Abbildung 6 aufgeführten Partikelgrößenverteilung dargestellt.

Gemäß Abbildung 11 sind nach 3 min annähernd 99 % der gesamten Anzahl an Metallpulverpartikeln aus einer anfänglichen Höhe von 1,5 m auf den Boden abgesunken. Infolge der höheren Absinkzeit kleinerer Partikel (vgl. Gl. (2.4)) nimmt mit steigender Absinkzeit der Anteil der noch einatembaren, thoraxalen und alveolengängigen Fraktion an der gesamten Anzahl an noch schwebenden Metallpulverpartikeln zu. Beispielsweise steigt der anfängliche Anteil der einatembaren Fraktion von 50 %[8] nach 3 min auf über etwa 65 %. Dieser relative Anstieg tritt bei den thoraxalen und alveolengängigen Fraktionen noch deutlicher auf – kann allerdings aufgrund der begrenzten Auflösung bei der messtechnischen Erfassung der Partikelgrößenverteilung aus Abbildung 6 nicht näher spezifiziert werden. Da Metallpulverpartikel mit geringerem Partikeldurchmesser sowohl vom menschlichen Organismus besser aufgenommen als

[8] Gemäß der Konvention der DIN EN 481 liegt die minimale Einatemwahrscheinlichkeit von Partikeln bei 50 % [DIN93].

auch schwerer mit dem menschlichen Auge erkannt werden können, sind diese als besonders kritisch einzustufen [DIN93].

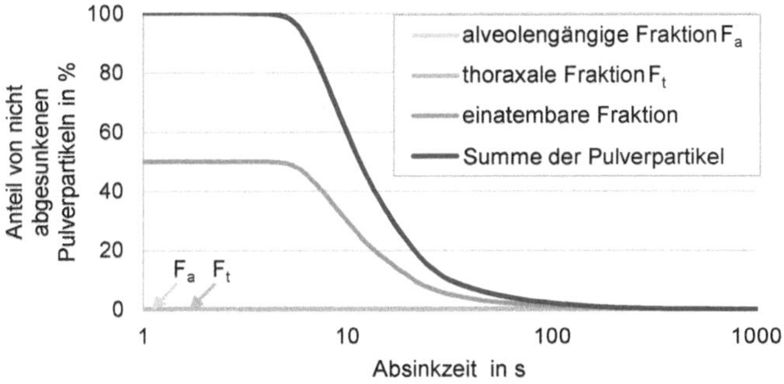

Abbildung 11: Zeitliches Schwebeverhalten[9] der alveolengängigen, thoraxalen und einatembaren Fraktionen von Metallpulver am Beispiel des Werkstoffs Ti6Al4V mit der in Abbildung 6 aufgeführten Partikelgrößenverteilung aus einer anfänglichen Höhe von 1,5 m

Eine orale, dermale oder subkutane Aufnahme der Metallpulverpartikel kann wie die inhalative Aufnahme zu Gesundheitsgefahren führen, insbesondere wenn Legierungsbestandteile wie Nickel, Chrom oder Kobalt in den Metallpulverpartikeln enthalten sind [MAH19, DÖP00, REN17]. Diese Bestandteile sind für die Metallpulver beim PBF-LB/M typisch und können eine allergische, organschädigende oder sogar karzinogene Wirkung auf den menschlichen Organismus haben [SCH16a]. Beispielsweise besteht der beim PBF-LB/M häufig eingesetzte Metallpulverwerkstoff 2.4668 zu mindestens 60 % aus den stark gesundheitsschädigenden Legierungsbestandteilen Nickel und Chrom [EOS20]. Demnach kann bereits eine geringe Masse an Metallpulverpartikeln eine Gesundheitsgefahr darstellen, insbesondere da bislang kaum Erfahrungen bzgl. Langzeitschäden bekannt sind [MAH19].

2.1.5 Betriebsstoffbedarf beim PBF-LB/M-Prozess

<u>Energiebedarf</u>

Beim subtraktiven Fertigungsverfahren Fräsen liegt laut einer Untersuchung von Hu et al. der Energiebedarf zum Abtragen von 1 cm³ Stahl bei etwa 13 kJ [HU17]. Im Vergleich dazu liegt der Energiebedarf beim PBF-LB/M laut einer Untersuchung von Yi et al zum Aufbau des gleichen Volumens eines chemisch ähnlichen Werkstoffs bei etwa 2700 kJ [YI18]. Demnach fällt bei diesen Untersuchungen der volumenspezifische Energiebedarf beim PBF-LB/M-Prozess im Vergleich zum Fräsen um über den Faktor 200 höher aus, weshalb der Energiebedarf einen nicht zu vernachlässigenden Einfluss auf die Ökonomie und Ökologie des PBF-LB/M-Prozesses besitzt [MA21, BIE19].

Im Jahr 2018 wurde durch Ma et al. ein Vorgehensmodell entwickelt, um den Energiebedarf bei additiven Fertigungsverfahren systematisch zu erfassen [MA18]. Dieses Vorgehensmodell wurde in einer darauf aufbauenden Untersuchung von Ma et al. auf die Rahmenbedingungen

9 Für die Berechnung der Anteile der einatembaren, thoraxalen und alveolengängigen Fraktion wurde die Partikelgrößenverteilung aus Abbildung 6 in den aerodynamischen Durchmesser (gleiches Sinkverhalten wie Pulverpartikel mit einer Dichte von 1 g/cm³) umgerechnet.

des PBF-LB/M übertragen [MA22]. Demnach lässt sich der je Durchlauf der PBF-LB/M-Prozesskette (Prozesskettendurchlauf) benötigte Energiebedarf der PBF-LB/M-Maschine anhand der Energie zur Fertigung der Bauteile, der Stützstrukturen und der Zusatzstrukturen sowie dem prozessunabhängigen Energiebedarf der Hilfskomponenten abschätzen, siehe Gl. (2.5) [MA22]. In einer davon unabhängigen Untersuchung berücksichtigten PFAFF ET AL. zusätzlich den Energiebedarf zur Temperierung (Aufheizen und Abkühlen) der Bauplatte (siehe Abschnitt 2.2.2), der in Gl. (2.5) ergänzt wurde [PFA20]. In den folgenden Gl. (2.6) bis Gl. (2.8) wird der Energiebedarf zur Fertigung der Bauteile, der Stützstrukturen und der Zusatzstrukturen detailliert. Dabei wird nach MA ET AL der Energiebedarf aller Motoren, z. B. zum Verfahren des Beschichters, den Bauteilen zugeordnet.

$$E_M = \sum_i E_{B_i} + \sum_j E_{Ss_j} + \sum_k E_{Zs_k} + E_{BPT} + P_h \times (t_{LZM_{PK}} + t_{SZM_{PK}}) \tag{2.5}$$

E_M: Energiebedarf der PBF-LB/M-Maschine

E_{B_i}: Energiebedarf zur Fertigung des Bauteils i, siehe Gl. (2.6)

E_{Ss_j}: Energiebedarf zur Fertigung der Stützstruktur j, siehe Gl. (2.7)

E_{Zs_k}: Energiebedarf zur Fertigung der Zusatzstruktur k, siehe Gl. (2.8)

E_{BPT}: Energiebedarf zur Temperierung der Bauplatte

P_h: mittlere elektrische Leistungsaufnahme aller Hilfskomponenten

$t_{LZM_{PK}}$: Laufzeit der PBF-LB/M-Maschine je Prozesskettendurchlauf, siehe Gl. (2.10)

$t_{SZM_{PK}}$: Stillstandszeit der PBF-LB/M-Maschine je Prozesskettendurchlauf

$$\sum_i E_{B_i} = P_L \times \sum_i t_{BZLB_i} + \sum_l (P_{Mo_l} \times t_{BZMo_l}) \tag{2.6}$$

P_L: mittlere elektrische Leistungsaufnahme des Lasers und dessen Optikkomponenten

t_{BZLB_i} Betriebszeit des Lasers zur Belichtung des Bauteils i

P_{Mo_l}: Leistung des Motors l

t_{BZMo_l}: Betriebszeit des Motors l

$$\sum_j E_{Ss_j} = P_L \times \sum_j t_{BZLSs_j} \tag{2.7}$$

t_{BZLSs_j}: Betriebszeit des Lasers zur Belichtung der Stützstruktur j

$$\sum_k E_{Zs_k} = P_L \times \sum_k t_{BZLZs_k} \tag{2.8}$$

t_{BZLZs_k}: Betriebszeit des Lasers zur Belichtung der Zusatzstruktur k

Untersuchungen von KELLENS ET AL., YI ET AL. und BIERDEL ET AL. zeigen, dass beim PBF-LB/M der mit 54 % bis 68 % größte Energiebedarf auf den Laser und dessen Optikkomponenten entfällt [KEL11b, YI18, BIE19]. Dieser anteilig hohe Energiebedarf kann auf den elektrisch-optischen Wirkungsgrad des Lasers, den Einkopplungsgrad sowie den adiabaten Wirkungsgrad beim PBF-LB/M zurückgeführt werden [SHE94, LEE17, GUT17].

Als Energiequelle werden bei PBF-LB/M-Maschinen typischerweise ein oder mehrere diodengepumpte Faserlaser eingesetzt [LEE17]. Bei einem Faserlaser handelt es sich um einen Festkörperlaser, bei dem der dotierte Kern eines Lichtwellenleiters als aktives Medium fungiert. Als Dotierungselement wird bei Faserlasern von PBF-LB/M-Maschinen Ytterbium genutzt, da damit optische Wirkungsgrade von bis zu 94 % und elektrisch-optische Wirkungsgrade von über 30 % realisiert werden können [LEE17, MAJ13, PFA20]. Weiterhin zeichnen sich ytterbiumdotierte Faserlaser durch einen kompakten Aufbau und eine hohe Strahlqualität aus [LEE17].

Beim Auftreffen einer Strahlung auf einer Oberfläche erfolgen anteilig eine Reflexion und Transmission. Der nicht reflektierte Teil der Laserstrahlung dringt in den Körper ein, wobei die Strahlungsleistung entlang der sogenannten Absorptionslänge um die Eulersche Zahl *e* reduziert wird [SHE94]. Bei metallischen Werkstoffen und typischen Laserwellenlängen beim PBF-LB/M liegt die Absorptionslänge unterhalb von 100 nm [HÜG92]. Da die Partikelgröße des Metallpulvers diese Absorptionslänge um ein Vielfaches übersteigt, kann die Transmission der Laserstrahlung vernachlässigt und die in den Körper eingedrungene Laserstrahlung durch eine an der Oberfläche stattfindende Absorption angenähert werden [SHE94]. Damit ergibt sich für den Absorptionsgrad, der den Anteil der beim Auftreffen des Laserstrahls absorbierten optischen Energie beschreibt, der in Gl. (2.9) dargestellte Zusammenhang [SHE94, COR99].

$$\alpha = 1 - \delta = \frac{E_\alpha}{E_e} \tag{2.9}$$

α: Absorptionsgrad

δ: Reflexionsgrad

E_α: an einer Oberfläche absorbierte optische Energie

E_e: einfallende optische Energie

Beim PBF-LB/M kann der beim Auftreffen auf die Oberfläche eines Metallpulverpartikels reflektierte Anteil der Laserstrahlung auf andere Metallpulverpartikel treffen und dort ebenfalls entsprechend Gl. (2.9) anteilig absorbiert werden [KHA15]. Durch die damit einhergehende Mehrfachabsorption wird der Anteil, der von optischer Energie in thermischer Energie umgewandelt wird, (sogenannter Einkopplungsgrad) gemäß Gl. (2.10) erhöht [COR99, BLI13].

$$\varepsilon = \frac{E_\alpha + E_{\alpha M}}{E_e} \tag{2.10}$$

ε: Einkopplungsgrad

$E_{\alpha M}$: durch Mehrfachabsorption absorbierte optische Energie

Mit zunehmender Schichtdicke steigt der Einkopplungsgrad an, da damit die Wahrscheinlichkeit des Auftreffens der reflektierten Laserstrahlung auf einen weiteren Metallpulverpartikel steigt [GUS05]. Neben der Schichtdicke wird der Einkopplungsgrad durch eine Vielzahl weiterer Faktoren, wie z. B. dem Werkstoff, der Oberflächenstruktur und der Partikelgrößenverteilung des Metallpulvers sowie der Wellenlänge und der Intensität der Laserstrahlung, beeinflusst [KHA15, LEE17, KAP12, ZHA19, RUB15]. Durch RUBENCHICK ET AL. wurde der Einkopplungsgrad für typische Metallpulverwerkstoffe beim PBF-LB/M experimentell ermittelt [RUB15]:

- EN AW-1050A / Al99,5: 50 % bis 55 %
- 3.7165 / Ti6Al4V: 65 % bis 70 %
- 1.4404 / X2CrNiMo17-2-2: 60 % bis 65 %

Der vergleichsweise geringe Einkopplungsgrad bei EN AW-1050A wurde durch SERCOME und LI auf den geringeren Absorptionsgrad von Oxidschichten zurückgeführt, die sich typischerweise an der Oberfläche von Metallpulverpartikeln aus Aluminiumlegierungen bilden [SER16].

Der adiabate Wirkungsgrad beschreibt nach GUTOWSKI ET AL. den Anteil der eingekoppelten optischen Energie im Vergleich zur minimal notwendigen Energie, um die zur Fertigung der Bauteile notwendige Masse an Metallpulverpartikeln auf deren werkstoffspezifische Schmelztemperatur zu erwärmen und zu schmelzen [GUT17]. Der adiabate Wirkungsgrad wird durch Mechanismen, wie z. B. die Beeinflussung von Metallpulverpartikeln oder die Wärmeabfuhr an die Prozessatmosphäre und das Pulverbett, reduziert [GUT17]. Zudem muss gemäß DIETRICH zur Realisierung von Bauteilen mit hoher relativer Dichte ausreichend Energie in das Metallpulver eingekoppelt werden, um eine Schmelzbadtiefe von 200 % bis 400 % der Schichtdicke zu realisieren, wodurch das verfestigte Material eines Bauteils typischerweise mehrfach aufgeschmolzen wird [DIE20]. Durch diese Mechanismen liegt der adiabate Wirkungsgrad beim PBF-LB/M mit dem Metallpulverwerkstoff Stahl zwischen 9 % und 23 % und mit Aluminium und dessen Legierungen zwischen 3,6 % und 7 % [GUT17].

Die in PBF-LB/M-Maschinen eingesetzten Laser erfordern zunehmend eine aktive Kühlung, die zu einem anteilig hohen Energiebedarf beim PBF-LB/M-Prozess führen kann [WOH23, NIK20]. So betrug beispielsweise bei einer Untersuchung von RAVISANKAR ET AL. der Energiebedarf des Kühlaggregates des Lasers mit 98 kWh über 60 % des gesamten Energiebedarfes des PBF-LB/M-Prozesses [RAV21].

In PBF-LB/M-Maschinen sind Schrittmotoren verbaut, um z. B. die Dosierplattform, die Bauplattform oder den Beschichter zu verfahren [SLM18, TRU17a]. Bei Untersuchungen von KELLENS ET AL. und RAVISANKAR ET AL. führten alle Schrittmotoren zusammen zu weniger als 3 % des gesamten Energiebedarfs der PBF-LB/M-Maschine, weshalb deren Anteile bei Bilanzierungen häufig vernachlässigt werden [RAV21, KEL11b, PFA20].

Die Bauplattentemperierung wird eingesetzt, um die Temperaturdifferenz zwischen der Ausgangstemperatur des Metallpulvers und dessen Schmelztemperatur zu reduzieren [GUT17]. Bei der Verarbeitung von Aluminium und dessen Legierungen wurde in wissenschaftlichen Untersuchungen der Einfluss der Bauplattentemperierung auf die Erhöhung der relativen Dichte, der Festigkeit, des Ermüdungsverhaltens und der Isotropie der gefertigten Bauteile / Bauteileigenschaften sowie der Produktivität der PBF-LB/M-Maschine nachgewiesen [BRA12, AMI21, RAO19, CER21, GUT17]. Bei den Bilanzierungen von KELLENS ET AL., PFAFF ET AL., GEBBE ET AL. und RAVISANKAR ET AL. betrug der Energiebedarf zur Temperierung der Bauplatte zwischen 2 % und 30 % der Gesamtenergieaufnahme der PBF-LB/M-Maschine [PFA20, KEL11b, RAV21, GEB15].

Unter Hilfskomponenten werden alle in einer PBF-LB/M-Maschine enthaltenen Komponenten zusammengefasst, die elektrische Energie für die Inertgaszirkulation, die Beleuchtung oder die Regelung des PBF-LB/M-Prozesses benötigen [MA22]. Bei KELLENS ET AL. und YI ET AL. betrug der Energiebedarf aller Hilfskomponenten zwischen 4 % und 6 % der erforderlichen

Gesamtenergie der PBF-LB/M-Maschine, wobei die Zirkulationspumpe des Prozessgases den anteilig höchsten Energiebedarf aufwies [YI18, KEL17b].

In wissenschaftlichen Untersuchungen wurden mathematische Modelle entwickelt, um den Energiebedarf beim PBF-LB/M-Prozess quantitativ zu modellieren [HU23, YI20, YI19]. Ziel dieser Modelle liegt darin, den Energiebedarf verschiedener PBF-LB/M-Maschinen referenziert zu vergleichen und dadurch Einsparpotenziale abzuleiten. Durch eine Berücksichtigung aller Komponenten einer PBF-LB/M-Maschine können diese Modelle Genauigkeiten von über 98 % erreichen [YI20]. Eine wichtige Kenngröße für den Vergleich von PBF-LB/M-Maschinen hinsichtlich des Energiebedarfs stellt der spezifische Energiebedarf *SEB* dar, der den Energiebedarf des PBF-LB/M-Prozesses in Relation zur gefertigten Bauteilmasse stellt [MOR07]. Abbildung 12 zeigt eine Auswahl des bei den Untersuchungen des PBF-LB/M-Prozesses messtechnisch oder mittels mathematischer Modelle ermittelten *SEB*.

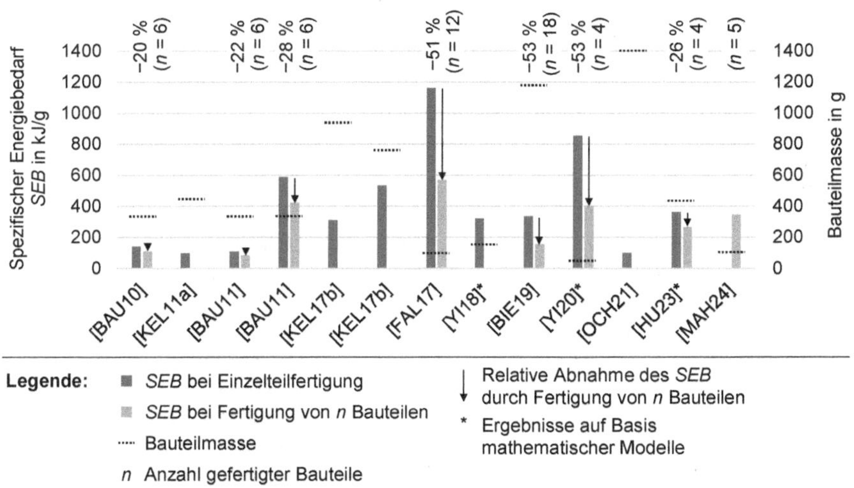

Abbildung 12: Spezifischer Energiebedarf SEB des PBF-LB/M-Prozesses bei einer Auswahl an Untersuchungen; eigene Darstellung in Anlehnung an [BAU10, KEL11b, BAU11, KEL17b, FAL17, YI18, BIE19, YI20, OCH21, HU23]

Bei den Untersuchungen variiert der *SEB* bei der Fertigung von Bauteilen mittels PBF-LB/M in einem breiten Intervall von 96,8 kJ/g bis 1160,8 kJ/g [KEL11b, FAL17]. Einen großen Einfluss auf den *SEB* besitzt die verwendete PBF-LB/M-Maschine. Dies verdeutlicht die Untersuchung von BAUMERS ET AL, bei der ein Bauteil mit gleichen PBF-LB/M-Prozessparametern auf zwei verschiedenen PBF-LB/M-Maschinen gefertigt wurde, wobei der jeweils ermittelte *SEB* um den Faktor 5,5 voneinander abweicht [BAU11]. Zusätzlich wird der *SEB* von der gefertigten Bauteilmasse beeinflusst. In Untersuchungen von BIERDEL ET AL. und OCHS ET AL. wird bei der Fertigung von Bauteilen mit einer Masse von jeweils über 1000 g ein *SEB* von 333 kJ/g bzw. 98 kJ/g ermittelt [BIE19, OCH21]. Bei der Fertigung von Bauteilen mit einer Bauteilmasse von jeweils unter 60 g bei FALUDI ET AL. und YI ET AL. resultierte ein *SEB* von jeweils über 850 kJ/g [FAL17, YI20]. Analog dazu kann eine Reduzierung des *SEB* infolge einer Erhöhung der Anzahl an gleichzeitig gefertigten Bauteilen erzielt werden. Bei den in Abbildung 12 dargestellten Untersuchungen führte die gleichzeitige Fertigung von mehreren Bauteilen zu einer Abnahme des *SEB* um durchschnittlich 36 %. Eine Ausnahme stellt die Untersuchung von PFAFF ET AL. dar, bei der die Erhöhung der Anzahl an gleichzeitig gefertigten Bauteilen von zwölf auf 18 zu einer Steigerung des *SEB* um etwa 3 % führte [PFA20]. Dieser Effekt wurde auf die erhöhte Stillstandszeit des Lasers zwischen der Belichtung der Scanvektoren unterschiedlicher Bauteile und einer daraus resultierenden Erhöhung der Prozesszeit zurückgeführt [PFA20].

PFAFF ET AL. und ZHU ET AL. untersuchten den Zusammenhang zwischen den PBF-LB/M-Prozessparametern und den *SEB* [ZHU19, PFA20]. Als Referenz wurden jeweils PBF-LB/M-Prozessparameter verwendet, die im Hinblick auf eine hohe Produktivität der PBF-LB/M-Maschine und hohe mechanische Eigenschaften der zu fertigenden Bauteile entwickelt wurden. Sowohl durch eine Adaption der Belichtungsstrategie als auch durch eine Erhöhung der Belichtungszeit oder eine Reduzierung der Laserleistung konnte der *SEB* nicht gesenkt werden, ohne die mechanischen Eigenschaften der gefertigten Bauteile, insbesondere der Härte und Zugfestigkeit, zu verringern [PFA20, ZHU19].

In der Untersuchung von MA ET AL. wurde eine Reduzierung des *SEB* durch die gemeinsame Nutzung der Stützstruktur für mehrere Bauteile angestrebt [MA22]. Die dabei erzielte Abnahme des *SEB* um 5 % ist nur bedingt auf industrielle Anwendungen übertragbar [MA22].

Inertgasbedarf

Der Inertgasbedarf kann einen nicht zu vernachlässigenden Einfluss auf die Kosten und $CO_{2äq}$-Emissionen bei der Fertigung von Bauteilen mittels PBF-LB/M besitzen [KEL11b, DIE20]. Bisher wurde der Inertgasbedarf in vielen wissenschaftlichen Untersuchungen zur Bilanzierung des Ressourcenbedarfs beim PBF-LB/M nicht berücksichtigt [PFA20, YI18, MA22, RAV21].

Vor der ersten Belichtung eines Bauteils mittels Laser wird die Baukammer mit Inertgas geflutet und dadurch die sauerstoffhaltige Atmosphäre verdrängt (initiale Inertisierung). Ab einer Restsauerstoffkonzentration von etwa 2 % in der Baukammer wird die Zirkulationspumpe eingeschaltet, um einen homogenen Inertgasstrom oberhalb der Pulverbettoberfläche zu erzeugen [DIE20]. Durch den Inertgasstrom soll verhindert werden, dass die aus der Schmelze emittierten Schweißspritzer und Agglomerate sich auf dem Pulverbett absetzen und zu einer Beeinträchtigung der Bauteilqualität führen (siehe Abschnitt 2.1.3) [LAD16]. Zusätzlich sollen die Schweißspritzer und Agglomerate aus dem Strahlengang des Lasers entfernt und insbesondere deren Ablage auf dem Optikschutzglas verhindert werden [GUN17]. Als Inertgas werden je nach Metallpulverwerkstoff Helium, Stickstoff oder Argon unterschiedlicher Reinheitsklassen eingesetzt [WAN14, KUR12].

Je nach Qualitätsanforderungen an die zu fertigenden Bauteile wird mit der Belichtung des Metallpulvers typischerweise unterhalb einer Restsauerstoffkonzentration von etwa 0,3 Vol.- % begonnen [ZEU14]. Allerdings konnte DIETRICH zeigen, dass bereits eine Restsauerstoffkonzentration von etwa 0,1 Vol.- % zu einer geringfügigen Versprödung von aus Ti6Al4V gefertigten Bauteilen führt [DIE20]. Für die initiale Inertisierung erfolgt weitestgehend unabhängig von der PBF-LB/M-Maschine eine Inertgaszufuhr von etwa 100 l/min [KEL11b, SLM18, RAV21]. Nach dem Start des PBF-LB/M-Prozesses wird die Inertgaszufuhr (prozessbegleitende Inertisierung) reduziert.

Mittels Zirkulationspumpe wird das in der Baukammer befindliche Inertgas kontinuierlich über einen außerhalb der Baukammer befindlichen Prozessgasfilter geführt und anschließend erneut in die Baukammer eingeleitet. Je nach Dichtigkeit der PBF-LB/M-Maschine liegt der Inertgasbedarf der prozessbegleitenden Inertisierung im Bereich von 0,7 l/min und 58 l/min [KEL11b, SLM18, RAV21, KEL17b]. Durch die prozessbegleitende Inertisierung sinkt der Restsauerstoffanteil während des PBF-LB/M-Prozesses nach Ende der initialen Inertisierung weiter ab.

Nach DIETRICH liegt eine geeignete Inertgasgeschwindigkeit oberhalb des Pulverbettes im Bereich von 1 m/s bis 4 m/s [DIE20]. Bei einer zu geringen Inertgasgeschwindigkeit werden die aus der Schmelze emittierten Schweißspritzer und Agglomerate nicht ausreichend durch den Inertgasstrom mitgeführt, wodurch die Bauteilqualität beeinträchtigt wird. Im Gegensatz dazu können infolge einer zu hohen Inertgasgeschwindigkeit Metallpulverpartikel aus dem Pulverbett erfasst und in den Prozessgasfilter mitgerissen werden. So wurde beispielsweise bei LIU ET AL. eine Inertgasgeschwindigkeit von 1,5 m/s als besonders geeignet identifiziert [LIU23]. Untersuchungen von GUO ET AL. zeigten, dass durch eine Erhöhung des atmosphärischen Drucks in der Baukammer die Wahrscheinlichkeit der Beeinflussung von Metallpulverpartikeln reduziert werden kann [GUO18]. Durch IKESHOJI ET AL. wurde eine reduzierte Entstehung von Schweißspritzern und Agglomeraten bei gleicher Richtung der Laserscanvektoren und der Inertgasströmung nachgewiesen [IKE22].

Sonstiger Betriebsstoffbedarf

Zusätzlich zum Energie- und Inertgasbedarf sind für den PBF-LB/M-Prozess weitere Betriebsstoffe erforderlich. So wird teilweise Druckluft benötigt, um beispielsweise Optikkomponenten vor einer etwaigen Ablagerung von Staub aus der Umgebungsatmosphäre zu schützen, Pneumatikventile anzusteuern oder Stickstoff als Inertgas mittels eines in der PBF-LB/M-Maschine befindlichen Stickstoffgenerators zu erzeugen [GEB15, SLM18, TRU17a]. Dementsprechend kann der Druckluftbedarf selbst bei PBF-LB/M-Maschinen mit ähnlich großem maximalen Bauraumvolumen zwischen 0,4 l/min und 360 l/min variieren [TRU17a, SLM18].

Für die Kühlung von Lasern mit einer hohen Laserleistung (typischerweise über 500 W) sowie für die Abkühlung einer temperierten Bauplatte wird in der Regel eine Wasserkühlung eingesetzt, die Kühlwasser als Betriebsstoff erfordert. Das Kühlwasser wird im Rahmen einer turnusmäßigen Wartung ausgetauscht und wurde bei bisherigen Bilanzierungen des Ressourcenbedarfs beim PBF-LB/M nicht berücksichtigt [SLM18].

Die meisten in PBF-LB/M-Maschinen verbauten Prozessgasfilter müssen ausgetauscht werden, sobald diese infolge der Ablagerung von Metallpulverpartikeln und Agglomeraten (vgl. Abschnitt 2.1.3) gesättigt sind. Der notwendige Turnus zum Austausch von Prozessgasfiltern wird insbesondere durch die PBF-LB/M-Maschine, den Metallpulverwerkstoff, den gewählten PBF-LB/M-Prozessparametern sowie der Prozessgasfiltertechnologie beeinflusst. Weiterhin unterliegen die bei industriellen Anwendungen des PBF-LB/M häufig eingesetzten Beschichterlippen einem hohen abrasiven Verschleiß, wodurch diese regelmäßig (den Maschinenherstellern folgend nach jedem PBF-LB/M-Prozess) ausgetauscht werden müssen [SEY18]. Sowohl die Beschichterlippen als auch die Prozessgasfilter wurden bei bisherigen Bilanzierungen des Ressourcenbedarfs beim PBF-LB/M kaum berücksichtigt [REI22, BIE19].

2.1.6 Zeitbedarf beim PBF-LB/M-Prozess

Der Zeitbedarf für die Ressourcen *Mensch* und *Maschine* besitzt einen großen Einfluss auf die Kosten der Fertigung von Bauteilen mittels PBF-LB/M [BIE19, WIL19]. Der PBF-LB/M-Prozess erfolgt autonom und bedarf ohne eine Prozessstörung keines zwingenden Eingriffs oder einer Überwachung durch einen Mitarbeiter. Daher wird in diesem Abschnitt ausschließlich auf den Bedarf der Ressource *Maschine* beim PBF-LB/M-Prozess eingegangen. Der Zeitbedarf der Ressource *Mensch* entlang der PBF-LB/M-Prozesskette wird in Abschnitt 2.2.6 erläutert.

Die Laufzeit einer PBF-LB/M-Maschine je Prozesskettendurchlauf (vgl. Abschnitt 2.2) stellt eine wichtige Kenngröße für die wirtschaftliche Anwendung von PBF-LB/M-Maschinen dar [RAV21]. Die Laufzeit beschreibt die Gesamtdauer, in der eine PBF-LB/M-Maschine pro Prozesskettendurchlauf einschließlich des Rüstaufwands zur Vor- und Nachbereitung des PBF-LB/M-Prozesses aktiv ist, siehe Gl. (2.11) [HAR13, MA22]. Durch Gl. (2.12) wird die Betriebszeit der PBF-LB/M-Maschine in Anlehnung an MA ET AL. bilanziert [MA22].

$$t_{LZM_{PK}} = t_{BZM_{PK}} + t_{RZM_{PK}} \tag{2.11}$$

$t_{LZM_{PK}}$: Laufzeit der PBF-LB/M-Maschine je Prozesskettendurchlauf

$t_{BZM_{PK}}$: Betriebszeit der PBF-LB/M-Maschine je Prozesskettendurchlauf, siehe Gl. (2.12)

$t_{RZM_{PK}}$: Rüstzeit[10] der PBF-LB/M-Maschine je Prozesskettendurchlauf/ Dauer der Vor- und Nachbereitung des PBF-LB/M-Prozesses

$$t_{BZM_{PK}} = \sum_{i} t_{LB_i} + \sum_{j} t_{LSs_j} + \sum_{k} t_{LZs_k} + \sum_{n_s} t_b + \sum_{n_s} t_{L/b} \tag{2.12}$$

t_{LB_i}: Dauer der Belichtung des Bauteils i

t_{LSs_j}: Dauer der Belichtung der Stützstruktur j

t_{LZs_k}: Dauer der Belichtung der Zusatzstruktur k

n_s: Anzahl an Schichten je PBF-LB/M-Prozess

t_b: Dauer der Beschichtung

$t_{L/b}$: Dauer einer Schicht ohne Belichtung und Beschichtung

Die Dauer des PBF-LB/M-Prozesses wird maßgeblich durch das Volumen der zu fertigenden Bauteile beeinflusst [PFA20]. Bei einer Untersuchung von FALUDI ET AL. wurde durch die gleichzeitige Fertigung von zwölf Bauteilen die bauteilbezogene Laufzeit der PBF-LB/M-Maschine je Prozesskettendurchlauf auf etwa 40 % reduziert [FAL17]. Dies wurde auf die von der Anzahl an gefertigten Bauteilen unabhängige Rüstzeit, wie insbesondere zur Inertisierung der Baukammer sowie zur Temperierung der Bauplatte, zurückgeführt.

Wissenschaftliche Untersuchungen beziffern die Dauer für die Belichtung der Bauteile, der Stützstrukturen und der Zusatzstrukturen auf etwa 68 % bis 89 % der Laufzeit der PBF-LB/M-

[10] Die Rüstzeit beschreibt die Dauer zwischen der Fertigung des letzten Gutteils von Los A bis zur Fertigung des ersten Gutteils von Los B [NIE21].

Maschine je Prozesskettendurchlauf, wohingegen nur 5 % bis 14 % auf die Beschichtung zurückzuführen sind [PFA20, RAV21, BIE19]. Wie in Abschnitt 2.1.5 aufgeführt, reduziert eine Temperierung der Bauplatte die Temperaturdifferenz von der Ausgangstemperatur des Metallpulvers bis zu dessen Schmelzpunkt, wodurch weniger Energie in das Pulverbett eingekoppelt werden muss und folglich die Dauer der Belichtung reduziert werden kann [CAS18]. Im Gegensatz dazu kann bei geringem Füllfaktor die Laufzeit der PBF-LB/M-Maschine je Prozesskettendurchlauf durch die Zeit zum Temperieren der Bauplatte deutlich erhöht werden [GEB15]. Beispielsweise führte bei FALUDI ET AL. das Temperieren der Bauplatte zu einer Erhöhung der Dauer des PBF-LB/M-Prozesskettendurchlaufs um 56 % [FAL17].

In den letzten Jahren wurden mehrere Strategien von Herstellern von PBF-LB/M-Maschinen verfolgt, um die Laufzeit von PBF-LB/M-Maschinen je Prozesskettendurchlauf zu reduzieren und damit deren Produktivität zu erhöhen. Nach GUTOWSKI ET AL. sowie MERCURIO ET AL. handelt es sich bei diesen Strategien insbesondere um den Einsatz von leistungsstärkeren Lasern, den Einsatz mehrerer simultan arbeitender Laser, eine Temperierung der Bauplatte sowie eine Erhöhung der Schichtdicke [GUT17, MER23]. Durch diese Strategien konnte die Produktivität innerhalb von zehn Jahren um etwa den Faktor 20 erhöht werden [GUT17]. Dieser Trend setzt sich zunehmend fort, beispielsweise durch die Markteinführung von PBF-LB/M-Maschinen mit zwölf simultan arbeitenden Lasern im Jahr 2020 durch *Nikon SLM Solutions* und zuletzt im Jahr 2024 mit 36 simultan arbeitenden Lasern durch *E-Plus-3D* [NIK20, EPL24].

2.2 Prozesskette des pulverbettbasierten Schmelzens von Metallen mittels Laserstrahl

2.2.1 Einordnung und Begriffsdefinition

Nach DIN EN ISO/ASTM 52900 handelt es sich bei der PBF-LB/M-Prozesskette um eine *„Abfolge von [Prozessschritten], die erforderlich sind, damit das Bauteil [...] die angestrebte(n) Funktionalität und Eigenschaften erreicht“* [DIN22b]. Die PBF-LB/M-Prozesskette wird üblicherweise in einer additiven Produktionsstätte abgebildet [DIN19]. Sie umfasst alle Prozessschritte von der Datenvorbereitung und der Pulverlagerung über den PBF-LB/M-Prozess bis hin zur anwendungsspezifischen Nachbearbeitung des gefertigten Bauteils [DIN19].

2.2.2 Prozessschritte entlang der PBF-LB/M-Prozesskette

In Anlehnung an VDI-Richtlinie 3405 wird die PBF-LB/M-Prozesskette in die vier Prozessphasen *PRE-Prozess*, *IN-Prozess*, *POST-Prozess* und *nachgelagerte Prozessschritte* unterteilt, siehe Abbildung 13 [VDI14a].

<u>PRE-Prozess</u>

In der Prozessphase *PRE-Prozess* werden alle Prozessschritte zur Vorbereitung des PBF-LB/M-Prozesses zusammengefasst [VDI14a]. Die Prozessphase beginnt mit der *Datenvorbereitung*, die auf einem virtuellen Oberflächenmodell des zu fertigenden Bauteils basiert. Das virtuelle Oberflächenmodell kann entweder durch Konstruktion mittels eines 3D-CAD-Programms oder durch Digitalisierung physischer Objekte generiert werden [GEB16]. Durch eine Berücksichtigung der Fertigungsrestriktionen und -freiheiten des PBF-LB/M kann hierbei bereits die Bauteilfertigung ökologisch und ökonomisch positiv beeinflusst werden. In einer Untersuchung von PFAFF ET AL. wurde gezeigt, dass durch eine numerische Optimierung der Geometrie einer konventionellen Radaufhängung deren Bauteilmasse um 57 % gesenkt werden konnte [PFA20]. Dies führte neben einer Senkung des Rohstoff- und Energiebedarfs zu einer Reduzierung der mit der Bauteilfertigung einhergehenden $CO_{2äq}$-Emissionen um 51 % [PFA20]. Außerdem konnte durch die numerische Optimierung die Laufzeit der PBF-LB/M-Maschine je Prozesskettendurchlauf um 55 % gesenkt werden [PFA20]. Die Auswirkungen einer Optimierung der Bauteilgeometrie auf den Bedarf an Metallpulver und Energie sowie der Prozesszeit sind auch in den Gl. (2.1), (2.5) und (2.11) erkennbar.

Das virtuelle Oberflächenmodell wird typischerweise im STL-Austauschformat (engl. Surface Tesselation Language) an die Datenvorbereitungssoftware übergeben [DIN19]. Das STL-Austauschformat nähert das virtuelle Oberflächenmodell an die Geometrie des zu fertigenden Bauteils durch eine Vielzahl an Dreiecksfacetten (Tesselierung) an [DIN19]. Bei der *Datenvorbereitung* wird zunächst das virtuelle Oberflächenmodell im virtuellen Bauraum der PBF-LB/M-Maschine angeordnet und ausgerichtet (sogenanntes *Nesting*). Zahlreiche Untersuchungen thematisieren, inwiefern durch eine geeignete Ausrichtung einerseits die Eigenschaften des zu fertigenden Bauteils, wie relative Dichte, Form- und Maßhaltigkeit und Oberflächenqualität, beeinflusst und andererseits die Masse der benötigten Stützstrukturen und die Dauer des PBF-LB/M-Prozesses reduziert werden können [DAS15, DAS17, MAT20a, GRI19].

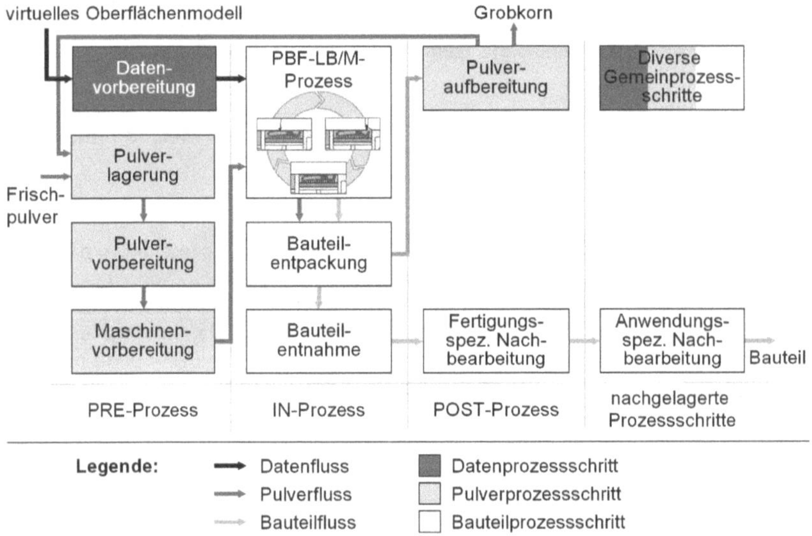

Abbildung 13: Modellhafte Darstellung der PBF-LB/M-Prozesskette, erweitert nach [VDI14a, VDI19, BAY21]

Nach dem *Nesting* wird die Stützstruktur angelegt, über die das Bauteil mit der Bauplatte verbunden wird (siehe Abschnitt 2.1.3). Dies kann manuell durch den Softwarebedienenden und/oder automatisiert durch die Datenvorbereitungssoftware erfolgen. Im Anschluss werden das virtuelle Oberflächenmodell sowie die Stützstruktur in zweidimensionale Schichten konstanter Schichtdicke zerlegt (sogenanntes *Slicing*) [KEL17]. Die zu belichtenden Schichten werden anschließend entsprechend des Bauteilquerschnitts der jeweiligen Schicht mittels Scanvektoren gefüllt (sogenanntes *Hatching*). Sowohl das *Slicing* als auch das *Hatching* erfolgen in der Datenvorbereitungssoftware automatisiert auf Basis eines zuvor festgelegten material- und maschinenspezifischen Parametersatzes [DIN19]. Durch diesen Parametersatz werden die PBF-LB/M-Prozessparameter, wie z. B. Laserleistung, Beschichtergeschwindigkeit sowie Abstand und Belichtungsreihenfolge der Scanvektoren, definiert [DIN19]. Dadurch werden durch den Parametersatz neben den mechanischen Eigenschaften des zu fertigenden Bauteils insbesondere der Energiebedarf (vgl. Gl (2.5)) sowie die Laufzeit der PBF-LB/M-Maschine je Prozesskettendurchlauf (vgl. Gl. (2.11)) beeinflusst [ALI18, CLO13, MUG19, JIA21]. Nach dem *Hatching* wird in der Datenvorbereitungssoftware der für die Steuerung der PBF-LB/M-Maschine notwendige Datensatz erzeugt, welcher meist in einem vom Hersteller der PBF-LB/M-Maschine spezifischen Datenformat exportiert wird [GEB16, KEL17].

Neben der *Datenvorbereitung* erfolgt im PRE-Prozess die physische Vorbereitung des PBF-LB/M-Prozesses [VDI14a]. Die Ausgangsbasis hierfür stellt die Ein- bzw. Auslagerung von Metallpulver (Pulverlagerung) dar. Hierbei kann es sich entweder um sogenanntes Frischpulver, das bisher nicht im PBF-LB/M-Prozess genutzt wurde, oder um bereits verwendetes und aufbereitetes Metallpulver (siehe Prozessschritt Pulveraufbereitung) handeln [VDI19]. Die Pulvervorbereitung kann vor oder nach der Einlagerung von Metallpulver erfolgen. Dabei handelt es sich um die Untersuchung der Qualität des Metallpulvers, dessen Trocknung oder dessen Homogenisierung [LUT20a]. Weiterhin erfolgt die Vorbereitung der PBF-LB/M-Maschine, welche das Einfüllen des Metallpulvers in den Dosierbehälter, das Einlegen der Bauplatte und deren Fixierung auf der Bauplattform, das Reinigen des Optikschutzglases sowie bei Bedarf den Austausch der Beschichterlippe beinhaltet [LUT20a, SEY18, SLM18]. Zuletzt wird im PRE-Prozess die Baukammer initial mit Inertgas geflutet (siehe Abschnitt 2.1.2) sowie optional die Bauplatte temperiert [GEB16].

<u>IN-Prozess</u>

In der Prozessphase *IN-Prozess* werden der PBF-LB/M-Prozess (siehe Abschnitt 2.1.2) sowie die in der PBF-LB/M-Maschine stattfindenden Prozessschritte zum Entpacken und Entnehmen des Bauteils durchgeführt [VDI14a]. Nach dem *PBF-LB/M-Prozess* sind die Bauplatte und das gefertigte Bauteil vollständig mit Metallpulver bedeckt. Dieses Metallpulver wird typischerweise mittels Schaufel, Spatel und/oder Pinsel in den Überlaufbehälter befördert [LUT20a]. Dieser Vorgang kann abhängig von der PBF-LB/M-Maschine bei geöffneter Baukammertür oder mittels in dieser integrierten Handschuheingriffen durchgeführt werden [SLM18, LUT20a, TRU17a]. Vor der Entnahme von Bauplatte und Bauteil aus der Baukammer wird das am Bauteil haftende und das restliche in der PBF-LB/M-Maschine befindliche Metallpulver typischerweise mittels einer Saugeinrichtung entfernt [VDI19]. Bei der Verarbeitung von Metallpulvern mit niedriger Mindestzündenergie wird hierfür der Einsatz eines Nassabscheiders empfohlen [VDI19]. Beim Saugvorgang mittels eines Nassabscheiders werden die eingesaugten Metallpulverpartikel mit der Waschflüssigkeit (vgl. Abschnitt 2.2.5) benetzt, wodurch sich diese am Boden des im Nassabscheiders enthaltenen Abscheidebehälters absetzen [RUW18, VDI14b].

<u>POST-Prozess</u>

Die Prozessphase *POST-Prozess* beinhaltet alle Prozessschritte zur *fertigungsspezifischen Nachbearbeitung* eines Bauteils nach dessen Entnahme aus der PBF-LB/M-Maschine [VDI14a]. Diese Prozessphase beginnt mit der Entfernung von restlichem Metallpulver aus den Zwischenräumen der Stützstrukturen sowie aus Hinterschneidungen oder Hohlräumen des gefertigten Bauteils. Um dies zu vereinfachen, wird die Entfernbarkeit von Metallpulver in der Regel bereits bei der Konstruktion der Bauteilgeometrie sowie der Auslegung der

Stützstrukturen berücksichtigt [THO15]. Anschließend kann der optionale Prozessschritt des Spannungsarmglühens von Bauplatte mit Bauteil und Stützstrukturen durchgeführt werden, um die beim PBF-LB/M-Prozess thermisch-induzierten Eigenspannungen (vgl. Abschnitt 2.1.3) abzubauen. Danach erfolgt der Abtrennvorgang des Bauteils von der Bauplatte. Dies wird in der Regel mittels Drahterodieren oder Bandsägen realisiert, wobei die Breite des Sägeblattes oder des Drahtes bereits beim *Nesting* durch den Mindestabstand von Bauteil und Bauplatte zu berücksichtigen ist. Nach dem Abtrennvorgang erfolgt meist durch manuelle Tätigkeiten, wie Meißeln, Schleifen oder Feilen, das Entfernen der Stützstrukturen vom Bauteil. Das Gestaltungsprinzip der Stützstrukturen besitzt hierbei einen erheblichen Einfluss auf den manuellen Nachbearbeitungsaufwand [KÜN19].

Ferner erfolgt in der Prozessphase *POST-Prozess* die Pulveraufbereitung [VDI19]. Das nach der Entnahme des Bauteils aus der PBF-LB/M-Maschine im Überlaufbehälter befindliche Metallpulver enthält einen Großteil der beeinflussten Metallpulverpartikel (siehe Abschnitt 2.1.3). Durch eine Pulveraufbereitung mittels Sieben werden Metallpulverpartikel mit einem Durchmesser größer als die Maschenweite des Siebs (Grobkorn) vom wiederverwendbaren Anteil, dem Feinkorn, abgetrennt [LUT18b]. Im Anschluss wird das Grobkorn entsorgt, während das Feinkorn eingelagert oder direkt in die PBF-LB/M-Maschine für einen weiteren PBF-LB/M-Prozess eingebracht wird.

<u>Nachgelagerte Prozessschritte</u>

In den *nachgelagerten Prozessschritten* werden alle Prozessschritte zur *anwendungsspezifischen Nachbearbeitung* des Bauteils subsumiert. Entsprechend der Bauteilspezifikationen stehen eine Vielzahl an Prozessschritten im Rahmen der *anwendungsspezifischen Nachbearbeitung*, wie z. B. heißisostatisches Pressen, Mikrostrahlen, Plasmapolieren oder Gleitschleifen, zur Auswahl [PEN21, SEF22]. Durch die Prozessschritte zur *anwendungsspezifischen Nachbearbeitung* können insbesondere die Oberflächeneigenschaften des gefertigten Bauteils, wie z. B. dessen Kantenschärfe und Oberflächenrauigkeit, beeinflusst werden [MAH20].

Des Weiteren werden im Rahmen der vorliegenden Arbeit *diverse Gemeinprozessschritte*, die die Aufrechterhaltung der Betriebsbereitschaft der Produktionsstätte gewährleisten, zu den *nachgelagerten Prozessschritten* gezählt. Bei den *diversen Gemeinprozessschritten*, die typischerweise nicht je Prozesskettendurchlauf durchgeführt werden, handelt es sich insbesondere um die Deaktivierung der Prozessgasfilter, die Reinigung von Saugeinrichtungen, PBF-LB/M-Maschine, Peripheriegeräte und Produktionsstätte sowie die Wartung der PBF-LB/M-Maschine. [BAY21, VDI19]

2.2.3 Rohstoffbedarf entlang der PBF-LB/M-Prozesskette

Nur ein Teil des beim PBF-LB/M-Prozess (vgl. Abschnitt 2.1.3) und entlang der PBF-LB/M-Prozesskette eingesetzten Metallpulvers geht in das zu fertigende Bauteil ein. Der komplementäre Anteil des Metallpulverbedarfs wird im Rahmen der vorliegenden Arbeit als *Pulververlust* bezeichnet. Abbildung 14 fasst die Pulververluste einer Auswahl wissenschaftlicher Untersuchungen von Einzelteilfertigungen zusammen. In der Abbildung ist der Pulververlust in Bezug zur jeweils gefertigten Bauteilmasse (sogenannter *spezifischer Pulververlust SPV*) dargestellt.

Die Höhe des *SPV* wird von verschiedenen Faktoren beeinflusst, wie insbesondere von der Bauteilgeometrie, -masse und -anzahl. So wurde beispielsweise bei der Fertigung eines Radträgers mit einer Masse von 174 g durch PFAFF ET AL. ein *SPV* von 13,8 % ermittelt, wohingegen bei der Fertigung eines Dichtewürfels mit einer Masse von 4 g durch GEBBE ET AL. ein um den Faktor 36 höherer *SPV* ermittelt wurde [GEB15, PFA20]. Bei einer Untersuchung von BIERDEL ET AL. wurde bei der Fertigung von 18 Dämpfergabeln ein um 41 % reduzierter *SPV* im Vergleich zu einer Einzelteilfertigung detektiert [BIE19]. Einen ähnlichen Zusammenhang stellten PFAFF ET AL. fest, bei der die Fertigung von zwölf Radträgern zu einem im Vergleich zur Einzelteilfertigung um 43 % reduzierten *SPV* führte [PFA20].

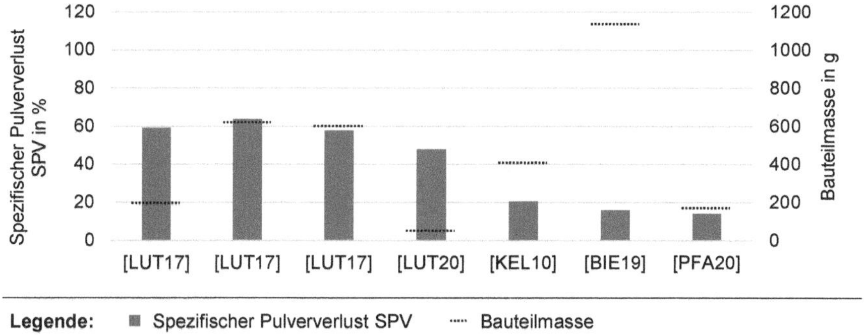

Abbildung 14: Spezifischer Pulververlust SPV jeweils bei einer Einzelteilfertigung; eigene Darstellung in Anlehnung an [LUT17, LUT20a, KEL10, BIE19, PFA20]

Bei der in Abbildung 14 aufgeführten Untersuchung von LUTTER ET AL. wurden im Rahmen einer Szenarioanalyse verschiedene Arten von Pulververlusten unterschieden, siehe Tabelle 2. Das Ergebnis der Untersuchung von LUTTER ET AL., bei der jeweils ein Zahnrad mit einem Volumen von etwa 77 cm³ unter verschiedenen Szenarien (je drei verschiedene Werkstoffe, PBF-LB/M-Maschinen und Mitarbeiter) gefertigt und die Pulververluste anhand der Arten klassifiziert wurden, ist in Abbildung 15 dargestellt [LUT17].

Tabelle 2: Arten von Pulververlusten, in Anlehnung an [LUT17]

Art	Beschreibung
Absaug-verluste	Metallpulver, das bei der Entpulverung des Bauteils oder der Reinigung der PBF-LB/M-Maschine mittels einer deaktivierenden Saugeinrichtung aufgenommen und entsorgt wird [LUT17]
Sieb-verluste	Metallpulver, das bei der Pulveraufbereitung mittels Sieben als Grobkorn erfasst und entsorgt wird [LUT20a]
Prozessgasfilter-verluste	Metallpulver, das durch den Inertgasstrom aus dem Pulverbett gesogen und in den Prozessgasfilter transportiert und entsorgt wird [DIE20].
Handhabungs-verluste	Metallpulver, das bei der Handhabung (z. B. Umfüllvorgänge) aufgewirbelt, in die Umgebung abgegeben und bei der Reinigung der PBF-LB/M-Produktionsstätte aufgenommen und entsorgt wird [LUT20a]
Anhaftungs-verluste	Metallpulver, das an Oberflächen (z. B. Innenwänden von Behältern oder der Baukammer) anhaftet und bei der Reinigung der PBF-LB/M-Maschine entfernt und entsorgt wird [LUT17]
Einschluss-verluste	Metallpulver, das in Kavitäten des gefertigten Bauteils oder in den Zwischenräumen der Stützstrukturen eingeschlossen ist und bei der Nachbearbeitung entfernt und entsorgt wird [THO15]

Bei der Szenarioanalyse von LUTTER ET AL. wurde das lose Metallpulver zunächst mittels Spachtel und Pinsel in den Überlaufbehälter befördert. Dennoch trat bei der anschließenden Entpulverung des gefertigten Zahnrades und bei der Reinigung der PBF-LB/M-Maschine mittels eines Nassabscheiders die anteilig größten Pulververluste (Absaugverluste) auf [LUT17]. Die beeinflussten Metallpulverpartikel (vgl. Abschnitt 2.1) wurden bei LUTTER ET AL. im Sieb (Siebverluste) und im Prozessgasfilter (Prozessgasfilterverluste) detektiert. Aufgrund der Geometrie des Zahnrades traten keine Einschlussverluste auf [LUT17]. Weiterhin wurde das Zahnrad direkt liegend auf der Bauplatte gefertigt, wodurch keine Stützstrukturen erforderlich waren [LUT17]. Außerdem wurden der Trennvorgang von Zahnrad und Bauplatte sowie die ***anwendungsspezifische Nachbearbeitung*** des Zahnrades bei der Bewertung des Pulververlusts nicht berücksichtigt [LUT17].

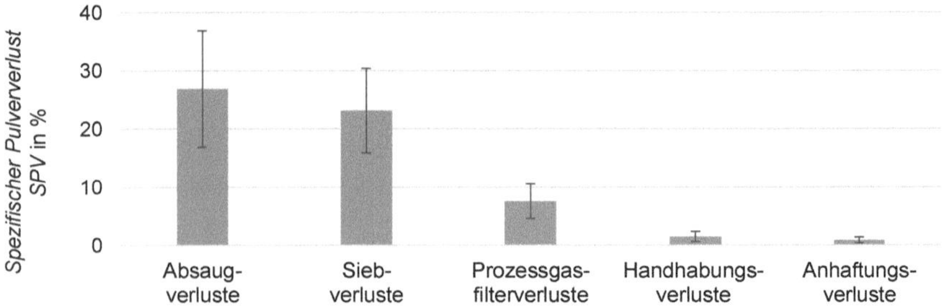

Abbildung 15: Arten von Pulververlusten bei einer von LUTTER ET AL. durchgeführten Szenarioanalyse; in Anlehnung an [LUT17]

Neben der Summe der Pulververluste hat die potenzielle Wiederverwendbarkeit des beim PBF-LB/M-Prozess eingesetzten Metallpulvers einen erheblichen ökonomischen und ökologischen Einfluss auf die Bauteilfertigung. Dies liegt insbesondere an dem geringen Füllfaktor beim PBF-LB/M, der nach HANN und LUTHER bei typischen Anwendungen des PBF-LB/M bei etwa 5 % liegt [HAN16, LUT20a]. Der komplementäre Anteil – das beim PBF-LB/M-Prozess eingesetzte und nicht aufgeschmolzene Metallpulver – kann nach PETROVIC mittels Sieben zu 95 % bis 98 % aufbereitet werden [PET11]. In der Luftfahrtindustrie ist eine Wiederverwendung von bereits verwendetem und aufbereitetem Metallpulver für die Fertigung von sicherheitskritischen Bauteilen aus Gewährleistungsgründen häufig nicht zugelassen [LAN24]. Anstatt wird das aufbereitete Metallpulver häufig für die Fertigung von Prototypen oder nicht-sicherheitskritischer Bauteile eingesetzt [ARD14, LIA21].

Wird von keiner Wiederverwendung des Metallpulvers ausgegangen, liegen die Kosten für die Bauteilfertigung um bis zu 75 % und der $CO_{2äq}$-Fußabdruck der gefertigten Bauteile um bis zu 100 % höher [BAR16, LUT18b]. Lindemann stellte in einer Untersuchung aus dem Jahr 2012 fest, dass der Anteil des Metallpulvers an den Gesamtkosten der Bauteilfertigung, abhängig von der Geometrie der zu fertigenden Bauteile, zwischen 5 % und 42 % liegt [LIN12].

LUTTER ET AL. ermittelten modellbasiert eine durchschnittliche Wiederverwendbarkeit von Metallpulver von 35 Nutzungszyklen, wobei die Anzahl der Nutzungszyklen in Abhängigkeit der gewählten Parameter zwischen 1 und 117 Nutzungszyklen variiert [LUT18b]. Der Füllfaktor hatte in dieser Untersuchung den größten Einfluss auf die Anzahl der Nutzungszyklen des Metallpulvers [LUT18b]. In einer von VOCK ET AL. durchgeführten Literaturanalyse wurde gezeigt, dass durch die mehrmalige Verwendung von Metallpulver dessen Eigenschaften beeinflusst werden, wie beispielsweise eine Verengung der Partikelgrößenverteilung mit steigendem mittleren Partikeldurchmesser, eine höhere Fließfähigkeit und eine Zunahme des Sauerstoffanteils. Diese Beeinflussungen des Metallpulvers haben jedoch kaum Auswirkungen auf die Eigenschaften der gefertigten Bauteile, wie z. B. Oberflächenrauigkeit, mechanische Eigenschaften und relative Dichte. [SEY12, O'L15, VOC19, CAR19, SAN20, HIL21, DEL23]

Um die Auswirkungen einer Beeinflussung des Metallpulvers nach einem Nutzungszyklus zu minimieren, werden in der Praxis verschiedene Mischkonzepte (MK) von Metallpulver angewandt:

- MK. I: Zumischung von Frischpulver zu aufbereitetem Metallpulver nach jedem PBF-LB/M-Prozess [LUT20a]
- MK. II: Vermischung von Pulverchargen mit jeweils gleicher Verwendungshäufigkeit im PBF-LB/M-Prozess [LUT20a]
- MK. III: Kontinuierliche Wiederverwendung von aufbereitetem Metallpulver ohne eine Mischung mit anderen Pulverchargen [VOC19]
- MK. IV: Regelmäßiges Hinzufügen von Frischpulver zu aufbereitetem Metallpulver ohne eine Mischung [VOC19]

2.2.4 Rohstoffseitige Gefährdungen entlang der PBF-LB/M-Prozesskette

Im Bereich der Arbeitssicherheit erfolgt die Bewertung von Gefährdungen in der Regel qualitativ, d. h. es existieren kaum Ansätze, um Prozessschritte hinsichtlich der dort vorliegenden Gefährdungen anhand von quantitativen Kennwerten miteinander zu vergleichen. MAHR ET AL. entwickelten ein Vorgehensmodell zur quantitativen Abschätzung der prozessschrittsspezifischen Materialgefährdung bei additiven Fertigungsverfahren [MAH21]. Dieses Vorgehensmodell wurde auf Initiative der Autoren in die VDI-Richtlinie 3405 Blatt 6 *Entwurf Systematische Abschätzung der Gefährdung durch das Material bei der Anlagenplanung* überführt [VDI24a]. Gemäß Abbildung 16 basiert das Vorgehensmodell auf zwei unabhängigen Teilen, die nachfolgend zusammengefasst werden.

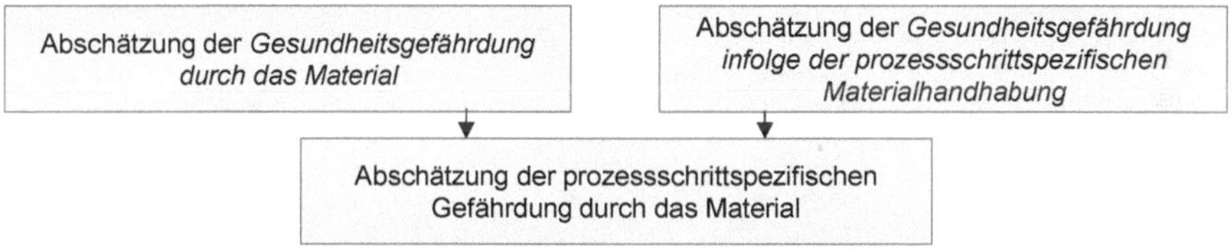

Abbildung 16: Aufbau des Vorgehensmodells zur Abschätzung der prozessschrittspezifischen Materialgefährdung; in Anlehnung an [MAH21, VDI24a]

Im ersten Teil des Vorgehensmodells wird die vom gehandhabten Material ausgehende Gesundheitsgefährdung (*Gesundheitsgefährdung durch das Material*) anhand der dem Material zugewiesenen Gefahrenhinweise für Gesundheitsgefahren (H-Sätze der 300-Reihe) qualitativ bewertet. Dies erfolgt in Anlehnung an das GHS-Spaltenmodell [SMO20] von *gering* bis *sehr hoch*. [VDI24a]

Im zweiten Teil des Vorgehensmodells erfolgt die quantitative Bewertung der *Gesundheitsgefährdung infolge der prozessschrittspezifischen Materialhandhabung*. Dazu werden je Prozessschritt die gehandhabte Materialmasse, die Kontaktdauer sowie die Schutzvorkehrungen anhand von Kennwerten beschrieben. Mittels dieser Kennwerte wird im Anschluss ein quantitativer Wert der *Gesundheitsgefährdung infolge der prozessschrittspezifischen Materialhandhabung* (von „0" bis „1") berechnet, der einen Vergleich der Gefährdung zwischen verschiedenen Prozessschritten sowie einen Vergleich verschiedener Präventivmaßnahmen ermöglicht. Weiterhin wird der quantitative Wert der *Gesundheitsgefährdung infolge der prozessschrittspezifischen Materialhandhabung* zusätzlich in eine qualitative Bewertung von *gering* bis *sehr hoch* transferiert. [VDI24a]

Zuletzt werden die beiden Teile des Vorgehensmodells kombiniert, um die qualitative *prozessschrittspezifische Gefährdung durch das Material* von *gering* bis *sehr hoch* zu ermitteln. Dazu werden die beiden qualitativen Bewertungen der Materialgefährdung und der prozessschrittspezifischen Materialhandhabung in einer Matrix gegenübergestellt und miteinander verrechnet. [VDI24a]

2.2.5 Betriebsstoffbedarf entlang der PBF-LB/M-Prozesskette

Energiebedarf

Der Energiebedarf entlang der PBF-LB/M-Prozesskette wurde, mit Ausnahme des PBF-LB/M-Prozesses (siehe Abschnitt 2.1.5), kaum untersucht. Dies ist darauf zurückzuführen, dass der anteilig größte Energiebedarf auf den PBF-LB/M-Prozess entfällt, siehe Abbildung 17. Hierbei ist anzumerken, dass bei keiner der in der Abbildung aufgeführten Untersuchungen ein Wärmebehandlungsprozess durchgeführt wurde. Außerdem wurden das Abtrennen von Bauteil und Bauplatte sowie die Entfernung der Stützstrukturen größtenteils manuell durchgeführt. Bei den Untersuchungen von FALUDI ET AL. und MAHR ET AL. wurde ein Abtrennvorgang von Bauteil und Bauplatte mittels Bandsäge durchgeführt, der jeweils weniger als 0,6 % des Gesamtenergiebedarfs der PBF-LB/M-Prozesskette erforderte [FAL17, MAH24]. Unter gleichen Rahmenbedingungen führte ein alternativer Abtrennvorgang mittels Drahterodieren bei der Untersuchung von FALUDI ET AL zu einem anteiligen Gesamtenergiebedarf von etwa 33 % [FAL17].

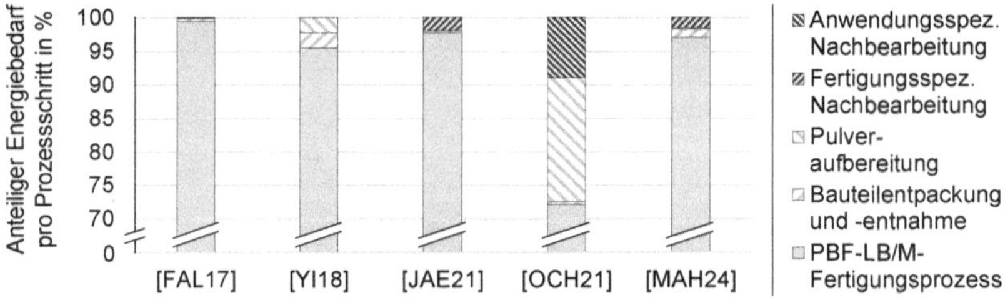

Abbildung 17: Anteiliger Energiebedarf ausgewählter Prozessschritte entlang der PBF-LB/M-Prozesskette; eigene Darstellung in Anlehnung an [FAL17, YI18, JAE21, OCH21, MAH24]

Der bei OCHS ET AL. festgestellte anteilige Gesamtenergiebedarf von 18,6 % bei der Pulveraufbereitung ist auf die eingesetzte automatische Pulverförderung zwischen Pulverlagerung, PBF-LB/M-Maschine und Siebvorrichtung zurückzuführen [OCH21]. Bei den weiteren Untersuchungen führte der Einsatz von Saugvorrichtungen bei der Bauteilentpackung und -entnahme zu maximal 2,3 % des Gesamtenergiebedarfs entlang der PBF-LB/M-Prozesskette [JAE21, YI18, FAL17, MAH24]. Weiterhin wurde bei OCHS ET AL. ein anteiliger Gesamtenergiebedarf von 8,9 % bei der *anwendungsspezifischen Nachbearbeitung* festgestellt, der bei einer Bauteilnachbearbeitung mittels Mikrostrahlen und Gleitschleifen auftrat [OCH21].

Durch die Berücksichtigung aller Prozessschritte der PBF-LB/M-Prozesskette steigt der in Abschnitt 2.1.5 thematisierte spezifische Energiebedarf *SEB* an. Bei der Untersuchung von OCHS ET AL. lag die Zunahme des *SEB* bei etwa 40 %, wobei eine Zunahme von 25,7 % auf die automatische Pulverförderung entfällt [OCH21]. Bei FALUDI ET AL. betrug die Zunahme des *SEB* bei Berücksichtigung der gesamten Prozesskette mit einem Abtrennvorgang mittels Bandsäge 2,3 % und bei einem Abtrennvorgang mittels Drahterodieren 52 % [FAL17].

Inertgasbedarf

Der Inertgasbedarf entlang der PBF-LB/M-Prozesskette wurde, mit Ausnahme des PBF-LB/M-Prozesses (siehe Abschnitt 2.1.5), kaum analysiert. Ein möglicher Grund hierfür liegt laut LUTHER darin, dass die Pulveraufbereitung mittels Sieben in der Praxis sowohl unter Inertgas als auch unter Umgebungsatmosphäre üblich ist [LUT20a]. Bei der Untersuchung von RAVISANKAR ET AL. wurde vor der Pulveraufbereitung mittels Sieben die Siebvorrichtung für etwa 4 min mit 100 l/min initial geflutet, bevor der etwa halbstündige Siebvorgang mit unverändertem Inertgasvolumenstrom gestartet wurde [RAV21]. Insgesamt führte die Pulveraufbereitung mittels Sieben zu einem Inertgasbedarf von etwa 3400 l, was etwa 46 % des Inertgasbedarfs des 41-stündigen PBF-LB/M-Prozesses entspricht, in dem das zu siebende Metallpulver zuvor verwendet wurde [RAV21].

Sonstiger Betriebsstoffbedarf

Entlang der PBF-LB/M-Prozesskette sind je nach genutzter PBF-LB/M-Maschine und Peripheriegeräten weitere Betriebsstoffe erforderlich [BIE19]. Diese wurden bei bisherigen Untersuchungen zur Bilanzierung der Roh- und Betriebsstoffe entlang der PBF-LB/M-Prozesskette kaum untersucht. Zu diesen Betriebsstoffen gehört unter anderem die persönliche Schutzausrüstung (PSA), die bereits vor dem Betreten der PBF-LB/M-Fertigungsstätte anzulegen ist [BAY21]. Bei der PSA handelt es sich typischerweise um Arbeitskleidung, Handschuhe, Augenschutz, Atemschutz und ableitfähige Sicherheitsschuhe [BAY19]. Häufig sind Handschuhe und je nach Metallpulverwerkstoff und Prozessschritt der Atemschutz als Einwegprodukte ausgeführt und müssen daher regelmäßig ersetzt werden.

Weiterhin sind für die Vorbereitung der PBF-LB/M-Maschine typischerweise Reinigungstücher erforderlich, mit denen vor dem Start des PBF-LB/M-Prozesses Ablagerungen von Metallpulver vom Optikschutzglas (Anhaftungsverluste) entfernt werden [VDI19]. Außerdem muss bei den bei der *Bauteilentnahme* und der *fertigungsspezifischen Nachbearbeitung* eingesetzten Nassabscheidern die Waschflüssigkeit (beim PBF-LB/M meist Wasser) regelmäßig aufgefüllt und im Rahmen der Reinigung ausgetauscht werden [VDI19, VDI14b]. Des Weiteren ist bei einigen auf dem Markt verfügbaren Siebvorrichtungen Druckluft für deren Betrieb erforderlich [BIE19]. Zudem müssen die bei der *fertigungsspezifischen Nachbearbeitung* eingesetzten Strahlmedien beim Mikrostrahlen sowie die Sägeblätter beim Abtrennvorgang von Bauplatte und Bauteil mittels Bandsäge je nach Nutzungsintensität ersetzt werden. Bei der *anwendungsspezifischen Nachbearbeitung* des gefertigten Bauteils sowie bei der maschinellen Nachbearbeitung der Bauplatte werden Bearbeitungswerkzeuge eingesetzt, die einem Verschleiß unterliegen und regelmäßig erneuert werden müssen [KAM18]. Außerdem sind für die Entsorgung von gesättigten Prozessgasfiltern Betriebsstoffe, wie Sand und/oder Wasser sowie Entsorgungsbehältnisse, erforderlich [VDI19, SLM18, TRU17a].

2.2.6 Zeitbedarf entlang der PBF-LB/M-Prozesskette

Die Laufzeit der PBF-LB/M-Maschine je Prozesskettendurchlauf wird, wie in Abschnitt 2.1.6 thematisiert, insbesondere durch deren Produktivität, die Dauer zur Vor- und Nachbereitung des PBF-LB/M-Prozesses sowie im Falle einer Temperierung der Bauplatte durch die Zeit für deren Aufwärmung und Abkühlung bestimmt. Die meisten Prozessschritte entlang der PBF-LB/M-Prozesskette, wie z. B. die *anwendungsspezifische Nachbearbeitung*, können parallel zum Betrieb der PBF-LB/M-Maschine durchgeführt werden. Aufgrund der geringen Auslastung der in diesen Prozessschritten eingesetzten Maschinen (z. B. Bandsäge) und Peripheriegeräten (z. B. Nassabscheider) ist es kaum möglich, die Kosten der Bauteilfertigung mittels PBF-LB/M durch eine Verringerung von deren Laufzeit je Prozesskettendurchlauf zu senken, weshalb hier nicht näher auf diese eingegangen wird [BIE19].

Entlang der PBF-LB/M-Prozesskette stellt die Arbeitszeit der Mitarbeiter einen großen Hebel zur Beeinflussung der Kosten von mittels PBF-LB/M-gefertigten Bauteilen dar [BIE19, WIL19]. Allerdings wird die Arbeitszeit der Mitarbeiter bei vielen der in den vorangegangenen Abschnitten aufgeführten Untersuchungen nicht erfasst. Stattdessen wird häufig nur die Betriebszeit von manuell betriebenen Peripheriegeräten (z. B. Saugvorrichtungen) thematisiert, um damit eine Abschätzung bzgl. des jeweiligen Energiebedarfs zu treffen [YI18, OCH21]. In den nachfolgend aufgeführten Untersuchungen können jedoch einzelne Angaben zu den Arbeitszeiten der Mitarbeiter für verschiedene Tätigkeiten gefunden werden. FALUDI ET AL. geben an, dass nach dem Ende eines PBF-LB/M-Prozesses ein Mitarbeiter durchschnittlich 52 min zum Rüsten der PBF-LB/M-Maschine benötigt [FAL17]. Nach GRONEBERG ET AL. benötigt ein Mitarbeiter etwa 3,5 min für die Vorbereitung des Abtrennvorgangs mittels Bandsäge sowie 7 min für die Entnahme des Bauteils und die Reinigung der Bandsäge nach dem Abtrennvorgang [GRO21]. BIERDEL ET AL. schätzen die Arbeitszeit zur Entfernung der Stützstrukturen an einer mittels PBF-LB/M gefertigten Dämpfergabel auf 5 min [BIE19]. Bei der Untersuchung von OCHS ET AL. erfordert die Nachbearbeitung von fünf Zugstäben durch manuelles Sandstrahlen eine Arbeitszeit von insgesamt 20 min [OCH21]. Das anschließend durchgeführte einstündige Gleitschleifen erfolgt weitestgehend automatisiert und bedarf nur einer Tätigkeit des Mitarbeiters während des Rüstens [OCH21]. Für die Nachbearbeitung von Bauplatten kalkulieren OCHS ET AL. eine Arbeitszeit von je 5 min ein [OCH21]. Die Dauer der Pulveraufbereitung mittels Sieben liegt bei verschiedenen Untersuchungen im Bereich von 1 % bis 12 % der Dauer des PBF-LB/M-Prozesses [OCH21, RAV21, JAE21]. Die Arbeitszeit zur Bedienung der Siebvorrichtung wurde in diesen Untersuchungen nicht analysiert [OCH21, RAV21, JAE21].

2.3 Existierende Ansätze zur Bilanzierung und Steigerung der Ressourceneffizienz

Die im Kontext einer Steigerung der Ressourceneffizienz existierenden Ansätze können einerseits hinsichtlich der Vorgehensstufen *Bilanzierung* und *Maßnahmenableitung* eingruppiert werden. Andererseits lassen sich die existierenden Ansätze anhand der drei sogenannten Dimensionen der Nachhaltigkeit *Soziales*, *Ökologie* und *Ökonomie* einordnen [UNI87, ZIM16]. Abbildung 10 stellt eine insbesondere auf der VDI Richtlinie 4803 basierenden Auswahl an existierenden Ansätzen im Kontext der Zielsetzung der vorliegenden Arbeit dar [VDI24b]. Diese Ansätze werden im Anschluss näher vorgestellt sowie mit Blick auf die Zielsetzung der vorliegenden Arbeit eingeordnet.

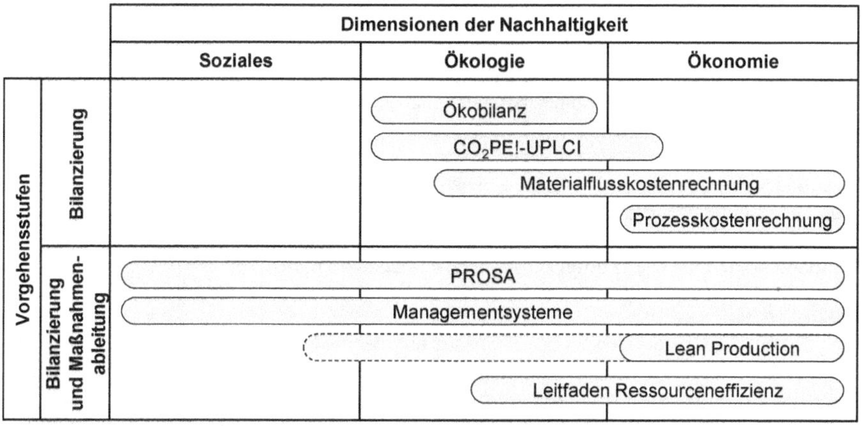

Abbildung 18: Auswahl existierender Ansätze zur Steigerung der Ressourceneffizienz. Die horizontalen Säulen veranschaulichen die durch die existierenden Ansätze jeweils abgedeckten Dimensionen der Nachhaltigkeit; eigene Darstellung in Anlehnung an [VDI24b]

<u>Ökobilanz (engl. Life Cycle Assessment; LCA)</u>

„Die Ökobilanz (...) ist eine Methode zur Abschätzung der mit einem Produkt [, einer Dienstleistung oder einem Prozess] verbundenen Umweltauswirkungen“ [FRI20, DIN21a]. Bei der Ökobilanz können die Umweltauswirkungen anhand verschiedener Umweltaspekte, wie dem Energie- oder Wasserbedarf oder der Menge an durch die Produktion entstandenen Emissionen von CO_2 und anderen Treibhausgasen, bewertet werden [FRI20]. Eine Ökobilanz ist nach [DIN21b] und [DIN21a] in vier Phasen untergliedert.

In der ersten Phase der Ökobilanz werden deren Ziel und Untersuchungsrahmen definiert. Das Ziel thematisiert insbesondere die beabsichtigte Anwendung und die Gründe für die Durchführung der Ökobilanz. Im Rahmen des Untersuchungsrahmens werden unter anderem der Untersuchungsgegenstand, die Systemgrenzen und die funktionelle Einheit festgelegt. Letztere ermöglicht eine Vergleichbarkeit der Umweltauswirkungen verschiedener Varianten des Untersuchungsgegenstandes.

In der zweiten Phase werden der materielle und energetische Input und Output, die mit dem festgelegten Untersuchungsgegenstand einhergehen (sogenannte Sachbilanz), quantitativ erfasst und in Bezug auf die funktionelle Einheit gesetzt.

In der Phase der Wirkungsabschätzung werden ausgehend von den quantitativen Daten der Sachbilanz verschiedene Umweltauswirkungen anhand von Umweltindikatoren (z. B. Ozonschichtabbau, Partikelbildung, Ökotoxizität [FRI20]) bewertet. Dadurch schafft die Wirkungsabschätzung ein Verständnis über die Umweltauswirkungen des Untersuchungsgegenstandes.

In der letzten Phase der Ökobilanz werden die Ergebnisse aus der Sachbilanz und der Wirkungsabschätzung zusammengefasst und in Übereinstimmung mit dem festgelegten Ziel und dem Untersuchungsrahmen analysiert und bewertet. Damit stellt die Auswertung eine Basis für eine ökologisch motivierte Entscheidungsfindung im Hinblick auf potenziell umzusetzende Maßnahmen dar.

Einordnung: Für eine Ökobilanz werden umfangreiche Kenntnisse und Daten über den Untersuchungsgegenstand innerhalb der betrachteten Systemgrenzen benötigt, wodurch ein hoher Aufwand mit deren Durchführung verbunden ist. Weiterhin wird bei einer Ökobilanz der Untersuchungsgegenstand ausschließlich unter ökologischen Gesichtspunkten analysiert. Das bedeutet, dass keine ökonomischen oder sozialen Informationen erfasst und bereitgestellt werden, wodurch eine ganzheitliche Entscheidungsfindung nur bedingt möglich ist. Ergänzend dazu kritisieren SAADE ET AL. bei einer Anwendung der Ökobilanz im Bereich der additiven Fertigung, dass eine Vielzahl der Charakteristika der additiven Fertigung (z. B. Bauteilkomplexität, Gefährdung der Mitarbeiter, manueller Arbeitsaufwand) durch die Ökobilanz nicht erfasst wird [SAA20]. Weiterhin erfolgt im Rahmen einer Ökobilanz keine systematische Ableitung von Maßnahmen, um die bilanzierten Umweltauswirkungen zu reduzieren.

CO_2PE!-UPLCI

Die CO_2PE!-UPLCI stellt eine an der Ökobilanz angelehnte Methodik zur Erstellung von Sachbilanzen für einzelne Prozessschritte (engl. Unit Process Life Cycle Inventory, UPLCI) dar. Die Methodik wurde mit dem Ziel entwickelt, die für die Durchführung von Ökobilanzen notwendige Datengrundlage zu verbessern. [KEL12]

Zu Beginn der Anwendung der Methodik CO_2PE!-UPLCI erfolgt die Definition von Ziel und Untersuchungsrahmen, wobei insbesondere die Systemgrenzen, die funktionelle Einheit, die betrachtete Maschinenarchitektur sowie die relevantesten Prozessparameter festgelegt werden. Bei der anschließenden Datenerfassung wird zwischen einem Screening- und einem Detail-Ansatz differenziert. Der Screening-Ansatz basiert auf literaturbasierten Daten sowie Berechnungen zu Material- und Energiebedarfen und zielt darauf ab, Sachbilanzdaten mit geringem Aufwand abzuschätzen. Im Gegensatz dazu basiert der Detail-Ansatz auf einer messtechnischen Erfassung der Bedarfe der Ressourcen *Material*, *Mensch* und *Maschine*, wodurch genaue Sachbilanz-Daten erfasst sowie Prozessschritte mit hohem Ressourcenbedarf identifiziert werden können. [KEL11a, GEB15]

Einordnung: Da die CO_2PE!-UPLCI als Teil oder Ergänzung der Ökobilanz verstanden werden kann, decken sich ein Großteil deren Charakteristika. Je nach gewähltem Screening- oder Detail-Ansatz kann der Aufwand für die Anwendung der Methodik angepasst werden. Gleichzeitig erlaubt die Berücksichtigung von verschieden Arbeits- und Maschinenzeiten eine Aussage über die Ressourcen *Mensch* und *Maschine*. Der Untersuchungsgegenstand wird bei der CO_2PE!-UPLCI insbesondere mengenmäßig bilanziert, weshalb dadurch eine eingeschränkte Datengrundlage für eine zielgerichtete Ableitung von Maßnahmen zur Verfügung steht.

Materialflusskostenrechnung (engl. material flow cost accounting; MFCA)

Die MFCA *„ist ein Managementinstrument, das [Unternehmen] dabei unterstützen kann, potenzielle umweltbezogene und monetäre Auswirkungen ihrer Nutzung und ihres Bedarfs von Material und Energie besser zu verstehen“* [DIN11]. Im Gegensatz zur Kosten- und Leistungsrechnung (KLR) werden in der MFCA die Kosten für die eingesetzten Ressourcen sowohl den Produkten als auch den Materialverlusten[11] (Non-Product-Output) zugewiesen [PRO14]. Die MFCA wurde ausgehend von den Konzepten der Materialflussanalyse und der Prozesskostenrechnung abgeleitet [SCH16b]. Dementsprechend liegt das übergeordnete Ziel der MFCA darin, Materialflüsse und Energiebedarfe sowie die damit einhergehenden Material-, Energie-

[11] Laut DIN EN ISO 14051 können Energieverluste unter den Materialverlusten subsummiert werden [DIN11].

und Abfallmanagementkosten aufzudecken [DIN11]. Durch die Ermittlung des Einsparpotenzials in Folge einer Reduzierung von Materialverlusten können Unternehmen bei strategischen Entscheidungen, z. B. im Bereich der Fertigungsplanung, der Verfahrenstechnik oder des Lieferkettenmanagements, unterstützt werden [DIN11].

Einordnung: Bei der MFCA werden ausschließlich internalisierte Kosten[12] berücksichtigt, wodurch nur Umweltauswirkungen, die mit direkten Kosten für deren Verursacher (z. B. durch umweltpolitisch gesteuerte Abgaben oder Umlagen [FIR20]) einhergehen, einbezogen werden [SCH14]. Für die Berücksichtigung externalisierter Umweltkosten ist eine Erfassung der mit den Materialflüssen und Energiebedarfen einhergehenden Umweltauswirkungen notwendig [SCH16b]. In wissenschaftlichen Untersuchungen wurde die MFCA um Elemente der Ökobilanz erweitert [SCH16b, NER14]. So hat beispielsweise NERTINGER Modelle zur Erfassung und Allokation der $CO_{2äq}$-Emissionen in der MFCA, z. B. auf den Non-Product-Output, entwickelt [NER14]. Dadurch können neben ökonomischen Kostentreibern auch ökologische Emissionstreiber identifiziert werden. Soziale Aspekte werden bei der MFCA nicht berücksichtigt.

Bei der MFCA werden nur die Materialflüsse und Energiebedarfe innerhalb eines Unternehmens berücksichtigt. Dies hat zur Folge, dass die der innerbetrieblichen Produktion vorangegangene Lieferkette und die nachgelagerte Nutzungsphase nicht berücksichtigt werden. Daher wurden bereits Methodenbausteine entwickelt, mit denen die MFCA um vor- und nachgelagerte Wertschöpfungsstufen ergänzt werden kann [SCH16b]. Unabhängig von den Bestrebungen zur Weiterentwicklung der MFCA enthält diese kein systematisches Vorgehen zur zielgerichteten Ableitung von Maßnahmen.

<u>Prozesskostenrechnung (PKR)</u>

Die Prozesskostenrechnung ist ein Instrument der betrieblichen KLR, mit dem die Kosten eines Unternehmens verursachungsgerecht auf bestimmte Aktivitäten (Prozessschritte) verteilt werden [WÖL16]. Die KLR wird in drei Stadien untergliedert:

- Kostenartenrechnung:
  Die Kosten einer Periode werden erfasst und in Einzelkosten (direkte Verrechnung zu Kostenträgern möglich) und Gemeinkosten (keine direkte Verrechnung zu Kostenträgern möglich) differenziert [WEB21]. Bei den Kostenträgern handelt es sich um kostentragende Objekte (z. B. mittels PBF-LB/M gefertigte Bauteile).
- Kostenstellenrechnung:
  Die Gemeinkosten werden erfasst sowie sukzessiv und mehrstufig auf die Kostenstellen (betriebliche Abrechnungseinheiten) verrechnet [WEB21].
- Kostenträgerrechnung[13]:
  Die Einzel- und Gemeinkosten der beanspruchten Kostenstellen werden auf Kostenträger zur Ermittlung deren Herstell- oder Selbstkosten verrechnet [WEB21]. Dabei erfolgt die Verrechnung der Gemeinkosten typischerweise innerhalb der Zuschlagskalkulation durch prozentuale Zuschläge (Zuschlagssätze) auf die Einzelkosten [WÖL11].

[12] Internalisierte Kosten stellen Kosten dar, die durch einen wirtschaftlichen Akteur verursacht und von diesem selbst getragen werden (Verursacherprinzip). Dabei handelt es sich um pagatorische, d. h. auf Zahlungsvorgänge basierende Kosten, die in der Kosten- und Leistungsrechnung berücksichtigt werden. Im Gegensatz dazu werden die externalisierten Kosten nicht durch den Akteur selbst, sondern typischerweise durch die Gesellschaft als Ganzes getragen.

[13] In der Literatur wird die Kostenträgerrechnung teils in Kostenträgerstückrechnung (Kalkulation) und Kostenträgerzeitrechnung (kurzfristige Erfolgsrechnung) unterschieden [WÖL11; HAB22; REI23]. Der im Rahmen der vorliegenden Arbeit verwendete Begriff Kostenträgerrechnung wird hierbei gleichbedeutend mit dem Begriff Kostenträgerstückrechnung verwendet.

Die Zuschlagskalkulation der klassischen KLR (summarisch-einstufig oder differenzierend-mehrstufig) steht in der Kritik, dass die Gemeinkosten nicht verursachungsgerecht auf einzelne Kostenträger verrechnet werden [WÖL16]. Dies gilt insbesondere, da der Gemeinkostenanteil mit dem im produzierenden Gewerbe steigenden Automatisierungsgrad zunimmt [WÖL16]. Zudem hängen die Gemeinkosten stark vom Variantenreichtum der Produktion sowie der Komplexität der zu fertigenden Bauteile ab [WÖL16]. Aus diesen Gründen werden bei der PKR die Gemeinkosten nicht auf Basis der Einzelkosten, sondern auf Basis der in Unternehmen ablaufenden Prozesse verrechnet. Das übergeordnete Ziel der PKR liegt demnach nicht nur in der Zuordnung von Kosten, sondern der Identifizierung der Ursachen von Kosten [REM05].

Das Vorgehen der PKR erfolgt analog zur klassischen KLR anhand der drei Stadien Kostenarten-, Kostenstellen- und Kostenträgerrechnung [RAU21]. Im Gegensatz zur klassischen KLR werden in der Kostenstellenrechnung der PKR alle in den Kostenstellen ablaufenden Tätigkeiten analysiert und über Teilprozesse zu Hauptprozessen aggregiert [RAU21]. Je Teilprozess werden Teilprozesskosten und Teilprozesskostensätze ermittelt und daraus Hauptprozesskostensätze bestimmt [WÖL16]. Zuletzt erfolgt die Verrechnung der Prozesskosten auf die Kostenträger [WÖL16]. Dieses Vorgehen ermöglicht eine kostenstellenübergreifende Analyse der Entstehung von Gemeinkosten sowie dadurch eine Identifikation von unwirtschaftlichen Prozessen und die Schaffung von Transparenz über die Ressourcenbedarfe der einzelnen Prozesse [RAU21].

Einordnung: Die PKR erfordert einen erheblichen Zeit- und Kostenaufwand für die Datenerfassung, -aufbereitung und -pflege, was in der Regel ein qualitativ hochwertiges IT-System voraussetzt [RAU21]. Folglich ist die PKR für kurzfristige Unternehmensentscheidungen ungeeignet. Zudem berücksichtigt die PKR ausschließlich ökonomische Aspekte bei der Bilanzierung der Ressourcenbedarfe und ermöglicht keine systematische Ableitung und Auswahl von Maßnahmen für deren Reduzierung.

PROSA (engl. Product Sustainability Assessment)

PROSA stellt eine Methodik *„zur strategischen Analyse und Bewertung von Produktportfolios, Produkten und Dienstleistungen“* dar [MÖL21]. Ziel der Methodik ist die Ermöglichung einer strukturierten und fundierten Entscheidungsfindung im Kontext einer nachhaltigen Entwicklung [MÖL21]. PROSA geht auf die Produktlinienanalyse zurück, eine entwickelte Methodik zur integrierten Analyse von ökonomischen, ökologischen und sozialen Aspekten [ÖKO87, MÖL21]. PROSA stammt aus dem Jahr 2007 und wurde seitdem mehrfach überarbeitet [GRI07, MÖL21].

Der zeitliche Ablauf von PROSA basiert auf den Phasen von Strategiefindungsprozessen: Nach einer anfänglichen Zieldefinition sowie einer Markt- und Umwelt-Analyse erfolgt die Ideenfindung. In dieser Phase werden verschiedene Produkt- oder Systemalternativen gesammelt, die in der anschließenden Phase der Nachhaltigkeitsbewertung im Hinblick auf ökologische, ökonomische und soziale Chancen und Risiken bewertet werden. Die Bewertung erfolgt jeweils auf Basis der in der Agenda 2030[14] [MAR17] definierten Nachhaltigkeitsindikatoren. Bei dieser Bewertung soll vorrangig auf bereits in Unternehmen etablierte Methoden, wie z. B.

[14] Die Agenda 2030 ist ein globaler Aktionsplan, der von den 193 Mitgliedsstaaten der Vereinten Nationen im Jahr 2015 verabschiedet wurde [MAR17]. Sie umfasst 17 Ziele für nachhaltige Entwicklung, die bis zum Jahr 2030 erreicht werden sollen [MAR17].

der Ökobilanz, der Lebenszykluskostenrechnung oder der Sozialbilanz, zurückgegriffen werden. In der letzten Phase, der Strategieplanung, werden konkrete Entwicklungspfade abgeleitet. [MÖL21]

Einordnung: Die Methodik PROSA erfordert einen hohen Zeit- und Kostenaufwand, da eine Vielzahl an unternehmensinternen und -externen Aspekten, wie z. B. Umsatz, Rentabilität, Umweltauswirkungen, Markttrends und Arbeitsbedingungen, analysiert wird. Daher ist PROSA für kurzfristige Unternehmensentscheidungen oder für die Priorisierung von Maßnahmen ungeeignet. Dies liegt insbesondere an der hohen Komplexität von PROSA, da ökologische, ökonomische und soziale Gesichtspunkte verknüpft und Handlungsalternativen multikriteriell bewertet werden.

Managementsysteme

Durch Managementsysteme werden Prozesse innerhalb einer Organisation systematisch gesteuert und optimiert [VDI24b]. Je nach adressiertem Ziel werden verschiedene Managementsysteme unterschieden, die einen Beitrag zur Steigerung der Ressourceneffizienz leisten können. Mittels eines Qualitätsmanagementsystems werden die für die Generierung von Produkten oder Dienstleistungen notwendigen Prozesse analysiert, geplant und gesteuert, um den kundenspezifischen und gesetzgeberischen Anforderungen gerecht zu werden [BAY22a, DIN15b]. Durch die Identifizierung und Verbesserung ineffizienter Prozesse wird Ausschuss und qualitätsbezogene Nacharbeit mittels eines Qualitätsmanagementsystems minimiert [VDI24b, DIN15b]. Durch ein Umweltmanagementsystem werden Organisationen im Rahmen von Entwicklung, Produktion, Vertrieb, Konsum und Entsorgung von Produkten und Dienstleistungen unterstützt [DIN15a]. Dadurch sollen die unternehmensspezifischen Umweltziele verfolgt, Umweltauflagen erfüllt und nachteilige Umweltauswirkungen gemindert werden [VDI24b, DIN15a]. Ein Arbeitsschutzmanagementsystem (laut DIN ISO 45001 *„Managementsystem für Sicherheit und Gesundheit bei der Arbeit“* [DIN18]) stellt einen systematischen Ansatz zur Gewährleistung und Verbesserung von Arbeitssicherheit und Gesundheit der Mitarbeiter dar [DEU22, BUN02]. Das Arbeitsschutzmanagementsystem zielt darauf ab, potenzielle Risiken und Gefährdungen am Arbeitsplatz zu erkennen, zu bewerten sowie durch die Einführung von Präventions- und Schutzmaßnahmen abzubauen [DIN18].

Die drei beispielhaft aufgeführten Managementsysteme basieren jeweils auf dem PDCA-Zyklus (alternative Bezeichnung *Demingkreis*), einem Konzept des kontinuierlichen Verbesserungsprozesses [VDI24b]. Dabei steht PDCA als Akronym für *„Plan-Do-Check-Act“*, zu Deutsch *„Planen-Durchführen-Prüfen-Handeln“* [ISN20]. Durch wiederholte Anwendung der nachfolgenden vier Phasen des PDCA-Zyklus sollen kontinuierlich Verbesserungen realisiert werden [DIN18, DIN15a, DIN15b]:

- Planen:
  Die Ziele bezüglich Qualität, Umwelt oder Arbeitsschutz werden unter Berücksichtigung der damit einhergehenden Chancen und Risiken festgelegt.
- Durchführen:
  Basierend auf den festgelegten Zielen werden Maßnahmen abgeleitet und umgesetzt.

- Prüfen:
  Die umgesetzten Maßnahmen werden im Hinblick auf die festgelegten Ziele analysiert und bewertet. Es erfolgt eine anschließende Berichterstattung.
- Handeln:
  Aufbauend auf den Erkenntnissen der vorangegangenen Phase werden weiterführende Maßnahmen für die kontinuierliche Verbesserung von beispielsweise Qualität, Umwelt- oder Arbeitsschutz abgeleitet.

Einordnung: Die Implementierung und Aufrechterhaltung von Managementsystemen ist mit einem hohen Zeit- und Kostenaufwand verbunden, da unter anderem neue Prozesse etabliert und dokumentiert sowie Mitarbeiter geschult werden müssen. Diese Faktoren tragen zu einer hohen Komplexität von Managementsystemen bei. Weiterhin liegt der Fokus von Managementsystemen nicht auf der gemeinsamen Steigerung der Effizienz der Ressourcen *Material*, *Mensch* und *Maschine*.

Lean Production

Lean Management steht als Oberbegriff für eine Unternehmensphilosophie, die sich auf die kontinuierliche Verbesserung und die Eliminierung von Verschwendung konzentriert [OHN88, HEL21]. Lean Production spiegelt die Anwendung der Prinzipien des Lean Managements auf der Produktionsebene wider [HEL21].

Nach ERLACH bildet Qualität, gefolgt von Geschwindigkeit, Wirtschaftlichkeit und Variabilität, die oberste Zieldimension der Lean Production [ERL20]. Demnach wird Ausschuss aus produktionstechnischer Sicht als die schwerwiegendste Form der Verschwendung gesehen, da alle vorherigen wertschöpfenden Tätigkeiten vernichtet werden. Unter der Zieldimension Geschwindigkeit wird nicht die Verkürzung von Bearbeitungszeiten, sondern *„die Maximierung der Maschinenlaufzeit durch eine hohe Verfügbarkeit"* [ERL20] angestrebt. Durch die Zieldimensionen Wirtschaftlichkeit und Variabilität wird insbesondere eine hohe Produktivität der Mitarbeiter bzw. eine hohe Maschinenflexibilität fokussiert [ERL20].

Zur Erreichung der Zieldimensionen wird in der Lean Production auf verschiedene Methoden zurückgegriffen, die nachfolgend auszugsweise zusammengefasst werden:

- Single Minute Exchange of Dies (SMED):
  Minimierung der Rüstzeit von Produktionsmaschinen mittels technischer und organisatorischer Maßnahmen [FEL17]
- Wertstromanalyse:
  Visualisierung des gesamten Wertstroms, um insbesondere nicht-wertschöpfende Tätigkeiten zu identifizieren [ERL20]
- 5W-Methode:
  Identifizierung der Grundursache eines Problems durch die mehrmalige Frage nach dem *„Warum?"*, um die Wurzel eines Problems anstatt dessen Symptome bei der Auswahl von Maßnahmen adressieren zu können [FEL17]
- Poka-Yoke:
  Präventive Vermeidung von menschlich verursachten Fehlern durch geeignete Gestaltung von Prozessen, Werkzeugen und Maschinen [FEL17]
- Total Productive Maintenance (TPM)
  Steigerung der Gesamtanlageneffektivität (engl. Overall Equipment Effectiveness, OEE) durch präventive Instandhaltung [HAR13]

- 5S-Methode:
  Steigerung von Produktivität, Motivation und Arbeitssicherheit durch systematische Organisation und Standardisierung der Arbeitsumgebung, basierend auf den Schritten Sortieren, Systematisieren, Säubern, Standardisieren und Selbstdisziplin [BAY21, KRO21]

Einordnung: Lean Production umfasst eine Vielzahl an Methoden und gibt daher kein ganzheitliches standardisiertes Vorgehen vor. Die Auswahl und die Anwendung geeigneter Methoden hängen vom vorhandenen Wissen und den spezifischen Anforderungen des Anwenders ab. Für eine systematische Reduzierung der Bedarfe der Ressourcen *Material*, *Mensch* und *Maschine* sind die einzelnen Methoden nur ergänzend anwendbar. Weiterhin liegt der Fokus bei Lean Production primär auf einer Verschwendungsminimierung aus ökonomischer Perspektive. Obwohl ökologische und soziale Aspekte je nach gewählter Methode berücksichtigt werden, spielen sie nur eine untergeordnete Rolle und werden nicht ganzheitlich betrachtet.

Leitfaden Ressourceneffizienz

Der Leitfaden Ressourceneffizienz vom VDI Zentrum Ressourceneffizienz stellt eine schrittweise Anleitung zur Umsetzung von Maßnahmen zur Steigerung der Ressourceneffizienz in Unternehmen dar [WEB19]. Dabei führt der Leitfaden je Schritt eine Vielzahl an potenziell anwendbaren Methoden und Arbeitsmitteln (z. B. Matrixvorlagen oder Softwarelösungen) auf und unterstützt bei deren Auswahl [WEB19]. Das dem Leitfaden Ressourceneffizienz zugrundeliegende Vorgehen orientiert sich an der VDI-Richtlinie 4801 [VDI18c] und ist in die nachfolgend aufgeführten fünf Schritte untergliedert [WEB19]:

1. Analyse:
   Erfassung und Bewertung der Ressourcenbedarfe innerhalb der Produktion oder anhand des gesamten Lebensweges eines Produktes auf Basis etablierter Arbeitsmittel und Methoden (z. B. MFCA)
2. Lösungsentwicklung:
   Konzeption von Lösungsansätzen zur Steigerung der Ressourceneffizienz in den Kategorien produktbezogen, prozessbezogen sowie produkt- und prozessunabhängig
3. Bewertung:
   Bewertung und Auswahl der konzeptionierten Lösungsansätze nach Wirtschaftlichkeit, technischer Machbarkeit und Potenzial zur Steigerung der Ressourceneffizienz
4. Umsetzung:
   Praktische Umsetzung des ausgewählten Lösungsansatzes unter Berücksichtigung der Einbindung aller relevanten Mitarbeiter und Definition von Verantwortlichkeiten
5. Kontrolle:
   Regelmäßige Beobachtung und Analyse der umgesetzten Maßnahmen anhand von Kennzahlen

Einordnung: Der Leitfaden Ressourceneffizienz stellt dem Anwender eine Vielzahl an potenziell nutzbaren Methoden und Arbeitsmitteln zur Verfügung, die sich hinsichtlich ihrer Ausgangssituation und Zielsetzung sowie des Aufwands für deren Anwendung unterscheiden. Dadurch kann der Leitfaden als sehr komplex wahrgenommen werden. Ein Defizit stellt die fehlende Abstimmung der Methoden und Arbeitsmittel zwischen den einzelnen Schritten dar. Dies kann dazu führen, dass die Ergebnisse eines Schrittes nicht als Basis für die Anwendung einer im nächsten Schritt gewählten Methode genutzt werden können. Darüber hinaus werden je nach gewählten Methoden oder Arbeitsmitteln ökologische, ökonomische oder soziale Aspekte nicht oder nur unabhängig voneinander berücksichtigt.

Sonstige Ansätze zur Steigerung der Ressourceneffizienz

In der Literatur werden zahlreiche weitere Ansätze zur Bilanzierung und Steigerung der Ressourceneffizienz diskutiert. Da diese Ansätze für die Zielsetzung der vorliegenden Arbeit von geringerer Relevanz sind, werden diese nicht erläutert. Stattdessen wird auf die einschlägige Fachliteratur verwiesen, die die Bilanzierung [BAC16, CHO19] und Steigerung der Ressourceneffizienz [JAC21, BAY22b, ASH22] detailliert thematisieren. Alternative Ansätze zur Steigerung der Ressourceneffizienz umfassen beispielsweise den Einsatz von künstlicher Intelligenz [WAL21, WIL24], Kreislaufwirtschaft [DI 17], Einbezug von Lieferketten [MAT15] oder der Eliminierung unerwünschter Nebenprodukte [SON18].

Zwischenfazit:

Zusammenfassend kann konstatiert werden, dass die vorgestellten Ansätze folgende Aspekte im Hinblick auf die Zielsetzung der vorliegenden Arbeit nicht oder in nicht ausreichendem Maße thematisieren:

- Keine gemeinsame Betrachtung der Bedarfe der Ressourcen *Material*, *Mensch* und *Maschine* aus ökologischer und ökonomischer Perspektive anhand einer gemeinsamen Zielgröße
- Keine Berücksichtigung von Benchmark-Ergebnissen bei der Definition von Hotspots
- Kaum systematische Ableitung von Maßnahmen
- Keine Berücksichtigung einer etwaigen Beeinflussung der Bauteilqualität und der Arbeitssicherheit bei der Auswahl von Maßnahmen

2.4 Identifizierung des Forschungsbedarfs

Das Ziel der vorliegenden Arbeit liegt, wie in Abschnitt 1.3 erläutert, in der Entwicklung einer *Methodik zur Steigerung der Ressourceneffizienz beim PBF-LB/M unter Sicherstellung von Bauteilqualität und Arbeitssicherheit*. Auf Basis der Zielsetzung der vorliegenden Arbeit und der Einordnung der existierenden Ansätze zur Bilanzierung und Steigerung der Ressourceneffizienz können Schwerpunkte der Arbeit definiert werden, die die Zielerreichung unterstützten und eine Bewertung der existierenden Ansätze ermöglichen:

- **Schwerpunkt 1:** Ökologische und ökonomische Bilanzierung der Ressourcenbedarfe

  Die Erfassung der Ressourcenbedarfe in der Produktion bildet die Voraussetzung, um zielgerichtet die Ressourceneffizienz zu steigern. Gemäß Abschnitt 1.3 gewinnen Umweltaspekte neben ökonomischen Zielgrößen im Kontext unternehmerischen Handelns zunehmend an Bedeutung. Aus diesem Grund sind die Ressourcenbedarfe sowohl unter ökologischen als auch unter ökonomischen Gesichtspunkten zu bewerten. Da die Komplexität bei multikriteriellen Methodiken in der Regel zunimmt, sind ökologische und ökonomische Aspekte in einer Zielgröße zusammenzuführen.

- **Schwerpunkt 2:** Benchmarkorientierte Hotspotdefinition

  Die Bilanzierung von Ressourcenbedarfen entlang einer Prozesskette ermöglicht es, potenzielle Hotspots zu identifizieren. Bei einer ausschließlich mengenbezogenen Bilanzierung wird nicht berücksichtigt, inwiefern eine Reduzierung der Ressourcenbedarfe im Vergleich zum Stand der Technik umsetzbar ist. Aus diesem Grund ist es im

Rahmen der Definition der Hotspots notwendig, auf Benchmark-Ergebnisse zurückzugreifen, um neben der Höhe des Ressourcenbedarfs auch das Potenzial für dessen Reduzierung zu berücksichtigen.

- **Schwerpunkt 3:** Ursachenorientierte Ableitung von Maßnahmen

  Es existieren eine Vielzahl an potenziellen Maßnahmen, um die Ressourcenbedarfe entlang einer Prozesskette reduzieren zu können. Gleichzeitig können, insofern potenzielle Maßnahmen bekannt sind, methodisch fundiert geeignete Maßnahmen ausgewählt werden. Eine Herausforderung besteht darin, potenzielle Maßnahmen zu identifizieren. Aus diesem Grund ist ein systematisches Vorgehen erforderlich, welches auf den jeweiligen Ursachen der Ressourcenbedarfe aufbaut. Bei der Ableitung von potenziellen Maßnahmen sind die erwartete Effektivität der Maßnahme zur Entkräftung der Ursache sowie der erwartete Aufwand für die Entwicklung der Maßnahme einzubeziehen.

- **Schwerpunkt 4:** Ressourceneffizienzorientierte sowie qualitäts- und arbeitssicherheitssicherstellende Maßnahmenauswahl

  Gemäß den Abschnitten 2.1.4 und 2.2.4 sind die Anwender des PBF-LB/M häufig im Hinblick auf die vom Rohstoff Metallpulver ausgehende Gefährdung nicht ausreichend sensibilisiert. Gleichzeitig sind die Einflüsse und Wechselwirkungen verschiedener PBF-LB/M-Prozessparameter auf die Qualität von mittels PBF-LB/M gefertigten Bauteilen komplex. Aus diesem Grund ist es bei der Auswahl von Maßnahmen notwendig, nicht nur deren Potenzial zur Steigerung der Ressourceneffizienz, sondern auch deren mögliche Beeinträchtigung von Bauteilqualität und Arbeitssicherheit zu berücksichtigen.

In den Abschnitten 2.1 und 2.2 wird der Bedarf an den Ressourcen *Material*, *Mensch* und *Maschine* im PBF-LB/M-Prozess und entlang der PBF-LB/M-Prozesskette bilanziert. Dabei wird die von der Verarbeitung und Handhabung des Metallpulvers ausgehende Gefährdung hervorgehoben. Um die Hemmnisse für einen breiten industriellen Einsatz des PBF-LB/M abzubauen (vgl. Abschnitt 1.2), besteht die Notwendigkeit einer systematischen Reduzierung der Ressourcenbedarfe unter Sicherstellung von Bauteilqualität und Arbeitssicherheit. Darauf aufbauend veranschaulicht Abschnitt 2.3, dass zahlreiche Ansätze sowohl zur Steigerung der Ressourceneffizienz existieren. Die Bewertung dieser Ansätze anhand der definierten Schwerpunkte der vorliegenden Arbeit ist in Tabelle 3 (oben), ergänzt um eine Bewertung bestehender wissenschaftlicher Untersuchungen im Kontext der Zielsetzung (unten), dargestellt.

Aus Tabelle 3 kann abgeleitet werden, dass es keinen Lösungsansatz gibt, der die beschriebenen Schwerpunkte vor dem Hintergrund der Zielsetzung der vorliegenden Arbeit kombiniert berücksichtigt. Daher ergibt sich ein ingenieurwissenschaftlicher Forschungsbedarf zur Entwicklung einer Methodik zur ökonomischen und ökologischen Bilanzierung der entlang der PBF-LB/M-Prozesskette auftretenden Ressourcenbedarfe, auf deren Basis eine benchmarkorientierte Definition von Hotspots ermöglicht wird. Anhand eines methodischen Vorgehens sollen für diese Hotspots ursachenorientiert Maßnahmen zur Steigerung der Ressourceneffizienz abgeleitet sowie unter Sicherstellung der Bauteilqualität und Arbeitssicherheit ursachenorientiert Maßnahmen ausgewählt und umgesetzt werden. Dadurch kann die industrielle Reife der PBF-LB/M-Prozesskette sowohl unter ökologischen als auch ökonomischen Gesichtspunkten gesteigert werden, ohne die Bauteilqualität und Arbeitssicherheit zu beeinträchtigen.

Tabelle 3: Gegenüberstellung und Bewertung existierender Ansätze und wissenschaftlicher Untersuchungen im Kontext der Zielsetzung

Existierende Ansätze (oben) und Arbeiten (unten) im Kontext der Zielsetzung	**Schwerpunkt der Arbeit**			
	1 Ökologische und ökonomische Bilanzierung der Ressourcenbedarfe	**2** Benchmark-orientierte Hotspotdefinition	**3** Ursachen-orientierte Ableitung von Maßnahmen	**4** Ressourceneffizienz-orientierte sowie qualitäts- und arbeitssicherheits-sicherstellende Maßnahmenauswahl
Ökobilanz	◑	○	○	○
CO_2PEI-UPLCI	◑	○	○	○
Materialfluss-kostenrechnung	◑	○	○	○
Prozesskosten-rechnung	◑	○	○	○
PROSA	◑	○	○	○
Management-systeme	◑	○	◑	◑
Lean Production	◑	◑	◑	○
Leitfaden Ressourceneffizienz	◑	◑	●	○
[LUT17], [LUT20]	◑	○	◑	○
[BIE19]	●	○	○	○
[KEL10], [KEL11]	●	○	◑	◑
[YI20], [OCH21], [MAH24], [RAM24]	◑	○	○	○
[HU23], [SZE22]	◑	◑	○	◑
[HI15]	◑	◑	◑	○

3 Konzeptionierung der Methodik

Für die Steigerung der Effizienz der Ressourcen *Material*, *Mensch* und *Maschine* beim PBF-LB/M bedarf es einer Methodik, mit der die zugrundeliegenden Ressourcenbedarfe erfasst und analysiert sowie Maßnahmen für die Steigerung der Ressourceneffizienz ursachenorientiert abgeleitet, ausgewählt, entwickelt und nachhaltig angewandt werden können. Die Anforderungen an eine solche Methodik werden im folgenden Abschnitt abgeleitet. Im Anschluss wird die Grundstruktur der Methodik dargestellt.

3.1 Anforderungen an die Methodik

Für eine zielgerichtete Ausrichtung der Module der Methodik werden Anforderungen an die Methodik gestellt. Diese dienen als Leitlinien, um die Konformität der Module und der gesamten zu gewährleisten. Aufbauend auf den Charakteristika des PBF-LB/M werden im Hinblick auf die definierte Zielsetzung und die festgelegten Schwerpunkte die folgenden Anforderungen an die Methodik AF 1 bis AF 9 abgeleitet, die in *anwenderunabhängige* und *anwenderspezifische Anforderungen* untergliedert werden:

<u>Anwenderunabhängige Anforderungen</u>

AF 1 Universelle Anwendbarkeit der Methodik

Die Methodik soll universell in jeder PBF-LB/M-Produktionsstätte angewandt werden können. Dies gilt sowohl im Industrieumfeld für z. B. Fertigungsdienstleister oder Hersteller von PBF-LB/M-Maschinen als auch im Forschungsumfeld für z. B. Universitäten oder Forschungseinrichtungen. Außerdem soll die Methodik unabhängig von Rahmenbedingungen verschiedener Branchen oder den zu fertigenden Bauteilen angewandt werden können.

AF 2 Monetäre Bewertbarkeit der Ressourcenbedarfe

Die Grundlage der Methodik bildet die systematische Erfassung und Bilanzierung aller Ressourcenbedarfe entlang der PBF-LB/M-Prozesskette. Um die Ressourceneffizienz zielgerichtet und effizient steigern zu können, ist es erforderlich, die Ressourcenbedarfe anhand einer einzelnen Kenngröße bewerten zu können. Dies soll anhand der monetären Kenngröße *Kosten* erfolgen. Die Bewertung der Ressourcenbedarfe anhand von Kosten ermöglicht es, die Entwicklungskosten und die mit der Anwendung der Maßnahme einhergehenden Einsparungen gegenüberzustellen. Dadurch werden PBF-LB/M-Anwender dazu befähigt, eine potenzielle Übertragung von Maßnahmen auf andere PBF-LB/M-Produktionsstätten wirtschaftlich bewerten zu können.

AF 3 Wettbewerbsvergleich mittels Benchmark-Analyse

Die Methodik soll PBF-LB/M-Anwendern die Möglichkeit bieten, die eigene Prozesskette mit der von anderen PBF-LB/M-Anwendern zu vergleichen. Dies ermöglicht die Identifikation von Prozessschritten mit sowohl niedriger als auch hoher Ressourceneffizienz. Außerdem wird dadurch die Bewertung der Vor- und Nachteile von sowohl Varianten von Prozessschritten als auch von unterschiedlichen PBF-LB/M-Produktionsstätten im Hinblick auf die jeweilige Ressourceneffizienz erleichtert.

AF 4 Vermeidung der Beeinträchtigung von Bauteilqualität und Arbeitssicherheit

Durch die Methodik soll sichergestellt werden, dass durch die umzusetzenden Maßnahmen Mindest-Standards, wie die Sicherstellung der Bauteilqualität und Arbeitssicherheit, nicht beeinträchtigt werden. Hierbei ist anzumerken, dass die Auswirkungen einer Vielzahl von Einflussgrößen auf die Bauteilqualität bisher nicht hinreichend erforscht sind [BAY22a]. Zudem gehen vom Rohstoff Metallpulver physikalische und Gesundheitsgefährdungen (vgl. Abschnitt 2.1.4) aus, für die die Anwender des PBF-LB/M häufig nicht ausreichend sensibilisiert sind [MAH21].

AF 5 Unabhängigkeit der Module

Die einzelnen Module der Methodik sollen unabhängig voneinander angewandt werden können und dem Anwender jeweils einen spezifischen Mehrwert bieten. Darüber hinaus soll durch die mehrfache Anwendbarkeit von Modulen die Etablierung eines kontinuierlichen Verbesserungsprozesses ermöglicht werden.

AF 6 Akzeptanz der Methodik

Die Methodik soll auf bereits etablierten Methoden basieren oder deren zusätzliche Nutzung fördern, um anwenderspezifisch weitere Informationen gewinnen zu können. Durch den Einbezug von bereits etablierten Methoden soll die Akzeptanz der Methodik erhöht sowie eine praxisorientierte Umsetzung der Maßnahmen begünstigt werden.

Anwenderspezifische Anforderungen

AF 7 Quantifizierung und Reduzierung des $CO_{2äq}$-Fußabdrucks der eingesetzten Materialien

Die Methodik soll die Möglichkeit bieten, die mit dem $CO_{2äq}$-Fußabdruck der eingesetzten Materialien einhergehenden Umweltfolgekosten bei der Bilanzierung der Ressourcenbedarfe zu berücksichtigen. Die spezifischen Kosten der $CO_{2äq}$-Emissionen sollen dabei individuell durch den Anwender der Methodik festgelegt werden können.

AF 8 Adaptierbarkeit der Methodik

Alle Module der Methodik sollen flexibel auf die individuellen Rahmenbedingungen eines Anwenders adaptiert werden können. Die Rahmenbedingungen umfassen Besonderheiten der eingesetzten Materialien (z. B. individuelle Gefährdungen des Metallpulvers), der eingesetzten PBF-LB/M-Maschine (z. B. individuelle Handhabung des Metallpulvers) sowie der entlang der PBF-LB/M-Prozesskette tätigen Mitarbeiter (z. B. individuelle Fähigkeiten). Außerdem sollen durch die Methodik die anwenderspezifischen Kostenstrukturen und Wertansätze der Ressourcen *Material*, *Mensch* und *Maschine* berücksichtigen werden können. Zudem sollen die Mindest-Standards, die bei der Auswahl der umzusetzenden Maßnahmen zu berücksichtigen sind, durch den Anwender der Methodik adaptiert oder erweitert werden können.

AF 9 Verhältnismäßigkeit von Aufwand und Nutzen

Die Methodik soll ein angemessenes Verhältnis von Aufwand und Nutzen bieten. Bei der erstmaligen Anwendung von Modulen sollen diese jeweils eine moderate Komplexität aufweisen, um eine effiziente Anwendung zu ermöglichen und eine hohe Akzeptanz der Methodik zu fördern. Mit zunehmender Erfahrung der Anwender oder bei erwartetem höheren Nutzen (z. B. Anwendung der Methodik bei Produktionsstätten mit hohem Ressourcenbedarf) soll der Detailgrad der Module angehoben werden können. Dies führt zu einem erhöhten Aufwand, in der Regel aber auch zu einem erhöhten Nutzen durch die Anwendung der Methodik.

3.2 Grundstruktur der Methodik

Die Zielsetzung der vorliegenden Arbeit wird unter Berücksichtigung der Anforderungen anhand der in Abbildung 19 dargestellten Grundstruktur der Methodik verfolgt, welche sich in vier Module unterteilt. Die Grundstruktur legt die Vorgehensweise und Abfolge der Module fest.

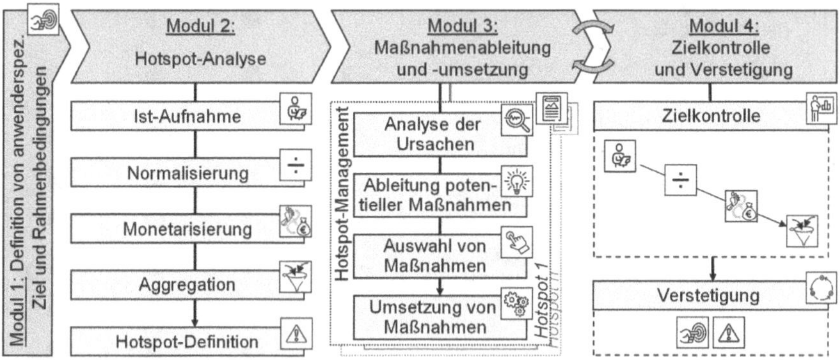

Abbildung 19: Grundstruktur der Methodik zur Steigerung der Ressourceneffizienz beim PBF-LB/M unter Sicherstellung von Bauteilqualität und Arbeitssicherheit

In **Modul 1**, der **Definition von anwenderspezifischem Ziel und Rahmenbedingungen (RBed)**, wird das konkrete Ziel, welches durch die Anwendung der Methodik angestrebt wird, definiert. Weiterhin werden die Rahmenbedingungen zur Erreichung dieses Ziels festgelegt und dokumentiert.

In **Modul 2**, der **Hotspot-Analyse**, wird eine vorhandene PBF-LB/M-Prozesskette hinsichtlich des Bedarfs der Ressourcen *Material*, *Mensch* und *Maschine* analysiert. Im Anschluss werden auf Basis einer ökonomischen und ökologisch-ökonomischen Bewertung der Ressourcenbedarfe relevante Kostentreiber identifiziert und unter Einbeziehung einer Benchmark-Analyse als Hotspot definiert.

In **Modul 3**, der **Maßnahmenableitung und -umsetzung**, wird jeder definierte Hotspot hinsichtlich der zugrundeliegenden Ursachen analysiert. Darauf aufbauend werden potenzielle Maßnahmen zur Steigerung der Ressourceneffizienz abgeleitet sowie diese unter Sicherstellung der Bauteilqualität und Arbeitssicherheit ausgewählt, entwickelt und angewandt.

In **Modul 4**, der **Zielkontrolle und Verstetigung**, erfolgt nach der Umsetzung der Maßnahmen eine erneute Analyse der Ressourcenbedarfe sowie deren ökologische und ökologisch-ökonomische Bilanzierung. Auf Basis dieser Ergebnisse wird bewertet, inwieweit das in Modul 1 definierte anwenderspezifische Ziel erreicht wurde. Zudem können durch den Anwender die Ziel- und Rahmenbedingungen angepasst sowie die Hotspot-Definition wiederholt durchgeführt werden, um zielgerichtet weitere Maßnahmen abzuleiten, auszuwählen und umzusetzen.

Die Module sind in Abbildung 20 zusammengefasst dargestellt und deren Relevanz gegenüber den im vorherigen Abschnitt aufgeführten Anforderungen hervorgehoben.

Anforderung	Modul 1	Modul 2	Modul 3	Modul 4
1. Universelle Anwendbarkeit der Methodik	○	●	◑	◑
2. Monetäre Bewertbarkeit der Ressourcenbedarfe	○	●	◑	◑
3. Wettbewerbsvergleich mittels Benchmark-Analyse	◑	●	●	●
4. Vermeidung der Beeinträchtigung von Bauteilqualität und Arbeitssicherheit	○	○	●	◑
5. Unabhängigkeit der Module	○	●	●	●
6. Akzeptanz der Methodik	○	◑	●	◑
7. Quantifizierung und Reduzierung des $CO_{2äq}$-Fußabdrucks der eingesetzten Materialien	◑	●	●	◑
8. Adaptierbarkeit der Methodik	◑	●	●	◑
9. Verhältnismäßigkeit von Aufwand und Nutzen	◑	◑	●	◑

Relevanz: ○ gering ◑ mittel ● hoch

Abbildung 20: Relevanz der Module für die Erfüllung der Anforderungen

4 Detaillierung der Methodik

In diesem Kapitel werden die vier Module der Methodik im Detail erläutert. Dabei werden die Aufgaben des Anwenders der Methodik erläutert, um unter seinen anwenderspezifischen Rahmenbedingungen die Ressourceneffizienz beim PBF-LB/M steigern zu können. Hierbei fließen Erfahrungen aus der praktischen Erprobung der Methodik ein, die die Anwendung der Methodik erleichtern.

4.1 Modul 1: Definition von anwenderspezifischem Ziel und Rahmenbedingungen

In Modul 1 sind sowohl das mit der Anwendung der Methodik zu erreichende anwenderspezifische Ziel als auch die dabei zu berücksichtigenden anwenderspezifischen Rahmenbedingungen RBed1 bis RBed 6 zu definieren. Diese sind angelehnt an die Ökobilanz nach DIN EN ISO 14040 [DIN21a] und DIN EN ISO 14044 [DIN21b] sowie der Methode CO_2PE!-UPLCI [KEL12, KEL11a]. Die mit der Definition von anwenderspezifischem Ziel und Rahmenbedingungen einhergehenden Entscheidungen sind sorgfältig abzuwägen, da diese einen großen Einfluss auf die Erfüllung der Anforderungen an die Methodik (vgl. Abschnitt 3.1) besitzen.

Ziel: Definition der angestrebten Reduzierung der Ressourcenbedarfe

Grundlage der Definition des anwenderspezifischen Ziels bildet die Wahl des Produktionsloses in Form des zu fertigenden Bauteils oder Bauteilsets (mehrere zusammengehörende Bauteile mit einem festen Verhältnis der Stückzahl der einzelnen Bauteile). Es wird empfohlen, ein Produktionslos zu definieren, welches einerseits einen hohen absoluten Ressourcenbedarf pro Prozesskettendurchlauf erfordert. Andererseits sollte das Produktionslos in der benötigten Stückzahl nur durch eine hohe Anzahl an Durchläufen der zu analysierenden PBF-LB/M-Prozesskette realisiert werden können. So soll durch eine Vielzahl an Prozesskettendurchläufen mit jeweils einem hohen absoluten Ressourcenbedarf eine hohe potenzielle Ressourceneinsparung durch die Anwendung der Methodik ermöglicht werden.

Das anwenderspezifische Ziel ist quantitativ in Form der angestrebten Reduzierung der monetarisierten Ressourcenbedarfe[15] zu definieren. Die quantitative Zieldefinition ermöglicht es, die mittels der Anwendung der Methodik erreichte Steigerung der Ressourceneffizienz objektiv messen und bewerten zu können. Zudem fördert die quantitative Zieldefinition die Motivation der involvierten Stakeholder des Unternehmens und schafft durch eine interne als auch externe Kommunikation Transparenz. Zudem erleichtert die quantitative Zieldefinition die Vergleichbarkeit der Ergebnisse bei einer erneuten Anwendung einzelner Module der Methodik (vgl. Modul 4) oder der Anwendung der Methodik unter anderen Rahmenbedingungen, z. B. bei Anwendung in verschiedenen Produktionsstätten.

Es wird empfohlen, das anwenderspezifische Ziel in Form einer relativen Reduzierung der monetarisierten Ressourcenbedarfe zu formulieren. Diese Form der Zieldefinition kann auch dann gewählt werden, wenn der Istwert nicht genau bekannt ist, z. B. im Rahmen des ersten Durchlaufs der Methodik (vgl. Abschnitt 4.4.2). In solchen Fällen kann das anwenderspezifische Ziel auf Basis von Experteninterviews und unter Berücksichtigung von Ergebnissen aus

[15] Die monetarisierten Ressourcenbedarfe beinhalten den durch den Anwender der Methodik zu bepreisenden $CO_{2äq}$-Fußabdruck der eingesetzten Materialien (vgl. RBed 6 und Abschnitt 4.2.3).

vergleichbaren Projekten zur Steigerung der Ressourceneffizienz geschätzt werden. Zusätzlich ist das anfänglich definierte anwenderspezifische Ziel regelmäßig zu überprüfen und bei Bedarf anzupassen, insbesondere wenn neue Informationen, z. B. über die Höhe der monetarisierten Ressourcenbedarfe entlang der PBF-LB/M-Prozesskette, vorliegen. Im Falle einer geplanten Anpassung des anwenderspezifischen Ziels sind alle im Rahmen der Anwendung der Methodik involvierten Personen bei der Entscheidung einzubeziehen.

Bei Bedarf kann das anwenderspezifische Ziel auch in Form einer absoluten Reduzierung der monetarisierten Ressourcenbedarfe formuliert werden. Diese Form der Zieldefinition ist beispielsweise sinnvoll, wenn zu einem vorliegenden Fertigungsauftrag ein großer Folgeauftrag zu reduzierten Kosten angefragt wird. Durch die Anwendung der Methodik kann in diesem Fall abgeschätzt werden, ob die für eine wirtschaftliche Abbildung des Folgeauftrages erforderliche Kosteneinsparung realisiert werden kann.

Das anwenderspezifische Ziel ist nach den sogenannten *SMART*-Kriterien zu formulieren. Dadurch soll das anwenderspezifische Ziel erreichbar, motivierend und widerspruchsfrei dargestellt werden [GRI21]. Der Begriff *SMART* steht dabei als Akronym für folgende Eigenschaften:

- S – spezifisch
  Das anwenderspezifische Ziel ist konkret und präzise zu formulieren, um Missverständnisse bei den involvierten Stakeholdern zu vermeiden.
- M – messbar
  Das anwenderspezifische Ziel ist anhand von quantifizierbaren Kennwerten zu formulieren, um den Fortschritt und das Erreichen des Ziels überprüfen zu können.
- A – attraktiv
  Das anwenderspezifische Ziel ist so zu formulieren, dass die involvierten Stakeholder eine hohe Motivation aufweisen, um sich für die Erreichung des anwenderspezifischen Ziels einzubringen.
- R – realistisch
  Das anwenderspezifische Ziel ist so zu formulieren, dass es unter den gegebenen Rahmenbedingungen und mit den vorhandenen Fähigkeiten und Rahmenbedingungen erreicht werden kann.
- T – terminiert
  Bei der Formulierung des anwenderspezifischen Ziels ist ein klarer Zeitrahmen anzugeben, innerhalb dessen das anwenderspezifische Ziel erreicht werden soll.

Beispielhaft könnte ein nach den SMART-Kriterien formuliertes anwenderspezifisches Ziel wie folgt lauten:

„Durch die Anwendung der Methodik sollen die bauteilspezifischen Kosten für die Ressourcen Material, Mensch und Maschine bei der additiven Fertigung des Bauteils Hüftprothese mittels PBF-LB/M bis zum 31.12. dieses Jahres um 15 % gegenüber dem gleichen Vorjahreszeitraum gesenkt werden. Die damit verbundenen Einsparungen werden reinvestiert, um die vorhandenen Produktionskapazitäten auszubauen."

RBed 1. Produktionslos

Zunächst ist das zu fertigende Produktionslos durch den Anwender der Methodik näher zu spezifizieren. Dabei handelt es sich zunächst um die eindeutige Definition des zu fertigenden Bauteils oder Bauteilsets, z. B. durch die Angabe von Bauteilnummer, Version und Auftraggeber. Weiterhin sind die zu fertigende Anzahl sowie die technischen Vorgaben des Produktionsloses zu definieren. Dabei handelt es sich insbesondere um die Festlegung von Werkstoff, Qualitätsanforderungen, Lieferzeit, Kosten sowie der zu erfüllenden Normen und Standards.

RBed 2. Funktionelle Einheit

Im Anschluss ist die funktionelle Einheit durch den Anwender der Methodik festzulegen, die die zentrale Bezugsgröße der entlang der PBF-LB/M-Prozesskette eingesetzten Ressourcenbedarfe bildet. Der Bezug der Ressourcenbedarfe auf die funktionelle Einheit erlaubt einen Vergleich des Ressourcenbedarfs zwischen mehreren PBF-LB/M-Prozessschritten und -Prozessketten [FRI20]. Dadurch wird die Anwendung von Benchmark-Analysen ermöglicht, wodurch der Anwender der Methodik den Ressourcenbedarf seiner PBF-LB/M-Prozesskette mit verschiedenen Datensätzen aus der Literatur oder einer bereits durchgeführten Anwendung der Methodik vergleichen kann. Als funktionelle Einheit bieten sich im Rahmen der Methodik folgende Optionen an[16]:

- Produktionslos, z. B. pro gefertigter Hüftprothese
- Bauteilmasse, z. B. pro 1 kg der gefertigten Hüftprothese
- Prozesskettendurchlauf

RBed 3. Produktionssystem

Durch den Anwender der Methodik ist das Produktionssystem zu definieren, welches die zur Fertigung des Produktionsloses notwendigen Prozessschritte umfasst, die im Rahmen der Anwendung der Methodik berücksichtigt werden. Hierbei wird empfohlen, nur die Prozessschritte im Produktionssystem zu berücksichtigen, die für die Fertigung des Produktionsloses (vgl. RBed 1) mehrfach erforderlich sind. Das bedeutet, dass Prozessschritte, die nur einmal im Rahmen der Anwendung der Methodik angewandt werden (z. B. Prozessschritt *Datenvorbereitung*), aus dem Produktionssystem ausgeschlossen werden[17].

Besonders relevant bei der Festlegung des Produktionssystems ist die klare Definition der Systemgrenzen. Hierfür empfiehlt sich eine Visualisierung des Produktionssystems, wie beispielhaft in Abbildung 21 dargestellt. Dabei sind sowohl die Materialflussströme, die innerhalb des Produktionssystems auftreten, als auch die, die über die Systemgrenzen hinausgehen, darzustellen. Die PBF-LB/M-Prozesskette sowie die Materialflussströme innerhalb und über die Grenzen des Produktionssystems sind zu spezifizieren, nachdem im Verlauf des Untermoduls *Ist-Aufnahme* weitere Daten gesammelt und beispielsweise noch nicht erfasste Materialbedarfe identifiziert wurden.

Weiterhin sind die Produktionsstätte sowie die pro Prozessschritt des Produktionssystems erforderlichen Maschinen und Peripheriegeräte festzulegen. Zur Vereinfachung der Methodik wird empfohlen, lediglich die Maschinen und Peripheriegeräte unter der Ressource *Maschine* zu berücksichtigen, die eine hohe relative Auslastung aufweisen[18]. In Produktionsstätten, die nur über eine oder wenige PBF-LB/M-Maschinen verfügen, trifft dies in der Regel nur auf die

---

[16] Bei der Ökobilanz wird der Begriff *funktionelle Einheit* als Vergleichseinheit für den quantifizierten Nutzen eines Produktionssystems verstanden [DIN21a]. Im Rahmen der vorliegenden Arbeit wird die Bedeutung dieses Begriffes erweitert und allgemein als Vergleichseinheit verwendet.

[17] Die Prozessschritte außerhalb des Produktionssystems, die zur Herstellung der innerhalb des Produktionssystems verwendeten Materialien erforderlich sind (z. B. Verdüsung des Metallpulvers), werden anhand des monetären Wertes und des $CO_{2äq}$-Fußabdrucks der verwendeten Materialien berücksichtigt.

[18] Die für den Betrieb von Maschinen erforderlichen Betriebsstoffe (inkl. Energie) werden anhand der Ressource *Material* sowie die Arbeitszeit der Mitarbeiter für die Bedienung der Maschinen anhand der Ressource *Maschine* berücksichtigt.

PBF-LB/M-Maschine(n) zu (vgl. Abschnitt 2.2.6). Es wird empfohlen, alle anderen Maschinen und Peripheriegeräte, die nur zu einem geringen Anteil im Vergleich zum Durchschnitt der PBF-LB/M-Maschinen (< 50 %) ausgelastet werden, nicht durch die Ressource *Maschine* zu erfassen.

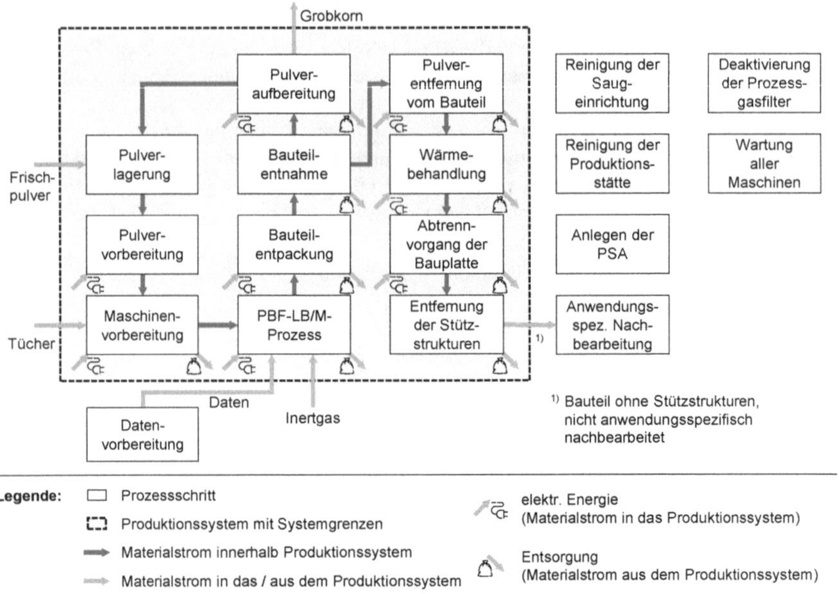

Abbildung 21: Beispielhafte Systemgrenzen einer modellhaft dargestellten PBF-LB/M-Prozesskette

Zusätzlich ist für jeden Reinigungs- und Aufbereitungsprozessschritt das prozessschrittspezifische Mindest-Verhältnis $N_{Vp;min}$ festzulegen. Dieses gibt an, wie oft ein Prozessschritt im Verhältnis zur Herstellung einer funktionellen Einheit (vgl. RBed 2) mindestens durchzuführen ist, um einer Beeinträchtigung der Funktion des Prozessschrittes oder einer Erhöhung der Mitarbeitergefährdung in dem Prozessschritt vorzubeugen. Wird beispielsweise für eine Saugeinrichtung festgelegt, dass diese spätestens nach der Herstellung von fünf funktionellen Einheiten zu reinigen ist, so liegt für den Reinigungsprozessschritt der Saugeinrichtung ein prozessschrittspezifisches Mindest-Verhältnis $N_{Vp;min}$ von *0,2* vor.

RBed 4. Maßnahmeneinschränkung

Durch den Anwender der Methodik sind etwaige Einschränkungen bei der Wahl der auszuwählenden und umzusetzenden Maßnahmen aufgrund baulicher, infrastruktureller, personeller, finanzieller, prozessualer und qualifikatorischer Rahmenbedingungen festzulegen. Dabei kann es sich beispielsweise um Maßnahmen handeln, die einen hard- oder softwareseitigen Eingriff in Maschinen erfordern. Dies kann darin begründet sein, dass eine Manipulation bei einer zur Nutzung überlassenen Maschine untersagt ist, um ein Erlöschen des Gewährleistungsanspruchs der Maschine zu vermeiden. Ein weiteres Beispiel stellen Einschränkungen von Maßnahmen aufgrund fehlenden Wissens oder fehlender Messmittel dar. Dabei kann es sich beispielsweise um Maßnahmen zur Optimierung von Prozessparametern für den PBF-LB/M-Prozess handeln.

RBed 5. Ökonomische Bewertung

Für die Ressourcen *Material*, *Mensch* und *Maschine* sind Wertansätze durch den Anwender der Methodik zu definieren, mittels derer die Ressourcenbedarfe in Modul 2 monetarisiert werden. Beispielsweise können für die Ressource *Material* nach WÖLTJE folgende Material-Wertansätze unterschieden werden [WÖL16]:

- Festpreis:
  Konstanter Preis, der auf der Grundlage vergangener Istpreise sowie unter Berücksichtigung prognostizierter zukünftiger Preisentwicklungen festgelegt wird
- Einstandspreis:
  Preis, zu dem das Material abzüglich von Nachlässen und zuzüglich von Anschaffungsnebenkosten erworben wurde
- Wiederbeschaffungspreis:
  Preis, zu dem das Material beim letzten Einkauf bewertet wurde

Die Wertansätze können zudem auf verschiedenen Kostenfunktionen basieren. So kann beispielsweise der Material-Wertansatz in Abhängigkeit der erworbenen Materialmenge konstant, degressiv (z. B. aufgrund von Mengenrabatt), progressiv (z. B. Energiekosten aufgrund von erhöhtem und zeitlich begrenztem Energiebedarf) oder sprungfix (z. B. aufgrund von begrenzter Lieferkapazität) ausfallen [REI23, JÓR23]. Die Berücksichtigung von Kostenfunktionen erhöht die Komplexität bei der Anwendung der Methodik, ermöglicht aber eine genauere Abbildung der realen Preisstruktur. Wird beispielsweise ein benötigter Materialbedarf zuerst in einer begrenzten Abnahmemenge von einem kostengünstigen Lieferanten und der restliche Materialbedarf durch einen kostenintensiveren Lieferanten bezogen, so führt eine Reduzierung des benötigten Materialbedarfs zu einer gestaffelten Reduzierung der Gesamtkosten [WEB21]. Ein Durchschnittspreis kann hierbei zu einer ungenauen Bewertung des Aufwand-Nutzen-Verhältnisses von Maßnahmen führen. Daher ist bei der Wahl des Wertansatzes grundsätzlich die Verhältnismäßigkeit von Aufwand und Nutzen (siehe AF 9) zu berücksichtigen.

Analog zu den Material-Wertansätzen können für die Ressourcen *Mensch* und *Maschine* verschiedene Wertansätze als Basis für die Monetarisierung der Arbeitszeit der Mitarbeiter sowie der Laufzeit von Maschinen und Peripheriegeräten herangezogen werden. Im Rahmen der vorliegenden Arbeit werden für die Ressource *Mensch* einheitlich der Personalstundensatz und für die Ressource *Maschine* der Maschinenstundensatz verwendet, vgl. Abschnitt 4.2.3. Falls diese Annahmen bei der Anwendung der Methodik nicht sinnvoll sind, z. B. im Falle von Zuschlägen bei der Schichtarbeit, können auch weitere Wertansätze und Kostenfunktionen genutzt werden [REI19].

RBed 6. Ökologisch-ökonomische Bewertung

Die Basis der ökologisch-ökonomischen Bewertung bildet der $CO_{2äq}$-Preis. Dieser legt im Rahmen der Methodik den Umrechnungsfaktor zur Kostenbewertung des $CO_{2äq}$-Fußabdrucks der eingesetzten Materialien fest. Die Höhe des $CO_{2äq}$-Preises ist durch den Anwender der Methodik individuell festzulegen (siehe AF 7). Zur Unterstützung bei der Definition eines $CO_{2äq}$-Preises werden nachfolgend in der Fachliteratur aufgeführte Richtwerte und Ansätze präsentiert, die in Abbildung 22 zusammengefasst sind. Grundsätzlich werden die externe und interne Bepreisung von $CO_{2äq}$-Emissionen unterschieden.

Bei der externen $CO_{2äq}$-Bepreisung handelt es sich um eine staatlich regulierte Bepreisung von Emissionen mit dem Ziel, die $CO_{2äq}$-Emissionen zu reduzieren [HAN21]. Ein bekanntes Beispiel stellt das Europäische Emissionshandelssystem (EU-ETS) dar. Etwa 50 % der EU-weiten Emissionen werden durch das im Jahr 2005 eingeführte EU-ETS erfasst, wobei insbesondere die Emissionen von Unternehmen in energieintensiven Sektoren berücksichtigt werden [EUR15]. Über das EU-ETS werden die jährlich in der EU ausgestoßenen $CO_{2äq}$-Emissionen begrenzt und Emissionsberechtigungen pro Tonne emittiertes $CO_{2äq}$ vergeben [EUR15]. Zusätzlich zu einer kontingentierten, kostenfreien Zuteilung wird ein zunehmender Anteil der Emissionsberechtigungen an der Börse gehandelt, wobei der Preis einer Emissionsberechtigung dynamisch durch Angebot und Nachfrage bestimmt wird [HAN21]. Nach einem Höchstwert von über 100 €/t $CO_{2äq}$ im Februar 2023 lag der Preis einer Emissionsberechtigung im Oktober 2024 bei etwa 65 €/t $CO_{2äq}$ [MON24]. Laut einer Umfrage unter den Mitgliedern der International Emissions Trading Association aus dem Jahr 2023 wird ein Mittelwert des Preises der Emissionsberechtigung für die Jahre 2022 bis 2025 von ca. 84 €/t $CO_{2äq}$ und für die Jahre 2026 bis 2030 von ca. 100 €/t $CO_{2äq}$ erwartet [INT23]. Die kontinuierliche Reduzierung der Obergrenze der jährlichen $CO_{2äq}$-Emissionen in der EU trägt zu einer Preissteigerung der Emissionsberechtigungen bei [EUR15]. Unternehmen, die mehr $CO_{2äq}$ emittieren als sie über Emissionsberechtigungen verfügen, werden sanktioniert, wobei die Sanktionshöhe national festgelegt wird [UMW24]. In Deutschland betrug die Sanktionshöhe im Jahr 2022 ca. 121 €/t $CO_{2äq}$ [UMW24]. Es wird empirisch erwartet, dass diese weiter steigen wird.

Die CO_2-Steuer für Benzin, Heizöl und Gas stellt eine weitere Form der externen Bepreisung von Emissionen dar. Im Gegensatz zum EU-ETS wird nicht die Emission von $CO_{2äq}$, sondern von CO_2 bepreist [HAN21]. Die Höhe der nationalen CO_2-Steuer wird politisch festgelegt und liegt seit Anfang 2025 bei 55 €/t CO_2 [PRE25].

Bei der internen $CO_{2äq}$-Bepreisung handelt es sich um einen von einem Unternehmen festgelegten Preis pro emittierter Tonne $CO_{2äq}$, mittels dem vom Unternehmen verursachte $CO_{2äq}$-Emissionen in die Entscheidungsfindung mit einbezogen werden. Die Bepreisung soll Investitionen in emissionsarme Technologien, die Steigerung der Energieeffizienz sowie die Veränderung interner Verhaltensweisen fördern [CDP21]. Neben der Orientierung an externen $CO_{2äq}$-Preisen dienen insbesondere makroökonomische Umweltfolgekosten (UKF), die aufgrund von $CO_{2äq}$-Emissionen entstehen, als Richtwerte für die Höhe der internen $CO_{2äq}$-Bepreisung [HAN21]. Das Grundprinzip der internen $CO_{2äq}$-Bepreisung liegt darin, dass Emittenten von $CO_{2äq}$ die Kosten für die damit verbundenen Umweltauswirkungen tragen.

Es existieren Berechnungstools und Simulationen zur Abschätzung von Umweltfolgekosten, die aus $CO_{2äq}$-Emissionen resultieren. Aufgrund der Herausforderung, die Kosten von Naturkatastrophen den $CO_{2äq}$-Emissionen zuzuordnen, besitzen die Berechnungstools und Simulationen eine hohe Heterogenität bei der Quantifizierung der Umweltfolgekosten [INT22]. Die *Methodenkonvention 3.1* des Umweltbundesamtes stellt ein Tool zur Abschätzung der Umweltfolgekosten dar. Mithilfe dieses Tools werden die globalen Umweltfolgekosten durch das in Deutschland emittierte $CO_{2äq}$ für einen Zeitraum von 100 Jahren abgeschätzt. Dies erfolgt jeweils mit und ohne Berücksichtigung der sogenannten Zeitpräferenzrate (ZPR), die angibt, inwiefern zukünftige Umweltfolgekosten je Jahr weniger gewichtet werden. Dementsprechend führt die Berücksichtigung einer Zeitpräferenzrate zu einer Höhergewichtung der Wohlfahrt der heutigen Generation gegenüber der Wohlfahrt zukünftiger Generationen. Durch die *Methodenkonvention 3.1* wurden die Umweltfolgekosten für das Jahr 2030 mit einer Zeitpräferenzrate von 1 % auf 215 €/t $CO_{2äq}$ und ohne Zeitpräferenzrate auf 700 €/t $CO_{2äq}$ geschätzt. [UMW20]

Durch den Weltklimarat wurden Modelle und Szenarien für den erforderlichen $CO_{2äq}$-Preis erstellt, mit dem die globale Erwärmung auf maximal 1,5°C bzw. 2°C gegenüber dem vorindustriellen Niveau (vgl. Pariser Abkommen [UNI18]) begrenzt wird [INT22]. Je nach Modell und Szenario wurde ein erforderlicher $CO_{2äq}$-Preis zwischen 15 USD und 220 USD für die Erreichung des 2°C Ziels und zwischen 135 USD und 6050 USD für die Erreichung des 1,5°C Ziels ermittelt [INT22].

Neben den Umweltfolgekosten können auch die Kosten für emissionsbedingte Kompensationsdienstleistungen als Basis für die Bewertung eines internen $CO_{2äq}$-Preises herangezogen werden [HAN21, STI24]. Kompensationszahlungen gelten als umstritten und spielen im Hinblick auf die drei Maximen des Klimaschutzes – Minimieren, Substituieren und Kompensieren – eine untergeordnete Rolle, weshalb diese in Abbildung 22 nicht berücksichtigt sind [HAN21].

In den Jahren 2014 und 2020 wurden jeweils durch die Non-Profit-Organisation *CDP Worldwide* alle Unternehmen erfasst, die bereits eine interne $CO_{2äq}$-Bepreisung eingeführt hatten oder innerhalb von zwei Jahren damit beginnen wollten [CDP21]. Innerhalb von sechs Jahren stieg die Anzahl der Unternehmen von 150 auf über 2000 [CDP21]. Die Höhe der internen $CO_{2äq}$-Bepreisung dieser Unternehmen variierte teils erheblich, wobei der Median des $CO_{2äq}$-Preises im Jahr 2020 bei 28 USD und der Maximalwert bei 532 USD lag [CDP21]. Die Mehrheit der Unternehmen gab an, die $CO_{2äq}$-Bepreisung als sogenannten Schattenpreis, einen imaginären Preisaufschlag in der Finanzkalkulation, umzusetzen [HAR19, CDP21].

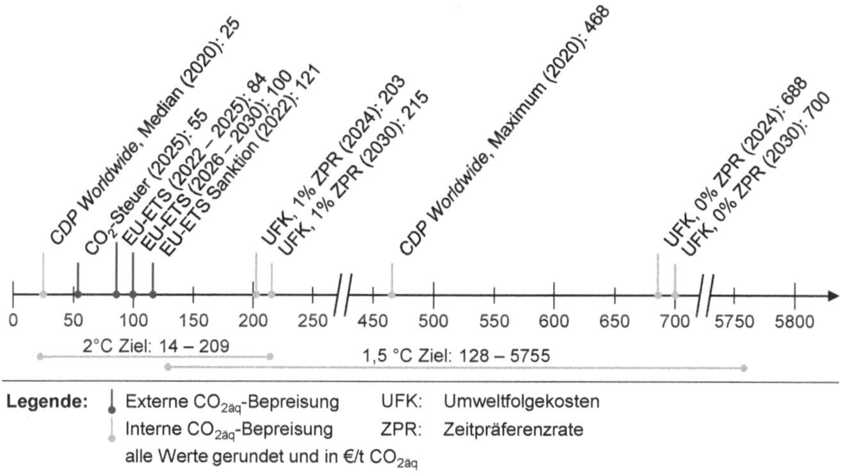

Abbildung 22: In der Fachliteratur etablierte Richtwerte zur $CO_{2äq}$-Bepreisung; alle Werte gerundet und in €/t $CO_{2äq}$; Kosten in USD zum durchschnittlichen Wechselkurs des jeweiligen Jahres der Veröffentlichung in € umgerechnet; eigene Darstellung in Anlehnung an [UMW20, HAN21, CDP21, INT22, PRE25, UMW24, INT23]

Das anwenderspezifische Ziel und die Rahmenbedingungen sind ausführlich zu diskutieren und zu dokumentieren. Es ist ratsam, diese regelmäßig zu überprüfen und bei Bedarf anzupassen, da sich im Verlauf der Anwendung der Methodik ein tieferes Verständnis über die Korrelationen und Kausalitäten der Ressourcenbedarfe innerhalb eines Produktionssystems entwickeln kann. Durch die Anpassung von anwenderspezifischem Ziel und Rahmenbedingungen und deren Kommunikation können Missverständnisse oder Enttäuschungen bei den im Rahmen der Anwendung der Methodik involvierten Personen vermieden werden.

Die Rahmenbedingungen RBed 1 bis RBed 6 beeinflussen die Erreichung des anwenderspezifischen Ziels in verschiedenen Dimensionen. In Abbildung 23 wird die Relevanz der Rahmenbedingungen im Hinblick auf die nachfolgend aufgeführten Dimensionen dargestellt:

- PBF-LB/M-Prozess: Auswahl und Merkmale der Prozessparameter sowie des zu fertigenden Produktionsloses
- PBF-LB/M-Prozesskette: Auswahl und Merkmale der betrachteten Prozessschritte
- Methodik: Auswahl und Merkmale der in der Methodik angewendeten Methoden

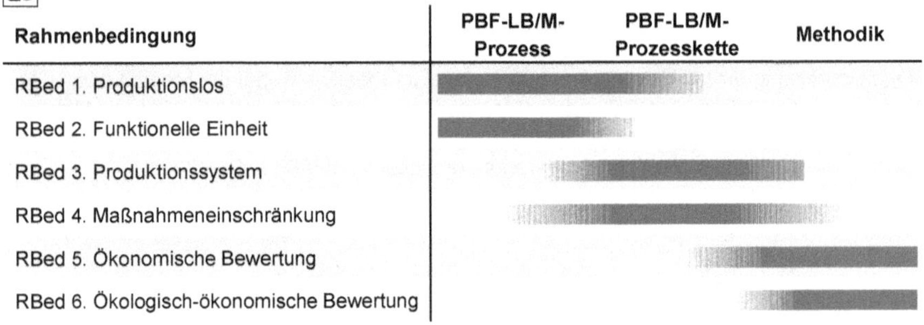

Abbildung 23: Relevanz der Rahmenbedingungen im Hinblick auf die Dimensionen PBF-LB/M-Prozess, PBF-LB/M-Prozesskette und Methodik

4.2 Modul 2: Hotspot-Analyse

Die Hotspot-Analyse stellt eine Methode zur Identifizierung von statistisch signifikant hohen oder niedrigen Werten innerhalb eines Datensatzes dar und kann dadurch genutzt werden, Prioritäten für Gegenmaßnahmen aufzuzeigen. Im ingenieurwissenschaftlichen Umfeld werden Hotspot-Analysen in vielen verschiedenen Bereichen angewandt, wie z. B der Identifikation von Transportmitteln, Anlagen oder Prozessschritten, die zu einer statistisch erhöhten Umweltverschmutzung oder Schadstoffemission führen [STE21, DHI22, SEN22].

Durch die Anwendung des Moduls 2 *Hotspot-Analyse* werden Prozessschritte innerhalb der festgelegten PBF-LB/M-Prozesskette mit einem hohen Ressourcenbedarf identifiziert. Dazu ist dieses Modul in mehrere Untermodule untergliedert, siehe Abbildung 24. Die Grundlage der *Hotspot-Analyse* bildet die Erfassung aller Ressourcenbedarfe (Untermodul *Ist-Aufnahme*) entlang der PBF-LB/M-Prozesskette. Im darauffolgenden Untermodul *Normalisierung* werden die erfassten Ressourcenbedarfe auf die in Modul 1 definierte funktionelle Einheit (vgl. RBed 2) bezogen. Im Untermodul *Monetarisierung* werden die Ressourcenbedarfe anhand der Unterkostenarten der Maschinenstundensatzkalkulation monetarisiert. Die Monetarisierung der Ressource *Material* erfolgt ökonomisch anhand des Material-Wertansatzes (siehe RBed 5) sowie ökologisch-ökonomisch anhand des $CO_{2\text{äq}}$-Fußabdrucks des jeweiligen Materials und des anwenderspezifischen $CO_{2\text{äq}}$-Preises (siehe RBed 6). Die Ressourcen *Mensch* und *Maschine* werden anhand der Arbeitszeit der Mitarbeiter bzw. der Laufzeit der Maschinen und Peripheriegeräte sowie des Personal- bzw. Maschinenstundensatzes (siehe RBed 5) ökonomisch bewertet.

Zur Vereinfachung der Definition von Hotspots werden im Untermodul *Aggregation* Prozessschritte zu Hauptprozessen zusammengefasst sowie die verschiedenen Unter-Kostenarten der Kosten- und Leistungsrechnung den Ressourcen *Material*, *Mensch* und *Maschine* zugeordnet. Im letzten Untermodul, der *Hotspot-Definition*, werden die *Ressourcen je Hauptprozess* (*RjH)* als Hotspot definiert. Dies wird einerseits auf Basis des Anteils der *RjH* an den Gesamtkosten zur Herstellung einer funktionellen Einheit innerhalb des Produktionssystems (Kostenbasierte Kategorisierung der *RjH*) durchgeführt. Andererseits erfolgt die Definition der Hotspots auf Basis einer Benchmark-Analyse der den *RjH* zugrundeliegenden Ressourcenbedarfe (Effizienzbasierte Klassifizierung der *RjH*).

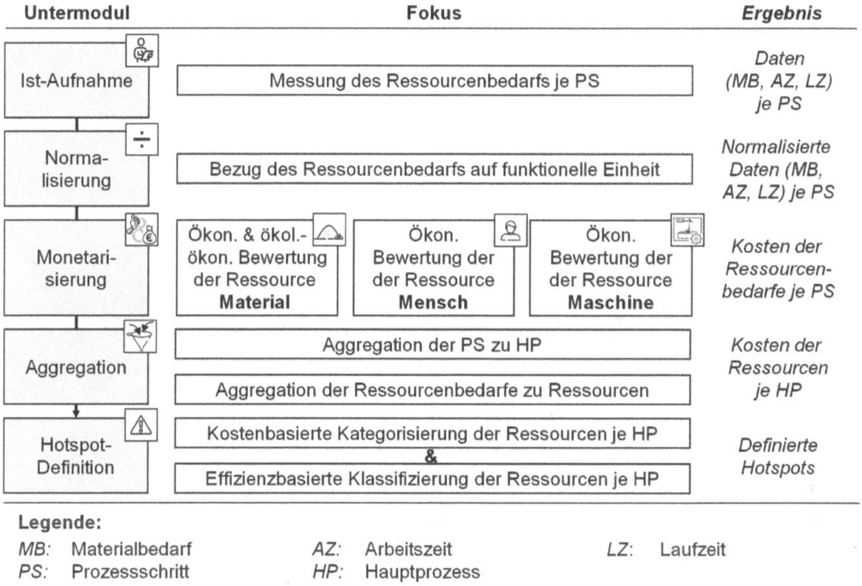

Abbildung 24: Fokus und Ergebnis je Untermodul von Modul 2 Hotspot-Analyse

Das Ergebnis der Untermodule *Erfassung*, *Normalisierung*, *Monetarisierung* und *Aggregation* von Ressourcenbedarfen sowie der anschließenden *Hotspot*-Definition wird exemplarisch in Abbildung 25 anhand einer fiktiven und stark vereinfachten PBF-LB/M-Prozesskette veranschaulicht. Diese PBF-LB/M-Prozesskette besteht dabei aus den vier Prozessschritten PS_1 bis PS_4, wobei pro Prozessschritt neben der jeweiligen Arbeitszeit (*AZ)* eines Mitarbeiters und der Laufzeit (LZ*)* einer PBF-LB/M-Maschine ausschließlich der Materialbedarf des Materials *b* erfasst wird. Diese Abbildung dient jeweils als Beispiel für das Ergebnis der Anwendung der Untermodule von Modul 2.

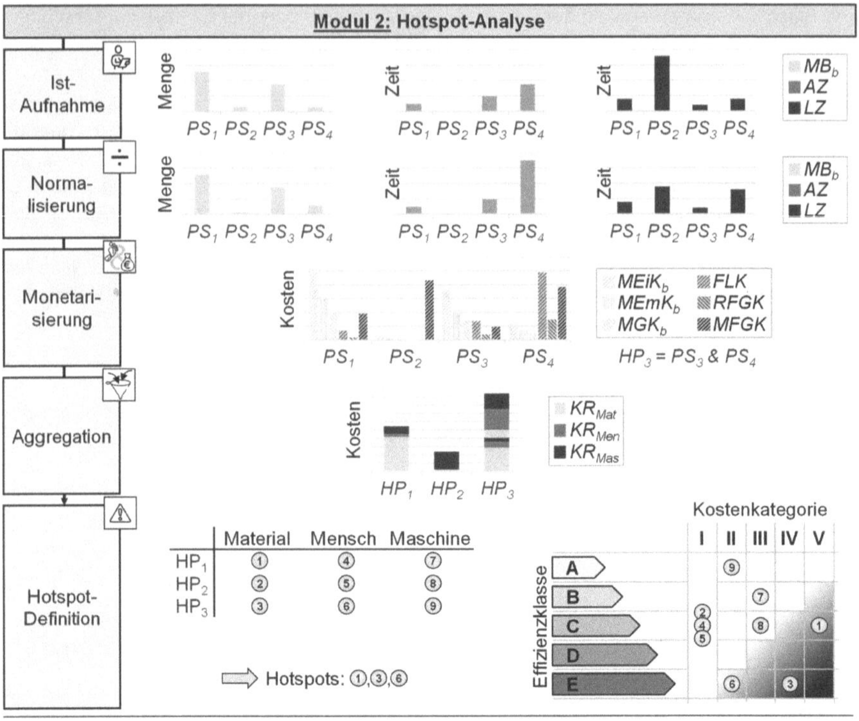

Legende:

MB:	Materialbedarf	*AZ:*	Arbeitszeit	*LZ:*	Laufzeit
PS:	Prozessschritt	*HP:*	Hauptprozess	*b:*	Material *b*
MEmK:	Materialeinzelkosten	*MGK:*	Materialgemeinkosten	*FLK:*	Fertigungslohnkosten
MEiK:	Materialemissions-kosten	*RFGK:*	Restfertigungs-gemeinkosten	*MFGK:*	maschinenabhängige Fertigungsgemeinkosten
KR_{Mat}:	Kosten für die Ressource *Material*	KR_{Men}:	Kosten für die Ressource *Mensch*	KR_{Mas}:	Kosten für die Ressource *Maschine*

Abbildung 25: Ergebnis der Erfassung, Normalisierung, Monetarisierung und Aggregation von Ressourcenbedarfen sowie der Hotspot-Definition einer fiktiven PBF-LB/M-Prozesskette

4.2.1 Ist-Aufnahme

„Die integrative Betrachtung vor allem ökonomischer und ökologischer Aspekte in der Produktion bedingt die Kenntnis, Messung und Bewertung des In- und Outputs in den jeweiligen [Prozessschritten]." [HER10]

Durch den Anwender der Methodik sind alle Ressourcenbedarfe innerhalb und an den Systemgrenzen des Produktionssystems zu erfassen. Für die Erfassung von Primärdaten kann der Anwender auf kontinuierlich erfasste Prozessüberwachungsdaten der Fertigungs- und Peripheriemaschinen oder auf technische Messgeräte zur manuellen Detektion zurückgreifen. Um in den nachfolgenden (Unter)-Modulen fundierte Entscheidungen treffen zu können, ist eine solide Datengrundlage (insbesondere Genauigkeit, Aufnahmefrequenz und Zuordenbarkeit) unabdingbar. Falls die erforderlichen Ressourcenbedarfe nur bedingt erfasst werden können, ist es in Ausnahmefällen notwendig, auf literaturbasierte Sekundärdaten zurückzugreifen. Die Untersuchung von BIERDEL ET AL. sowie die in Kapitel 2 aufgeführten Daten stellen für diesen Fall Erfahrungswerte für verschiedene Ressourcenbedarfe, wie z. B. die Lebensdauer von Prozessgasfiltern, bereit [BIE19].

Gemäß HERRMANN bildet die zuverlässige, objektive und reproduzierbare Erfassung der In- und Outputs von Prozessschritten die Grundlage für eine umfassende Analyse von Produktionssystemen [HER10]. Bei der Ökobilanzierung *„wird die Möglichkeit eingeräumt, [Stoffströme] zu vernachlässigen, wenn sie < 1 % des gesamten Inputstoffstroms darstellen. Jedoch können in Produktionssystemen auch Stoffströme < 1 % eine relevante Ressourcennutzung mit sich bringen (z. B. Edelmetalle, Gefahrstoffe)."* [VDI18b]. Da kostenintensive Metallpulver verarbeitet werden, die häufig als Gefahrstoff deklariert sind, wird im Rahmen des Untermoduls *Ist-Aufnahme* eine vollständige Erfassung aller Ressourcenbedarfe empfohlen.

Um insbesondere bei Prozessschritten mit vielen Input- und Output-Stoffströmen alle Ressourcenbedarfe zu erfassen, wird deren Visualisierung durch die Anwendung der Input-Output-Analyse je Prozessschritt in Anlehnung an die Methodik CO_2PE!-UPLCI empfohlen, siehe Abbildung 26 [KEL12, KEL11a]. Die Input-Output-Analyse zeichnet sich durch eine geringe Komplexität und einen niedrigen Zeitaufwand aus [VDI24c]. Für die Anwendung dieser Methode müssen pro Prozessschritt alle Eingangs- (Input) und Ausgangsströme (Output) erfasst werden. Der Input repräsentiert den Materialbedarf, der von der Technosphäre (Gesamtheit aller menschlich geschaffenen, technischen Strukturen [ROZ15]) bereitgestellt wird. Der Output wird dahingehend unterschieden, ob er in die Technosphäre oder in die Ökosphäre (Gesamtheit von Lebewesen bewohnbare Lebensräume [KAL16]) abgegeben wird.

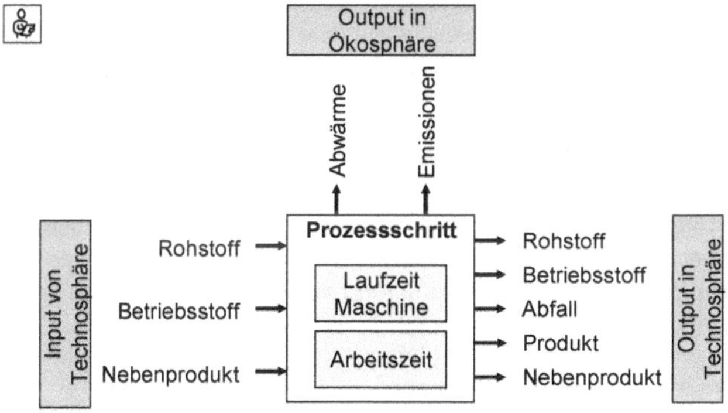

Abbildung 26: Beispielhafte Visualisierung von Input und Output pro Prozessschritt; in Anlehnung an [KEL12, KEL11a, GEB15, FRE14]

Nach der Visualisierung von Input und Output je Prozessschritt sind die pro Prozessschritt erfassten Messdaten in eine Input-Output-Tabelle in Anlehnung an FRESNER ET AL. zu übertragen, siehe Tabelle 4. Für die Bilanzierung der Ressource *Material* sind nur der Input und der Output von und in die Technosphäre zu berücksichtigen. Die Differenz zwischen Input und Output spiegelt den Materialbedarf zur Herstellung oder Weiterverarbeitung von Nebenprodukten im jeweiligen Prozessschritt wider. Zusätzlich sind die Messdaten für die Arbeitszeit der

Mitarbeiter und die Laufzeit der Maschinen und Peripheriegeräte je Prozessschritt zu erfassen und zu dokumentieren.

Im Gegensatz zur Input-Output-Analyse nach FRESNER ET AL. ist es in der Input-Output-Tabelle im Rahmen des Untermoduls ausreichend, die spezifischen Kosten der Ressourcenbedarfe (Bezug der Kosten auf die jeweilige Bedarfsmenge) zu berücksichtigen [FRE14]. Dies liegt darin begründet, dass die Ressourcenbedarfe durch das nachfolgende Untermodul *Normalisierung* auf die funktionelle Einheit bezogen werden.

Tabelle 4: Beispielhafte Input-Output-Tabelle; in Anlehnung an [FRE14]

Input	Menge	Spez. Kosten	Output	Menge	Spez. Kosten
Rohstoff	... kg	... €/kg	Rohstoff	... kg	... €/kg
	... m³	... €/m³		... m³	... €/m³
Betriebsstoff	... kg	... €/kg	Betriebsstoff	... kg	... €/kg
	... kWh	... €/kWh		... kWh	... €/kWh
	... Stück	... €/Stück		... Stück	... €/Stück
				... m³	... €/m³
Nebenprodukt	... Stück	... €/Stück	Abfall	... kg	... €/kg
				... Stück	... €/Stück
			Nebenprodukt	... Stück	... €/Stück
			Produkt	... Stück	

Entlang der PBF-LB/M-Prozesskette variieren die je Prozessschritt zu erfassenden Ressourcenbedarfe. Abbildung 27 dient als Orientierungshilfe für die zu erfassenden Bedarfe der Ressourcen *Material*, *Mensch* und *Maschine* bei der modellhaften PBF-LB/M-Prozesskette aus Abbildung 21.

Eine trennscharfe Allokation von Ressourcenbedarfen auf die einzelnen Prozessschritte, in denen sie auftreten, ist nicht immer möglich. Dies liegt daran, dass die Ressourcenbedarfe teils erst in nachfolgenden Prozessschritten erfasst werden können. Dies tritt insbesondere beim Materialbedarf des Rohstoffs Metallpulver auf. So wird beispielsweise im PBF-LB/M-Prozess Metallpulver in Kavitäten des Bauteils oder zwischen den Stützstrukturen eingeschlossen. Die Masse dieser sogenannten Einschlussverluste kann in diesem Prozessschritt nicht messtechnisch erfasst werden und erfolgt daher nachgelagert. Es wird vermutet, dass aus diesem Grund bei mehreren Untersuchungen alle Ressourcenbedarfe von der *Maschinenvorbereitung* bis zur *Entfernung der Stützstrukturen* zusammengefasst und gemeinsam bilanziert wurden [KEL11b, LUT17]. Die gemeinsame Erfassung aller Ressourcenbedarfe über mehrere Prozessschritte hinweg führt dazu, dass Informationen verloren gehen, die Aufschluss über die potenziellen Ursachen von Ressourcenbedarfen eines Prozessschritts geben können (vgl. Untermodul *Analyse der Ursachen* von Modul 3). Die Aufschlüsselung der Arten von Pulververlusten (vgl. Tabelle 5) kann zusammen mit der Aufstellung von Massebilanzen dazu helfen, den Pulververlust (Bedarf an Metallpulver, das nicht in das zu fertigende Bauteil eingeht, vgl. Abschnitt 2.2.3) je Prozessschritt bilanzieren zu können.

Material	Mensch	Maschine[1)]	Prozessschritt	Prozessphase
●	●	○	Datenvorbereitung	PRE-Prozess
○	●	○	Pulverlagerung	
●	●	○	Pulvervorbereitung	
●	●	●	PBF-LB/M-Maschinenvorbereitung	
●	○	●	PBF-LB/M-Prozess	IN-Prozess
●	●	●	Bauteilentpackung	
●	●	●	Bauteilentnahme	
●	●	○	Pulverentfernung vom Bauteil	POST-Prozess
●	●	○	Wärmebehandlung	
●	●	○	Abtrennvorgang von Bauplatte	
●	●	○	Entfernung der Stützstrukturen	
●	●	○	Pulveraufbereitung	
●	●	○	Anwendungsspez. Nachbearbeitung	Nachgelagerte Prozessschritte
●	●	●	Deaktivierung der Prozessgasfilter	
●	●	●	Reinigung der Saugeinrichtung	
●	●	●	Reinigung der PBF-LB/M-Maschine	
●	●	●	Wartung aller Maschinen	
●	●	●	Reinigung der Produktionsstätte	

Legende:

○ Ressourcenbedarf typischerweise nicht vorhanden

● Ressourcenbedarf typischerweise vorhanden

1) Berücksichtigung von ausschließlich der PBF-LB/M-Maschine

Abbildung 27: Typischer Bedarf der Ressourcen Material, Mensch und Maschine pro Prozessschritt bei der modellhaften PBF-LB/M-Prozesskette aus Abbildung 21

Tabelle 5: Arten von Pulververlusten; erweitert in Anlehnung an [LUT17]

Art	Abk.	Beschreibung	Art der Erfassung
Aufmaßverluste	*AmV*	Metallpulver, das zur Realisierung eines Bauteilaufmaßes eingesetzt und bei der Nachbearbeitung entfernt und entsorgt wird	direkt
Stützstrukturverluste	*SsV*	Metallpulver, das für die Fertigung der Stützstrukturen und Zusatzstrukturen eingesetzt wird und bei der Nachbearbeitung entfernt und entsorgt wird	direkt
Einschlussverluste	*EsV*	Metallpulver, das in Kavitäten des Bauteils oder zwischen den Stützstrukturen eingeschlossen ist und bei der Nachbearbeitung entfernt und entsorgt wird [THO15]	direkt
Anhaftungsverluste	AhV	Metallpulver, das an Oberflächen (z. B. Innenwänden von Behältern oder der Baukammer) anhaftet und bei	direkt

		der Reinigung der PBF-LB/M-Maschine entfernt und entsorgt wird [LUT17]	
Prozessgas-filterverluste	PfV	Metallpulver, das durch den Inertgasstrom aus dem Pulverbett gesogen und in den Prozessgasfilter transportiert und entsorgt wird [DIE20]	direkt
Handhabungs-verluste	HhV	Metallpulver, das bei der Handhabung (z. B. Umfüllvorgänge) aufgewirbelt, in die Umgebung abgegeben und bei der Reinigung der PBF-LB/M-Produktionsstätte aufgenommen und entsorgt wird [LUT20a]	direkt/ indirekt
Absaug-verluste	AsV	Metallpulver, das bei der Entpulverung des Bauteils oder der Reinigung der PBF-LB/M-Maschine mittels einer deaktivierenden Saugeinrichtung aufgenommen und entsorgt wird [LUT17]	direkt/ indirekt[19]
Sieb-verluste	SiV	Metallpulver, das bei der Pulveraufbereitung mittels Sieben als Grobkorn erfasst und entsorgt wird [LUT20a]	direkt

Die in Tabelle 5 dargestellten Arten von Pulververlusten können nur teilweise direkt erfasst werden. Direkt erfassbare Pulververluste werden als Differenz von In- und Output eines Prozessschrittes ermittelt. Dabei handelt es sich beispielsweise um die Prozessgasfilterverluste, die der Massendifferenz des Prozessgasfilters vor und nach dem PBF-LB/M-Prozess entsprechen. Im Gegensatz dazu kann der indirekt erfassbare Pulververlust nicht direkt messtechnisch erfasst werden. Um diese Pulververluste zu quantifizieren, kann eine auf der Massenerhaltung basierende Massenbilanz entlang mehrerer nacheinander stattfindender Prozessschritte angewandt werden. Dabei ist jedoch zu beachten, dass je aufgestellter Massenbilanz nur ein indirekt erfassbarer Pulververlust ermittelt werden kann. Dadurch kann es notwendig sein, verschiedene Arten von Pulververlusten gemeinsam zu bilanzieren. Eine beispielhafte Massenbilanz ist in der auf Gl. (2.1) basierenden Gl. (4.1) dargestellt. Dabei handelt es sich um eine Massenbilanz entlang der Prozessschritte von der *Maschinenvorbereitung* bis zur *Bauteilentnahme*, vgl. Abbildung 21.

$$m_{Dv} - m_{Dn} + m_{BPv} = \\ m_{Ün} - m_{Üv} + m_{Bn,AmV,SsV,BP,EsV,AhV} + m_{PfV} + m_{HhV} + m_{AsV} \tag{4.1}$$

m_{Dv}: Masse von Metallpulver im Dosierbehälter vor PBF-LB/M-Prozess

m_{Dn}: Masse von Metallpulver im Dosierbehälter nach PBF-LB/M-Prozess

m_{BPv}: Masse der Bauplatte vor PBF-LB/M-Prozess

$m_{Ün}$: Masse von Metallpulver nach PBF-LB/M-Prozess im Überlaufbehälter

$m_{Üv}$: Masse von Metallpulver vor PBF-LB/M-Prozess im Überlaufbehälter

$m_{Bn,AmV,SsV,BP,EsV,AhV}$: Masse von aus PBF-LB/M-Maschine entnommenem Bauteil mit Stützstrukturen, Bauplatte und losem Metallpulver; siehe Gl. (4.2)

m_{PfV}: Masse der Prozessgasfilterverluste (siehe Gl. 4.3)

[19] Bei einigen Saugeinrichtungen ist es nur bedingt möglich, die Masse der aufgenommenen Metallpulverpartikel direkt zu messen. So erfolgt beispielsweise beim Einsatz einer deaktivierenden Saugeinrichtung (z. B. Nassabscheider) eine messtechnisch kaum zu erfassende Verdunstung der Waschflüssigkeit (vgl. Abschnitt 2.2.5), die eine gravimetrische Analyse der aufgenommenen Metallpulverpartikel ohne deren Separation von der Waschflüssigkeit und Trocknung erschwert.

m_{HhV}: Masse der Handhabungsverluste

m_{AsV}: Masse der Absaugverluste

$$\begin{aligned} m_{Bn,AmV,SsV,BPn,EsV,AhV} &= m_{Bn,AmV,SsV,BPn,EsV} + m_{AhV} \\ &= m_{Bn,AmV,SsV} + m_{BPn} + m_{EsV} + m_{AhV} \\ &= m_{Bn,AmV} + m_{SsV} + m_{BPn} + m_{EsV} + m_{AhV} \\ &= m_{Bn} + m_{AmV} + m_{SsV} + m_{BPn} + m_{EsV} + m_{AhV} \end{aligned} \tag{4.2}$$

$m_{Bn,AmV,SsV,BPn,EsV}$: Masse des von losem Pulver entfernten Bauteils mit Stützstruktur und Bauplatte

m_{AhV}: Masse der Anhaftungsverluste

$m_{Bn,AmV,SsV}$: Masse des von der Bauplatte getrennten Bauteils mit Stützstruktur

m_{BPn}: Masse der Bauplatte nach PBF-LB/M-Prozess

m_{EsV}: Masse der Einschlussverluste

$m_{Bn,AmV}$: Masse des von der Stützstruktur entfernten Bauteils

m_{SsV}: Masse der Stützstrukturverluste

m_{Bn}: Masse des nachbearbeiteten Bauteils (nach Entfernung des Aufmaßes)

m_{AmV}: Masse der Aufmaßverluste

$$m_{PfV} = m_{Pfn} - m_{Pfv} \tag{4.3}$$

m_{Pfn}: Masse des Prozessgasfilters nach dem PBF-LB/M-Prozess

m_{Pfv}: Masse des Prozessgasfilters vor dem PBF-LB/M-Prozess

4.2.2 Normalisierung

Um die Ressourcenbedarfe zwischen einzelnen Prozessschritten vergleichen zu können, ist deren Bezug auf eine einheitliche Basis erforderlich. Hierfür ist einerseits die Anzahl von in verschiedenen Prozessschritten gehandhabten oder verarbeiteten (Neben-)Produkten auf die Herstellung einer funktionellen Einheit (vgl. RBed 2) zu beziehen. So werden beispielsweise beim Prozessschritt *Wärmebehandlung* typischerweise mehrere Bauplatten mit den darauf befindlichen Bauteilen gleichzeitig wärmebehandelt. Im Gegensatz dazu erfolgt der Abtrennvorgang der Bauteile von der Bauplatte in der Regel jeweils pro Bauplatte sowie die Entfernung der Stützstrukturen sogar einzeln pro Bauteil.

Andererseits sind unterschiedlich oft durchgeführte Prozessschritte je Prozesskettendurchlauf auf die Herstellung einer funktionellen Einheit zu beziehen. So erfolgt beispielsweise pro Prozesskettendurchlauf ein PBF-LB/M-Prozess, die Wartung der PBF-LB/M-Maschine aber erst nach mehreren Prozesskettendurchläufen.

Durch Gl. (4.4) sind die je Prozessschritt erfassten Ressourcenbedarfe in Bezug zur funktionellen Einheit zu setzen. Diese sogenannte Normalisierung[20] berücksichtigt einerseits Prozessschritte, die mehrfach oder nur anteilig pro Herstellung einer funktionellen Einheit durchgeführt werden (Umrechnungsfaktor N_{Vp}). Andererseits berücksichtigt die Normalisierung Prozessschritte, bei denen die Anzahl von gehandhabten oder gefertigten (Neben-)Produkten und die Anzahl von für die Herstellung einer funktionellen Einheit notwendigen (Neben-)Produkten (Umrechnungsfaktor N_{Np}) abweichen.

$$RB_{pn} = RB_{pm} \frac{N_{Vp}}{N_{Np}} \tag{4.4}$$

RB_{pn}: normalisierter Ressourcenbedarf im Prozessschritt p

RB_{pm}: messtechnisch erfasster Ressourcenbedarf im Prozessschritt p

N_{Vp}: Verhältnis der Ressourcenbedarfe für die Durchführung des Prozessschrittes p im Vergleich zur Herstellung einer funktionellen Einheit

N_{Np}: Verhältnis der Anzahl an (Neben-)Produkten, die im Prozessschritt p im Vergleich zur Herstellung einer funktionellen Einheit gehandhabt oder gefertigt werden

Anhand des oben aufgeführten Beispiels der Wärmebehandlung wird deutlich, dass der normalisierte Ressourcenbedarf stark von den bei der Ist-Aufnahme zugrundeliegenden Produktionsbedingungen abhängt. Es ist beispielsweise naheliegend, dass der bauteilbezogene Energiebedarf bei einer gleichzeitigen Wärmebehandlung mehrerer Bauteile deutlich niedriger ausfällt. Daher wird empfohlen, den Ressourcenbedarf bei der Ist-Aufnahme unter den realen Produktionsbedingungen zu erfassen, um die betriebliche Praxis möglichst genau abzubilden.

Für Betriebsstoffe, die in verschiedenen Prozessschritten gehandhabt oder verarbeitet werden, können mehrere Umrechnungsfaktoren zur Normalisierung der Ressourcenbedarfe existieren. Beispielsweise ist nach jedem PBF-LB/M-Prozess eine Nachbearbeitung jeder Bauplatte durchzuführen. Im Gegensatz dazu kann die Bauplatte selbst mehrfach wiederverwendet werden. Zur Verdeutlichung gilt folgender Zusammenhang:

$$\left(\frac{N_{Vp}}{N_{Np}}\right)_{Bauplattennachbearbeitun} \neq \left(\frac{N_{Vp}}{N_{Np}}\right)_{Bauplattennutzung}$$

4.2.3 Monetarisierung

Die monetäre Bewertung der normalisierten Ressourcenbedarfe erlaubt deren Aggregation und dadurch deren gemeinsame Bewertung je Prozessschritt. Dadurch können Maßnahmen basierend auf den Kosten aller Ressourcenbedarfe je Prozessschritt abgeleitet werden. Darüber hinaus ermöglicht die Monetarisierung der $CO_{2äq}$-Materialemissionen eine Bewertung der Materialbedarfe sowohl unter ökonomischen als auch unter ökologischen Gesichtspunkten.

Für die monetäre Bewertung der Ressourcenbedarfe wird die Maschinenstundensatzkalkulation verwendet, die im Gegensatz zu der im Abschnitt 2.3 erläuterten klassischen KLR eine

[20] Die physikalische Einheit der messtechnisch erfassten Ressourcenbedarfe wird durch die Normalisierung nicht beeinflusst.

verursachungsgerechte Kostenverrechnung ermöglicht [WÖL16]. Die Maschinenstundensatzkalkulation wird nach WÖLTJE insbesondere bei personal- und maschinenintensiven Arbeitsvorgängen im Rahmen einer Einzelteil- oder Serienfertigung und nach WEBER bei stark schwankenden Prozesszeiten angewandt [WÖL11, WEB21]. Diese Anforderungen decken sich jeweils mit den Produktionsbedingungen beim PBF-LB/M.

Die Maschinenstundensatzkalkulation stellt eine Erweiterung der Zuschlagskalkulation der klassischen KLR dar. Dabei werden die Herstellkosten in *Material-* und *Fertigungskosten* sowie die *Materialkosten* in Materialeinzel- und -gemeinkosten untergliedert [WÖL16]. Die *Fertigungskosten* werden in *Fertigungslohnkosten*, *maschinenabhängige Fertigungsgemeinkosten*, *Restfertigungsgemeinkosten* und *Sondereinzelkosten der Fertigung* untergliedert [REI19]. Diese Aufschlüsselung der Maschinenstundensatzkalkulation ermöglicht eine direkte Allokation der Ressourcen *Material*, *Mensch* und *Maschine* zu den Unter-Kostenarten der Herstellkosten, siehe Abbildung 28.

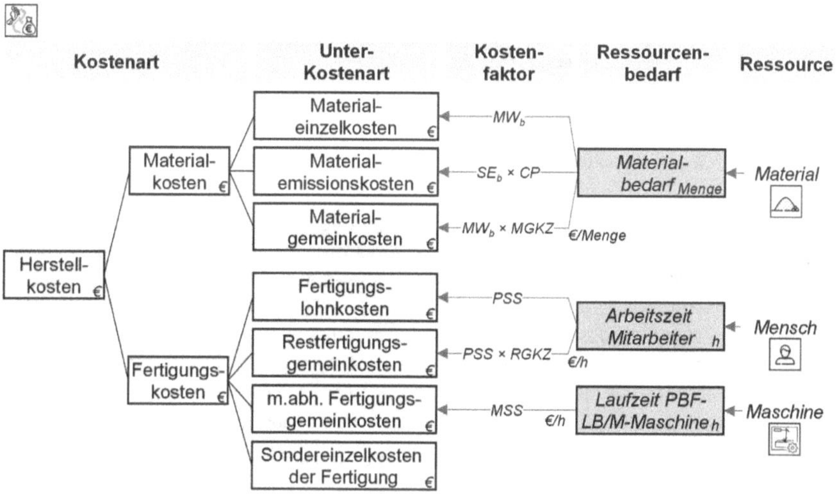

Legende:

MW_b:	Material-Wertansatz des Materials b
$SE_b \times CP$:	sekundärer Cradle-to-Gate-Emissionsfaktor des Materials b × $CO_{2äq}$-Preis
$MW_b \times MGKZ$:	Material-Wertansatz des Materials b × Materialgemeinkostenzuschlagssatz
PSS:	Personalstundensatz
PSS × RFGKZ:	Personalstundensatz × Restfertigungsgemeinkostenzuschlagssatz
m.abh.:	maschinenabhängig
MSS:	Maschinenstundensatz

Abbildung 28: Allokation der Ressourcen Material, Mensch und Maschine zu den Unter-Kostenarten der Herstellkosten; erweitert in Anlehnung an [WES06, WÖL11, HAN21]

Gemäß WEBER lassen sich Unter-Kostenarten allgemein anhand der Merkmale *Verrechenbarkeit* und *Veränderlichkeit* klassifizieren, wie in Abbildung 29 dargestellt [WEB21]. Gemäß dieser Klassifikation kann die Ressourceneffizienz nicht durch eine Reduzierung der *Sondereinzelkosten der Fertigung* sowie der *fixen Gemeinkosten* gesteigert werden, weshalb eine Allokation der Ressourcen *Material*, *Mensch* und *Maschine* ausschließlich zu den *Einzelkosten* und *variablen Gemeinkosten* erfolgt. Diese im Hinblick auf die Zielsetzung der vorliegenden Arbeit durchgeführte Allokation hat zur Folge, dass die bei der Anwendung der Methodik zugrundeliegende Kosten- und Leistungsrechnung nicht für die Entscheidung des Verkaufspreises herangezogen werden darf. Dies ist darauf zurückzuführen, dass außerhalb des Produktionssystems auftretende Kosten sowie die von der Anzahl an zu fertigenden Bauteilen unabhängigen Kosten nicht auf die gefertigten Bauteile als Kostenträger verrechnet werden.

		Verrechenbarkeit auf mittels PBF-LB/M gefertigte Bauteile: ja	**Verrechenbarkeit** auf mittels PBF-LB/M gefertigte Bauteile: nein
Veränderlichkeit durch die Anzahl an zu fertigenden Bauteilen	ja	Einzelkosten	variable Gemeinkosten
	nein	Sondereinzelkosten der Fertigung	fixe Gemeinkosten

Legende: ▩ Steigerung der Ressourceneffizienz durch Reduzierung des Ressourcenbedarfs möglich

□ Keine Steigerung der Ressourceneffizienz durch Reduzierung des Ressourcenbedarfs möglich

Abbildung 29: Klassifizierung von Unter-Kostenarten hinsichtlich der Merkmale Verrechenbarkeit und Veränderlichkeit; nach WEBER [WEB21]

Nach NICKENIG sind möglichst alle Kosten den Kostenträgern direkt zu verrechnen [NIC18]. In der Praxis werden jedoch aus Vereinfachungsgründen einige Einzelkosten nicht als solche erfasst (z. B. Stromkosten einer Maschine) und daher als unechte Gemeinkosten über Zuschlagsfaktoren auf die Einzelkosten verrechnet [NIC18]. Da im Untermodul *Ist-Aufnahme* eine Erfassung aller Ressourcenbedarfe erfolgt, können die unechten Gemeinkosten als Einzelkosten verrechnet werden, wodurch eine verursachungsgerechte Kostenbewertung erfolgt.

Im Nachfolgenden werden die in Abbildung 28 aufgeführten Unter-Kostenarten der Herstellkosten vorgestellt und das jeweils zugrundeliegende Berechnungsschema erläutert.

Allokation der Ressource *Material*

Die Ressource *Material* wird monetär durch die *Materialkosten* bewertet. Die *Materialkosten* setzen sich in der klassischen KLR aus den Unter-Kostenarten *Materialeinzelkosten* und *Materialgemeinkosten* zusammen. Um die internalisierten Kosten des $CO_{2äq}$-Fußabdrucks der eingesetzten Materialien zu berücksichtigen, werden die *Materialkosten* in der vorliegenden Arbeit zusätzlich um die *Materialemissionskosten* ergänzt, siehe Gl. (4.5) [HAN21].

$$MK_{b,p} = MEiK_{b,p} + MEmK_{b,p} + MGK_{b,p} \tag{4.5}$$

$MK_{b,p}$: Materialkosten des Materials b im Prozessschritt p

$MEiK_{b,p}$: Materialeinzelkosten des Materials b im Prozessschritt p, siehe Gl. (4.6)

$MEmK_{b,p}$: Materialemissionskosten des Materials b im Prozessschritt p, siehe Gl. (4.7)

$MGK_{b,p}$: Materialgemeinkosten des Materials b im Prozessschritt p, siehe Gl. (4.8)

- *Materialeinzelkosten*

Unter den *Materialeinzelkosten*[21] werden die Kosten für die eingekauften Roh- und Betriebsstoffe subsummiert, die direkt den gefertigten Bauteilen zugeordnet werden können. Gemäß Abschnitt 1.3 werden hierbei die Kosten für Energie inkludiert. Die *Materialeinzelkosten* eines Materials werden über das Produkt der eingesetzten Materialmenge (z. B. Stückzahl, Masse oder Volumen) und dem gewählten Material-Wertansatz (z. B. Einstandspreis oder Wiederbeschaffungspreis; siehe RBed 5) berechnet, siehe Gl. (4.6). Hierbei sind jeweils die in der betrieblichen Praxis angewandte Bestellmenge und Preisstruktur zu berücksichtigen. Skaleneffekte sind auszuschließen, da durch das vorangegangene Untermodul *Normalisierung* die Bestellmenge und deren Kosten bereits anteilig auf den pro Prozessschritt benötigten Materialbedarf umgelegt werden.

$$MEiK_{b,p} = MB_{nb,p} \times MW_b \tag{4.6}$$

$MB_{nb,p}$: normalisierter Materialbedarf des Materials b im Prozessschritt p, siehe Gl. (4.4)

MW_b: Material-Wertansatz des Materials b, siehe RBed 5

- *Materialemissionskosten*

Anhand der *Materialemissionskosten* werden die $CO_{2äq}$-Fußabdrücke der entlang der PBF-LB/M-Prozesskette eingesetzten Roh- und Betriebsstoffe bepreist. Die *Materialemissionskosten* werden je Prozessschritt über das Produkt des anwenderspezifisch festgelegten $Co_{2äq}$-Preises (siehe RBed 6) und des $CO_{2äq}$-Fußabdrucks der im jeweiligen Prozessschritt benötigten Menge an Material berechnet, siehe Gl. (4.7). Um den $CO_{2äq}$-Fußabdruck eines Materials zu ermitteln, werden in der Fachliteratur verschiedene Berechnungsmethoden vorgestellt, die sich in ihrer Genauigkeit und dem Aufwand für die Umsetzung teils erheblich unterscheiden [BAY22c]. Im Rahmen der vorliegenden Methodik wird die Berechnung des $CO_{2äq}$-Fußabdrucks einer benötigten Menge an Material anhand der Berechnungsmethode *Average-Data* empfohlen. Nach dem *Technical Guidance for Calculating Scope 3 Emissions* wird diese Berechnungsmethode insbesondere bei eingekauften Materialien angewandt, insoweit Daten über die Höhe des Materialbedarfs vorliegen, aber die Lieferanten keine Emissionsdaten in ausreichender Qualität zur Verfügung stellen [WOR13].

Mittels der Berechnungsmethode *Average-Data* wird der $CO_{2äq}$-Fußabdruck einer benötigten Menge an Material abgeschätzt, indem der Materialbedarf mit dem sogenannten *sekundären Cradle-to-Gate-Emissionsfaktor* multipliziert wird [WOR13, BAY22c]. Bei dem *sekundären Cradle-to-Gate-Emissionsfaktor* handelt es sich um eine Kennzahl zur Beschreibung der $CO_{2äq}$-Emissionen, die in Bezug zu einer spezifischen Menge an Material von der Rohstoffgewinnung (Cradle) bis zum Transport zum Werkstor (Gate) anfallen [BAY22c]. Im Gegensatz zum *primären Cradle-to-Gate-Emissionsfaktor*, der meist auf Messdaten beruht, basiert der *sekundäre Cradle-to-Gate-Emissionsfaktor* auf branchenüblichen Durchschnittswerten aus

[21] Die *Materialeinzelkosten* der eingekauften Roh- und Betriebsstoffe basieren bei produktionsstufenübergreifender Aufschlüsselung auf einer komplexen Kostenstruktur. Dies liegt daran, dass die Gesamtkosten einer Produktionsstufe (*Material-* und *Fertigungskosten*) typischerweise als *Materialeinzelkosten* in die Kalkulation der nächsten Produktionsstufe eingehen [WÖL16]. Diese Aufschlüsselung vorangegangener Produktionsstufen wird im Rahmen der vorliegenden Arbeit nicht berücksichtigt.

der einschlägigen Fachliteratur oder Datenbanken [WOR13]. Dadurch zeichnet sich die Berechnungsmethode *Average-Data* durch eine vergleichsweise aufwandsarme Berechnung des $CO_{2äq}$-Fußabdrucks bei gleichzeitig vorhandenen Unsicherheiten hinsichtlich der Datenqualität aus [BAY22c].

$$MEmK_{b,p} = CF_{b,p} \times CP = MB_{nb,p} \times SE_b \times CP \tag{4.7}$$

$CF_{b,p}$: $CO_{2äq}$-Fußabdruck des Bedarfs des Materials b im Prozessschritt p

CP: anwenderspezifisch festgelegter $CO_{2äq}$-Preis (siehe RBed 6)

SE_b: sekundärer Cradle-to-Gate-Emissionsfaktor des Materials b

- *Materialgemeinkosten*

Die *Materialgemeinkosten* stellen den Kostenanteil dar, der im Zusammenhang mit dem Materialbedarf entsteht, aber nicht direkt auf die mittels PBF-LB/M gefertigten Bauteile als Kostenträger verrechnet werden kann. Gemäß der Klassifikation der Unter-Kostenarten in Abbildung 29 sind unter den *Materialgemeinkosten* nur die von der gefertigten Anzahl an Bauteilen abhängigen (variablen) Gemeinkosten zu berücksichtigen. Bei den variablen *Materialgemeinkosten* handelt es sich beispielsweise um mengenabhängige Kosten für den Bezug, der Lagerung und der Eingangsprüfung der Materialien [REI19].

Die *Materialgemeinkosten* werden typischerweise über den Betriebsabrechnungsbogen erfasst und mithilfe eines materialunabhängigen Materialgemeinkostenzuschlagssatzes[22] auf die Kostenträger umgelegt [JÓR23]. Dies erfolgt als prozentualer Zuschlag auf die *Materialeinzelkosten*, siehe Gl (4.8). Die Berechnung des Materialgemeinkostenzuschlagssatzes erfolgt als Quotient aus den *Materialgemeinkosten* und den *Materialeinzelkosten einer Abrechnungsperiode*, siehe Gl (4.9) [JÓR23].

$$MGK_{b,p} = MEiK_{b,p} \times MGKZ \tag{4.8}$$

$MGKZ$: Materialgemeinkostenzuschlagssatz, siehe Gl. (4.9)

$$MGKZ = \frac{MGK_{AP}}{MEiK_{AP}} \tag{4.9}$$

MGK_{AP}: Materialgemeinkosten einer Abrechnungsperiode

$MEiK_{AP}$: Materialeinzelkosten einer Abrechnungsperiode

Allokation der Ressource *Mensch*

Die Ressource *Mensch* wird monetär durch die entlang der PBF-LB/M-Prozesskette anfallenden *Fertigungslohnkosten* und *Restfertigungsgemeinkosten* bewertet.

22 Obwohl sich die Höhe der Materialgemeinkostenzuschläge durch eine Verringerung des Materialbedarfs ändern kann, werden diese im Rahmen der vorliegenden Arbeit als konstant angenommen.

- *Fertigungslohnkosten*

Bei den *Fertigungslohnkosten* handelt es sich um Einzelkosten für die menschliche Arbeit, die direkt mit der Fertigung der Bauteile in Verbindung steht [REI19]. Die *Fertigungslohnkosten* werden anhand der Arbeitszeit und des Personalstundensatzes der jeweils tätigen Mitarbeiter berechnet, siehe RBed 5 und Gl. (4.10). Der Personalstundensatz wird typischerweise jährlich von Unternehmen für verschiedene Mitarbeitergruppen ermittelt. Für dessen Berechnung wird auf die Fachliteratur verwiesen [WÖL11, REI23].

$$FLK_p = \sum_a PSS_{a,p} \times AZ_{a,p} \tag{4.10}$$

FLK_p: Fertigungslohnkosten im Prozessschritt p

$PSS_{a,p}$: Personalstundensatz des Mitarbeiters a im Prozessschritt p, siehe RBed 5

$AZ_{a,p}$: Arbeitszeit des Mitarbeiters a im Prozessschritt p

- *Restfertigungsgemeinkosten*

Die *Restfertigungsgemeinkosten* – häufig als maschinenunabhängige Fertigungsgemeinkosten bezeichnet – stellen alle Kosten dar, die nicht unmittelbar durch die Nutzung einer Maschine beeinflusst werden [NIC18]. Analog zu den *Materialgemeinkosten* sind bei den *Restfertigungsgemeinkosten* gemäß der Klassifikation der Unter-Kostenarten in Abbildung 29 nur die von der gefertigten Anzahl an Bauteilen abhängigen Gemeinkosten zu berücksichtigen. Bei den *Restfertigungsgemeinkosten* handelt es sich beispielsweise um Kosten zur Ausstattung der Produktionsstätten [WÖL16]. Die *Restfestigungsgemeinkosten* werden als prozentualer Zuschlag auf die Fertigungslohnkosten umgelegt, siehe Gl. (4.11) [WÖL16]. Der zugehörige Restfertigungsgemeinkostenzuschlagssatz wird analog zum Materialgemeinkostenzuschlagssatz berechnet, vgl. Gl. (4.9).

$$RFGK_p = FLK_p \times RFGKZ \tag{4.11}$$

$RFGKZ$ Restfertigungsgemeinkostenzuschlagssatz

Allokation der Ressource *Maschine*

Die Ressource *Maschine* wird monetär durch die *maschinenabhängigen Fertigungsgemeinkosten* bewertet. Dabei handelt es sich um Kosten, die im Zusammenhang mit dem Betrieb einer Maschine anfallen. Bei den *maschinenabhängigen Fertigungsgemeinkosten* handelt es sich insbesondere um Abschreibungen auf Maschinen oder Kosten für deren Wartung. Dabei sind gemäß WÖLTJE nur die Kostenpositionen zu berücksichtigen, die von der Anzahl der zu fertigenden Bauteile abhängen [WÖL16]. Die *maschinenabhängigen Fertigungsgemeinkosten* werden auf Basis der Maschinenlaufzeit und des Maschinenstundensatzes[23] berechnet, siehe Gl. (4.12) [REI19]. Der Maschinenstundensatz stellt das Verhältnis der maschinenabhängigen Fertigungsgemeinkosten und der Laufzeit einer Maschine in einer Abrechnungsperiode dar, siehe Gl. (4.13) [WÖL16]. Für weitere Informationen zur Berechnung des Maschinenstundensatzes wird auf die einschlägige Fachliteratur verwiesen [WÖL16, HER14, WEB21].

[23] Beim Maschinenstundensatz sind die Kosten der für den Betrieb der Maschine erforderlichen Betriebsstoffe (Ressource *Mensch*) und Mitarbeiter (Ressource *Material*) nicht zu berücksichtigen.

$$MFGK_p = \sum_k MSS_k \times LZ_{k,p} \tag{4.12}$$

$MFGK_p$: maschinenabhängige Fertigungsgemeinkosten im Prozessschritt p

MSS_k: Maschinenstundensatz der Maschine k, siehe RBed 5 und Gl. (4.13)

$LZ_{k,p}$: Laufzeit der Maschine k im Prozessschritt p

$$MSS_k = \frac{MFGK_{k,AP}}{LZ_{k,AP}} \tag{4.13}$$

$MFGK_{k,AP}$: maschinenabhängige Fertigungsgemeinkosten der Maschine k einer Abrechnungsperiode

$LZ_{k,AP}$: gesamte Laufzeit der Maschine k in einer Abrechnungsperiode

Die *Sondereinzelkosten der Fertigung* umfassen beispielsweise Kosten für Softwarelizenzen, Fertigungsmodelle oder Werkzeuge [JÓR23]. Diese Kosten fallen laut JÓRASZ UND BALTZER nicht bei jedem Kostenträger an [JÓR23]. Laut WEBER sind die *Sondereinzelkosten der Fertigung* unabhängig von der Anzahl der zu fertigende Bauteile und können folglich durch eine Reduzierung der Ressourcenbedarfe nicht gesenkt werden, weshalb diese im Rahmen der Allokation der Ressourcen nicht berücksichtigt werden [WEB21].

Die Kostenstruktur beim PBF-LB/M wird von verschiedenen Faktoren, wie zum Beispiel den Investitionskosten und der Produktivität der PBF-LB/M-Maschine, dem verwendeten Metallpulverwerkstoff und den Prozessschritten, beeinflusst (siehe Abschnitt 2.1 und 2.2). Bezogen auf die im Rahmen der vorliegenden Arbeit betrachtete Allokation von Ressourcen bilden die Kosten für die Ressource *Maschine* mit 45 % bis 74 % bei Anwendern des PBF-LB/M typischerweise den größten Kostentreiber, basierend auf der Verwendung von Stahl als Metallpulverwerkstoff [KAM18, RAO22, LIN12, ERI17, MAN22, ABA22].

4.2.4 Aggregation

Das Ziel des Untermoduls *Aggregation* besteht darin, den Aufwand zur Definition von Hotspots zu reduzieren (vgl. AF 9). Hierfür sind durch den Anwender der Methodik Prozessschritte zu sogenannten Hauptprozessen zu aggregieren. Hierbei werden die Ressourcenbedarfe mehrerer Prozessschritte addiert und einem übergeordneten Hauptprozess zugeordnet. Es wird empfohlen, die Anzahl der Hauptprozesse bei der ersten Anwendung der Methodik auf maximal zehn zu begrenzen. Hierbei führt eine geringere Anzahl an Hauptprozessen zu einer aufwandsärmeren Hotspot-Definition und Maßnahmenableitung. Diese Aggregation ist zulässig, wenn Detailinformationen zu einzelnen Prozessschritten bei den nachfolgenden Modulen nicht benötigt werden.

Die Auswahl der zu aggregierenden Prozessschritte kann einerseits auf Basis der chronologischen Abfolge der Prozessschritte erfolgen. So ist es beispielsweise ratsam, die Prozessschritte von der *Bauteilentpackung* über die *Bauteilentnahme* bis zur *Pulverentfernung vom Bauteil* zu aggregieren. Andererseits kann die Auswahl der zu aggregierenden Prozessschritte auf Basis einer thematischen Zugehörigkeit erfolgen. Als Beispiel hierfür ist die Aggregation aller Reinigungsarbeiten innerhalb des Produktionssystems aufzuführen. Insgesamt sind bei der Auswahl der zu aggregierenden Prozessschritte diejenigen zu bevorzugen, bei denen ein verhältnismäßig geringer Ressourcenbedarf vorliegt.

Zusätzlich zur Aggregation von Prozessschritten zu Hauptprozessen sind im Rahmen dieses Untermoduls die verschiedenen Unter-Kostenarten der Maschinenstundensatzkalkulation zu den Kosten der Ressourcen *Material*, *Mensch* und *Maschine* zu aggregieren, vgl. Abbildung 28 sowie Gl. (4.14), (4.15) und (4.16). Die Summe der Kosten der Ressourcen *Material*, *Mensch* und *Maschine* stellen die Gesamtkosten zur Herstellung einer funktionellen Einheit[24] innerhalb des Produktionssystems dar, vgl. Gl. (4.17).

$$KR_{Mat,p} = \sum_{b} MK_{b,p} \tag{4.14}$$

$KR_{Mat,p}$: Kosten für die Ressource *Material* im Prozessschritt p

$MK_{b,p}$: Materialkosten des Materials b im Prozessschritt p, siehe Gl. (4.5)

$$KR_{Men,p} = FLK_p + RFGK_p \tag{4.15}$$

$KR_{Men,p}$: Kosten für die Ressource *Mensch* im Prozessschritt p

FLK_p: Fertigungslohnkosten im Prozessschritt p, siehe Gl. (4.10)

$RFGK_p$: Restfertigungsgemeinkosten im Prozessschritt p, siehe Gl. (4.11)

$$KR_{Mas,p} = MFGK_p \tag{4.16}$$

$KR_{Mas,p}$: Kosten für die Ressource *Maschine* im Prozessschritt p

$MFGK_p$: maschinenabhängige Fertigungsgemeinkosten im Prozessschritt p, siehe Gl. (4.12)

$$GK_{fE} = \sum_{p} \left(KR_{Mat,p} + KR_{Men,p} + KR_{Mas,p} \right) \tag{4.17}$$

GK_{fE}: Gesamtkosten zur Herstellung einer funktionellen Einheit

4.2.5 Hotspot-Definition

Die Ableitung und Auswahl von Maßnahmen zur Steigerung der Ressourceneffizienz (vgl. Modul 3) erfolgt ausschließlich für ausgewählte Ressourcen je Hauptprozess (*RjH*), die im Rahmen dieses Untermoduls als Hotspots definiert werden. Eine *RjH* wird als Hotspot eingestuft, wenn sie sowohl einen hohen Anteil an den Gesamtkosten zur Herstellung einer funktionellen Einheit verursacht als auch im Vergleich zu Referenzdaten eine niedrige Ressourceneffizienz aufweist. Daher erfolgt die Hotspot-Definition in zwei Stufen. In der ersten Stufe, der kostenbasierten Kategorisierung der *RjH*, wird das maximale Einsparpotenzial bewertet, welches

[24] Bei den im Rahmen der vorliegenden Arbeit betrachteten Gesamtkosten zur Herstellung einer funktionellen Einheit sind nur die Unter-Kostenarten berücksichtigt, für die eine Allokation der Ressourcen *Material*, *Mensch* und *Maschine* durchgeführt wurde.

durch Ressourceneffizienz-Maßnahmen im besten Fall erreicht werden kann. In der zweiten Stufe, der effizienzbasierten Klassifizierung der *RjH*, wird mittels einer Benchmark-Analyse das Effizienzpotenzial zur Ableitung und Umsetzung von Maßnahmen abgeschätzt.

1. Kostenbasierte Kategorisierung der Ressourcen je Hauptprozess in Anlehnung an die ABC-Analyse

Für die kostenbasierte Kategorisierung der *RjH* werden diese in Anlehnung an die ABC-Analyse priorisiert. Bei der ABC-Analyse handelt es sich um eine Methode zur Kategorisierung von Elementen nach ihrer Wertigkeit. Die Kategorisierung basiert dabei auf dem Pareto-Prinzip, welches besagt, dass etwa 20 % der Elemente für etwa 80 % des Gesamtwertes verantwortlich sind [WIE19]. In der ABC-Analyse werden die Elemente mit absteigendem Wert den Kategorien A, B und C zugeordnet [WIE19]. In Anlehnung dazu werden im Rahmen des Untermoduls *Hotspot-Definition* die *RjH* in die Kostenkategorien V bis I eingeteilt, wobei die *RjH* der Kostenkategorie V die anteilig größten Kosten verursachen. Für die Einteilung der *RjH* wird wie folgt vorgegangen:

- Bestimmung des relativen Anteils je *RjH* an den Gesamtkosten zur Herstellung einer funktionellen Einheit, vgl. Gl. (4.17)
- Sortierung der *RjH* anhand ihres relativen Anteils an den Gesamtkosten zur Herstellung einer funktionellen Einheit in absteigender Reihenfolge
- Zuordnung der *RjH* in absteigender Reihenfolge zur Kostenkategorie x (V bis II) bis die Summe der relativen Anteile der zugeordneten *RjH* den Schwellwert $SW_{x,y}$ ($SW_{V,IV}$ bis $SW_{II,I}$) überschritten hat
- Zuordnung der restlichen *RjH* zur Kostenkategorie I

Bei der praktischen Erprobung der Methodik haben sich die in Tabelle 6 angegebenen Schwellwerte aus Aufwand-Nutzen-Sicht als sinnvoll erwiesen. Es wird empfohlen, bei der erstmaligen Anwendung der Methodik auf diese Schwellwerte zurückzugreifen. Mit zunehmender Erfahrung bei der Anwendung der Methodik können die Schwellwerte angepasst, typischerweise gesenkt werden, um weitere *RjH* einer höher priorisierten Kostenkategorie zuzuordnen.

Tabelle 6: Schwellwerte zur Zuordnung der RjH zu den Kostenkategorien V bis I auf Basis deren relativen Anteils an den Gesamtkosten zur Herstellung einer funktionellen Einheit

Kostenkategorie	Schwellwert ($\boldsymbol{SW}$)
V	
	$SW_{V,IV} = 30\ \%$
IV	
	$SW_{IV,III} = 55\ \%$
III	
	$SW_{III,II} = 75\ \%$
II	
	$SW_{II,I} = 90\ \%$
I	

2. Effizienzbasierte Klassifizierung der Ressourcen je Hauptprozess in Anlehnung an die Energieverbrauchskennzeichnung

Die effizienzbasierte Klassifizierung der *RjH* erfolgt in Anlehnung an die Energieverbrauchskennzeichnung der Europäischen Union [EUR17]. Diese Kennzeichnung wird angewandt, um den Energiebedarf einer technischen Anlage im Vergleich zu einem Referenzenergiebedarf zu bewerten. Dazu wird je Anlage der Energieeffizienzindex ermittelt, der das *„Verhältnis zwischen dem gewichteten Energieverbrauch und dem Energieverbrauch des Standardzyklus"* darstellt [EUR19]. Anhand des Abgleichs des Energieeffizienzindexes mit Schwellwerten wird die Anlage den Energieeffizienzklassen A bis G zugeordnet [EUR19]. Im Rahmen dieses Untermoduls wird das zugrundeliegende Vorgehen der Energieverbrauchskennzeichnung übernommen und die *RjH* in Anlehnung an HU ET AL. in die Effizienzklassen A bis E eingruppiert, wobei die *RjH* der Effizienzklasse E die geringste Effizienz aufweist [HU23].

Die Basis für die effizienzbasierte Klassifizierung der *RjH* bildet eine Benchmark-Analyse, die für alle Ressourcenbedarfe einer *RjH* durchgeführt wird. Bei einer Benchmark-Analyse handelt es sich um ein Instrument der Wettbewerbsanalyse, um Prozesse, Produkte oder Dienstleistungen miteinander zu vergleichen und Verbesserungspotenziale aufzudecken [KNA23]. Im Rahmen dieses Untermoduls wird die Benchmark-Analyse eingesetzt, um die Höhe der Ressourcenbedarfe einer *RjH* mit Referenzdaten anderer PBF-LB/M-Prozessketten zu vergleichen. Die Referenzdaten können sowohl aus der Literatur entnommen, von kooperierenden Unternehmen erfragt oder anhand von anderen, unternehmensintern vorhandenen PBF-LB/M-Prozessketten ermittelt werden. Außerdem können die Referenzdaten von bereits durchgeführten Durchläufen der Methodik (vgl. Abschnitt 4.4.2) stammen. Durch die Anwendung der Benchmark-Analyse im Untermodul *Hotspot-Definition* sollen insbesondere ineffiziente Prozesse und veraltete Technologien identifiziert werden. Aufgrund des Aufwands für die Durchführung einer Benchmark-Analyse wird diese nur für die Ressourcenbedarfe der *RjH* durchgeführt, die einer Kostenkategorie von V bis II zugeordnet werden.

Für einige Ressourcenbedarfe sind, wie in Kapitel 2 dargestellt, keine oder nur wenige Referenzdaten in der Literatur vorhanden. Aufgrund der begrenzten Verfügbarkeit von Referenzdaten erfolgt die effizienzbasierte Klassifizierung in Abhängigkeit der Anzahl an verfügbaren Referenzdatensätzen, siehe Tabelle 7. Stehen keine Referenzdatensätze zur Verfügung, erfolgt eine Zuordnung eines Ressourcenbedarfs in die Effizienzklasse E. Dies führt dazu, dass die *RjH* eines solchen Ressourcenbedarfs im Rahmen des ersten Durchlaufs einer Methodik (vgl. Abschnitt 4.4.2) vermehrt als Hotspot definiert wird. Bei einem weiteren Durchlauf der Methodik wird die *RjH* unter Berücksichtigung des nun existierenden Referenzdatensatzes erneut einer Effizienzklasse zugeordnet.

Sind ein oder mehrere Referenzdatensätze vorhanden, werden die Schwellwerte zur Einteilung der Effizienzklassen A bis E auf Basis des arithmetischen Mittelwerts sowie des Maximal- und Minimalwerts der Ressourcenbedarfe der analysierten Referenzdatensätze ermittelt. Die in den Formeln zur Berechnung der Schwellwerte aufgeführten Faktoren können analog zu den in Tabelle 6 aufgeführten Schwellwerten der kostenbasierten Kategorisierung individuell angepasst werden. Im Rahmen der praktischen Erprobung der Methodik (vgl. Kapitel 5) haben sich diese Schwellwerte als praktikabel erwiesen.

Tabelle 7: Schwellwerte zur Zuordnung der RjH zu den Effizienzklassen A bis E mittels Benchmark-Analysen der zugehörigen Ressourcenbedarfe; Zuordnung in Abhängigkeit der Anzahl an verfügbaren Referenzdatensätzen n_{Be}

Effizienz-klasse	Schwellwert (SW)		
	$n_{Be} = 0$	$n_{Be} = 1$	$n_{Be} \geq 2$
A			
	N/A	$SW_{A,B} = 0{,}7 \times RB_{Be}$	$SW_{A,B} = RB_{Be,min}$
B			
	N/A	$SW_{B,C} = 0{,}9 \times RB_{Be}$	$SW_{B,C} = RB_{Be,\varnothing} - \frac{1}{3} \times (RB_{Be,\varnothing} - RB_{Be,min})$
C			
	N/A	$SW_{C,D} = 1{,}1 \times RB_{Be}$	$SW_{C,D} = RB_{Be,\varnothing} + \frac{1}{3} \times (RB_{Be,max} - RB_{Be,n,\varnothing})$
D			
	N/A	$SW_{D,E} = 1{,}3 \times RB_{Be}$	$SW_{D,E} = RB_{Be,max}$
E			

n_{Be}: Anzahl an verfügbaren Referenzdatensätzen der Benchmark-Analyse je Ressourcenbedarf

$SW_{x,y}$: Schwellwert zwischen Effizienzklasse x und y,
wobei $x, y = A, B$ oder B, C oder C, D oder D, E

RB_{Be}: Ressourcenbedarf des Referenzdatensatzes

$RB_{BE,min}$: Niedrigster Ressourcenbedarf der Referenzdatensätze

$RB_{Be,\varnothing}$: Arithmetischer Mittelwert der Ressourcenbedarfe der Referenzdatensätze

$RB_{Be,max}$: Höchster Ressourcenbedarf der Referenzdatensätze

Wenn eine *RjH* ausschließlich auf einem Ressourcenbedarf basiert, entspricht die effizienzbasierte Klassifizierung dieses Ressourcenbedarfs direkt der effizienzbasierten Klassifizierung der *RjH*. Bei einer *RjH*, die sich aus mehreren Ressourcenbedarfen zusammensetzt, erfolgt die effizienzbasierte Klassifizierung der *RjH* auf Basis des gewichteten arithmetischen Mittelwertes der effizienzbasierten Klassifizierung aller zugehörigen Ressourcenbedarfe je Effizienzklasse, siehe Gl. (4.18). Dazu werden die im Rahmen von Benchmark-Analysen ermittelten Effizienzklassen der Ressourcenbedarfe von A bis E durch die Gewichtungsfaktoren *1* bis *5* gewichtet.

$$EK_{RjH} \approx 1 \times KA_A + 2 \times KA_B + 3 \times KA_C + 4 \times KA_D + 5 \times KA_E \qquad (4.18)$$

EK_{RjH}: Numerischer Wert der Effizienzklasse der *RjH*

KA_x: Gewichtungsfaktor; Kostenanteil aller Ressourcenbedarfe der *RjH* mit der Effizienzklasse x, wobei $x = A, B, C, D$ oder E

Definition von Ressourcen je Hauptprozess als Hotspot auf Basis von Kostenkategorie und Effizienzklasse

Die Definition einer *RjH* als Hotspot erfolgt in Abhängigkeit von deren Zuordnung zur Kostenkategorie (I bis V) und zur Effizienzklasse (A bis E), siehe Abbildung 30. Beispielsweise wird eine *RjH* der Kostenkategorie IV als Hotspot definiert, wenn sie einer Effizienzklasse von C oder niedriger zugeordnet wird. Im Allgemeinen gilt, dass ein Hotspot mit niedrigerer Effizienzklasse (in Richtung Effizienzklasse E) und geringerer Kostenkategorie (in Richtung Kostenkategorie V) ein größeres Potenzial zur Steigerung der Ressourceneffizienz aufweist.

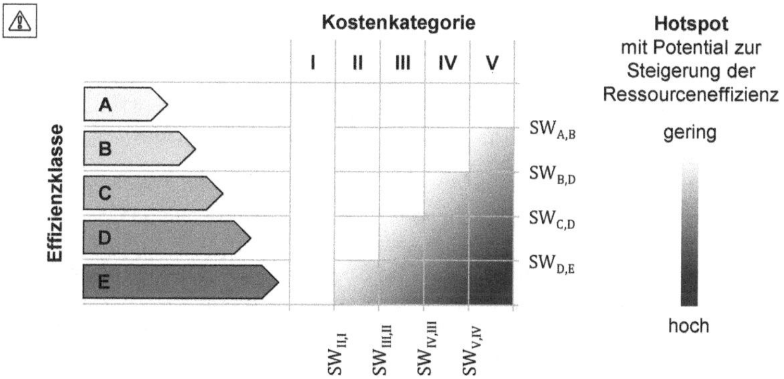

Abbildung 30: Definition einer RjH als Hotspot in Abhängigkeit deren Zuordnung zur Kostenkategorie V bis I und zur Effizienzklasse A bis E

Die Anzahl der zu definierenden Hotspots wird durch die gewählten Rahmenbedingungen sowie der Höhe der Schwellwerte der kostenbasierten Kategorisierung und der effizienzbasierten Klassifizierung beeinflusst. Bei der erstmaligen Anwendung der Methodik wird empfohlen, drei bis sechs Hotspots zu definieren. Basierend auf der praktischen Erprobung hat sich gezeigt, dass diese Anzahl an Hotspots eine signifikante Steigerung der Ressourceneffizienz ermöglicht, während gleichzeitig die Komplexität bei der Anwendung der Methodik beherrschbar bleibt.

4.3 Modul 3: Maßnahmenableitung und -umsetzung

Das Modul 3 *Maßnahmenableitung und -umsetzung* zielt darauf ab, Maßnahmen zur Steigerung der Ressourceneffizienz abzuleiten, auszuwählen und umzusetzen. Laut VDI-Richtlinie 4803 können zur Steigerung der Ressourceneffizienz sowohl allgemeine Problemlösungsmethoden als auch speziell mit dem Ziel zur Steigerung der Ressourceneffizienz entwickelte Ansätze (vgl. Abbildung 18) eingesetzt werden [VDI24b]. Wie in Abschnitt 2.3 dargelegt, wird keiner der speziell im Hinblick auf die Bilanzierung und Steigerung der Ressourceneffizienz existierenden Ansätze dem Ziel und den Schwerpunkten der vorliegenden Arbeit gerecht. Daher werden die Untermodule von Modul 3 an den allgemeinen Problemlösungsprozess, der gemäß VDI-Richtlinie 4803 in den fünf Phasen a) bis e) durchlaufen wird, angelehnt [VDI24b]:

a) Ableitung und Eingrenzung der Problemstellung

   Im ersten Untermodul *Hotspot-Management* wird der gesamte Problemlösungsprozess je Hotspot durch die Anwendung der A3-Methode systematisiert und dokumentiert.

b) Ermittlung der Ursachen der Problemstellung

Im zweiten Untermodul *Analyse der Ursachen* werden die je Hotspot zugrundeliegenden Ursachen für den Ressourcenbedarf ermittelt.

c) Ermittlung und Ausarbeitung von Lösungsansätzen zur Behebung der Problemstellung

Im dritten Untermodul *Ableitung potenzieller Maßnahmen* werden ursachenorientiert Maßnahmen zur Reduzierung der Ressourcenbedarfe je Hotspot abgeleitet und diese hinsichtlich deren erwarteten Wirksamkeit und des Aufwands für deren Realisierung bewertet.

d) Planung und Realisierung von Maßnahmen zur Behebung der Problemstellung

Im vierten Untermodul *Auswahl von Maßnahmen* werden je Hotspot Maßnahmen unter Berücksichtigung von Bewertungs- und Ausschlusskriterien ausgewählt.

e) Kontrolle der Wirksamkeit von Maßnahmen zur Behebung der Problemstellung

Im fünften Untermodul *Umsetzung von Maßnahmen* werden Verantwortlichkeiten und ein Zeitplan für die Entwicklung und Anwendung der ausgewählten Maßnahmen definiert, bevor deren Wirksamkeit lokal kontrolliert wird. HOFMANN unterscheidet eine **lokale** und eine **globale** Kontrolle der Wirksamkeit von Maßnahmen. Die lokale Kontrolle – die Bewertung der Wirkung aller Maßnahmen eines Hauptprozesses auf die dortigen Ressourcenbedarfe – erfolgt am Ende der Entwicklung und erstmaligen Anwendung von Maßnahmen in Modul 3. Die gesamtheitliche Wirkung der umgesetzten Maßnahmen aller Hotspots wird in Modul 4 global kontrolliert.

4.3.1 Hotspot-Management

Die A3-Methode stellt laut VDI-Richtlinie 2870 Blatt 2 ein bewährtes Instrument zur strukturierten und effizienten Entwicklung von Problemlösungen dar [VDI13]. Im Maschinenbausektor zählt die A3-Methode zu den wichtigsten fünf Optimierungsmethoden, wird aber dennoch nur von 30 % der Unternehmen eingesetzt [PÖT22]. Bei dieser Methode werden alle Schritte zur Lösung einer komplexen Problemstellung auf einem DIN-A3-Blatt, dem sogenannten A3-Report, durchgeführt und kompakt dokumentiert [VDI13]. Durch die komprimierte Form wird der Ersteller des A3-Reports dazu motiviert, nur die relevantesten Informationen aufzuführen und diese möglichst grafisch darzustellen [VDI13]. Die Anwendung des A3-Reports für die Ableitung, Auswahl und Umsetzung von Maßnahmen je Hotspot ermöglicht es, bereits erstellte A3-Reporte ähnlicher Hotspots heranzuziehen und in der Folge auf bewährte Maßnahmen zurückzugreifen. Innerhalb eines A3-Reports werden häufig weitere Methoden aufgegriffen, weshalb dieser je nach Anwendungsbereich variieren kann [DOM15].

Der Aufbau des A3-Reports für eine Anwendung in Modul 3 ist in Abbildung 31 dargestellt. Die Abschnitte eins bis drei werden im Rahmen dieses Untermoduls beschrieben. Auf die Abschnitte vier bis sechs des A3-Reports wird in den nachfolgenden Untermodulen eingegangen.

<u>Hintergrund</u>

In diesem Abschnitt werden die Hintergründe des jeweiligen Hotspots beschrieben, indem die Bedeutung der Ressource im jeweiligen Hauptprozess in Bezug zum Produktionssystem thematisiert wird. Dabei sind die Rahmenbedingungen der zugrundeliegenden Prozessschritte und Ressourcenbedarfe zu dokumentieren. Weiterhin sind die mit dem Hotspot einhergehenden Auswirkungen sowohl auf das definierte anwenderspezifische Ziel, das mit der Methodik erreicht werden soll, als auch auf potenziell weitere Unternehmensfaktoren darzustellen.

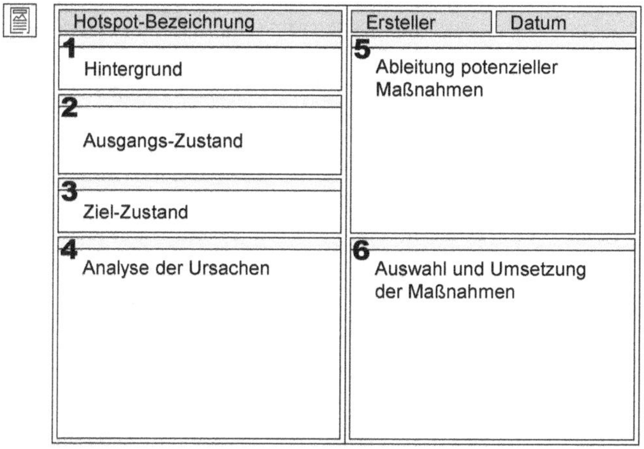

Abbildung 31: Beispielhafter Aufbau des A3-Reports zur strukturierten Ableitung und Auswahl von Maßnahmen je Hotspot; eigene Darstellung in Anlehnung an [DOM15]

Ausgangs-Zustand

Der Ausgangs-Zustand des Hotspots im Sinne des spezifischen Ressourcenbedarfs ist prägnant, leicht verständlich und möglichst quantitativ zu beschreiben, wobei die Ergebnisse aus Modul 2 einzubeziehen sind. Dabei ist die Bedeutung der einzelnen Ressourcenbedarfe des Hotspots nachvollziehbar darzustellen. Durch die Beschreibung des Ausgangs-Zustands werden die Identifizierung von Ursachen des Hotspots erleichtert sowie mögliche Hindernisse für die Ableitung von Maßnahmen aufgezeigt.

Ziel-Zustand

In diesem Abschnitt wird der angestrebte Ziel-Zustand des Hotspots im Sinne des spezifischen Ressourcenbedarfs definiert. Hierbei sind die in Abschnitt 4.1 dargestellten SMART-Kriterien zu berücksichtigen. Die Definition des Ziel-Zustandes ermöglicht es, bei der Analyse der Ursachen und der Ableitung von Maßnahmen einen Fokus auf die Senkung einzelner Ressourcenbedarfe der zugehörigen R_jH zu legen.

4.3.2 Analyse der Ursachen

Die zielgerichtete Ableitung von Maßnahmen für einen Hotspot erfordert die Identifikation und das Verständnis für die Ursachen der zugrundeliegenden Ressourcenbedarfe. Dies stellt die Voraussetzung dar, um Maßnahmen zur Steigerung der Ressourceneffizienz im jeweiligen Hotspot ursachenorientiert ableiten zu können.

Die VDI-Richtlinien 4803 und 2870 Blatt 2 führen diverse Methoden auf, die sich für die Analyse von Ursachen eignen, darunter beispielsweise die 5W-Methode (vgl. Abschnitt 2.3) oder 8D-Methode [VDI13, VDI24b]. Im Rahmen der praktischen Erprobung der Methodik hat sich jedoch gezeigt, dass das Ursache-Wirkungsdiagramm, auch bekannt als Ishikawa- oder Fischgräten-Diagramm, besonders dafür geeignet ist, die Ursachen von im Rahmen der vorliegenden Methodik auftretenden Hotspots zu analysieren. Laut VDI-Richtlinie 2870 Blatt 2 handelt es sich beim Ursache-Wirkungsdiagramm um eine *„[s]ystematische Beschreibung [von Ursache-Wirkungs-Beziehungen] durch grafische Zuordnung [von Hotspot] (Fischkopf) und möglicher einzelner Ursachen bzw. Einflussgrößen mit Darstellung der Abhängigkeiten zwischen den Ursachen (Fischgräten)"* [VDI13]. Bei der Anwendung von Ursache-Wirkungsdiagrammen zur Analyse der Ursachen von Ressourcenbedarfen wird empfohlen, die Ursachen in folgenden Ursachenklassen abzuleiten [HEL21]:

- Material
- Mensch
- Maschine
- Methode
- Mitwelt
- Monetäre Größen

Durch die ersten drei Ursachenklassen werden die im Rahmen der Arbeit betrachteten Ressourcen aufgegriffen. Die Ursachenklasse *Methode* umfasst den Arbeitsablauf sowie die Art und das Vorgehen des Einsatzes eines Ressourcenbedarfs im zugrundeliegenden Hauptprozess. Die Ursachenklasse *Mitwelt* bezieht sich auf Umweltfaktoren, die einen Einfluss auf den Ressourcenbedarf innerhalb des Hauptprozesses besitzen können und nicht direkt kontrollierbar sind. Die Ursachenklasse *Monetäre Größen* umfasst alle finanziellen Aspekte, die die Kosten der Ressourcenbedarfe beeinflussen.

Laut VDI-Richtlinie 2870 Blatt 2 erfolgt die Sammlung potenzieller Ursachen von Problemstellungen meist durch spontane und wertfreie Nennung [VDI13]. Ergänzend hierzu können weitere Methoden, wie z. B. Expertenbefragungen, die Brainstorming-Methode oder die 5W-Methode, herangezogen werden. Anschließend werden die Ursachen kausal in die Ursachenklassen eingruppiert, vgl. Abbildung 32 [VDI13]. Das erstellte Ursache-Wirkungsdiagramm wird in den A3-Report in Abschnitt 4 integriert.

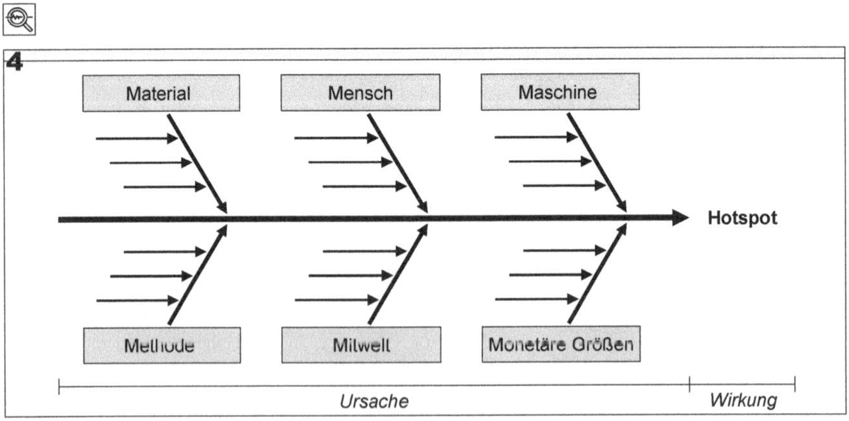

Abbildung 32: Schema eines Ursache-Wirkungsdiagramm zur Analyse der Ursachen je Hotspot; eigene Darstellung in Anlehnung an [BER18]

4.3.3 Ableitung potenzieller Maßnahmen

Für die Generierung von Lösungsansätzen können gemäß VDI-Richtlinie 4803 sowohl intuitive als auch diskursive Methoden herangezogen werden [VDI24b]. Intuitive Methoden fördern die Kreativität und ermöglichen die Findung unkonventioneller Ideen, indem bestehende Denkmuster durchbrochen werden. Diskursive Methoden ermöglichen bei der Suche nach Lösungsansätzen eine strukturierte und analytische Vorgehensweise. Unabhängig von der Art der verwendeten Methoden können vorhandene Lösungsansätze zudem aus Maßnahmenkatalogen entnommen werden. [VDI24b]

Im Rahmen dieses Untermoduls wird für die Generierung potenzieller Maßnahmen auf eine diskursive Methode zurückgegriffen, da einerseits aufgrund der je Hotspot bereits durchgeführten Benchmark-Analyse Erfahrungen zu alternativen Umsetzungsmöglichkeiten von Prozessschritten bestehen. Andererseits erleichtert die strukturierte Vorgehensweise von diskursiven Methoden die simultane Berücksichtigung mehrerer Zielgrößen, wie die Ressourceneffizienz, Arbeitssicherheit und Bauteilqualität [GLÜ22].

Die Ableitung von Maßnahmen erfolgt in diesem Untermodul in Anlehnung am Schritt *Maßnahmenanalyse* der diskursiven Methode *Fehler-Möglichkeits- und Einfluss-Analyse* (*FMEA*). Bei der *FMEA* handelt es sich um eine im Bereich der Produkt-, Prozess- und Dienstleistungserstellung eingesetzte Methode der Risikoanalyse [PFE21]. Die Anwendung der *FMEA* bei Fertigungsprozessen, die sogenannte *Prozess-FMEA*, gilt laut VDI-Richtlinie 4803 als eine *„klassische Qualitätsmethode zur Bewertung des Risikos von Fehlern in [...] Prozessen [mit dem Ziel einer] Reduktion von [...] Fehlern, Ausschuss und Nacharbeit in der Produktion"* [VDI24b]. Nach der *Automotive Industry Action Group* (*AIAG*) und dem *Verband der deutschen Automobilindustrie* (*VDA*) erfolgt die *FMEA* in sieben Schritten, die von *der Planung und Vorbereitung* der *FMEA* über die *Maßnahmenanalyse* bis hin zur *Dokumentation der Ergebnisse* reichen [AUT19]. Durch die Adaptierung der Schritte der *Prozess-FMEA* auf die vorliegende Arbeit können ursachenorientiert Maßnahmen abgeleitet und dabei die in Abschnitt 3.1 definierten Anforderungen an die Methodik adressiert werden:

- Die Sicherstellung der Bauteilqualität und Arbeitssicherheit kann bei der Ableitung von Maßnahmen über Ausschlusskriterien gewährleistet werden (vgl. AF 4).
- Bei der *FMEA* handelt es sich um eine etablierte und häufig eingesetzte Methode, wodurch die Akzeptanz der gesamten Methodik erhöht sowie eine praxisorientierte Ableitung und Umsetzung von Maßnahmen begünstigt wird (vgl. AF 6) [WÄL17].
- Die Struktur der *FMEA* erlaubt eine Anpassung an verschiedene Anwendungsbereiche, wodurch sie beispielsweise als *Prozess-FMEA*, *Konstruktions-FMEA*, *Produkt-FMEA* oder *Software-FMEA* eingesetzt wird [HEL21]. Diese Adaptierbarkeit begünstigt die Adaptierbarkeit der *FMEA* auf die Rahmenbedingungen des Anwenders (vgl. AF 8).
- Die *FMEA* gilt als zeitaufwendig, da diese typischerweise bei komplexen und umfangreichen Problemstellungen eingesetzt wird [WER11]. Im Rahmen der Methodik wird die Anwendung der *FMEA* auf den Schritt *Maßnahmenanalyse* beschränkt, wodurch der Aufwand der Methode deutlich reduziert wird. Die Anwendung und Adaptierung des Schrittes *Maßnahmenanalyse* ermöglicht eine aufwandsarme Ableitung und Auswahl von Maßnahmen (vgl. AF 9).

Im Schritt Maßnahmenanalyse der Prozess-FMEA wird das Risiko eines nicht entdeckten Fehlers anhand der drei Bewertungskriterien *Bedeutung der Fehlerfolgen* (*B*), *Auftretenswahrscheinlichkeit der Fehlerursachen* (*A*) und *Entdeckungswahrscheinlichkeit der Fehlerursachen* (*E*) beurteilt [PFE21]. Durch die Multiplikation der drei Bewertungskriterien, die jeweils mit einer Bewertungszahl von *1* bis *10* quantifiziert werden, wird die *Risikoprioritätszahl RPZ*, vgl. Gl. (4.19), ermittelt. Die RPZ spielt eine zentrale Rolle bei der Entscheidung über die Einleitung von Maßnahmen.

$$\underset{(1\ldots1000)}{RPZ} = \underset{(1\ldots10)}{B} \times \underset{(1\ldots10)}{A} \times \underset{(1\ldots10)}{E} \tag{4.19}$$

RPZ:	Risikoprioritätszahl
B:	Bedeutung der Fehlerfolgen
A:	Auftretenswahrscheinlichkeit der Fehlerursachen
E:	Entdeckungswahrscheinlichkeit der Fehlerursachen

Das Vorgehen des Schrittes *Maßnahmenanalyse* der Prozess-FMEA wird auf die Ableitung und Auswahl potenzieller Maßnahmen zur Steigerung der Ressourceneffizienz übertragen. Dieses Vorgehen wird als *Maßnahmen-Relevanz und Aufwands-Analyse* (*MRAA*) bezeichnet. Hierbei wird die Priorität von Maßnahmen durch die *Maßnahmenprioritätszahl MPZ* gemäß Gl. (4.20) beurteilt. Analog zur *RPZ* wird die *MPZ* aus der Multiplikation von drei Bewertungskriterien mit je einer Bewertungszahl von *1* bis *10* berechnet. Dabei handelt es sich um die Bewertungskriterien *Bedeutung der Ursache* (*U*), *Effektivität der Maßnahme* (*E*) und *Realisierbarkeit der Maßnahme* (*R*)[25]. Zusätzlich werden bei der Berechnung der *MPZ* die drei Ausschlusskriterien *Maßnahmeneinschränkung* (*AM*), *mindestens gleichbleibende Bauteilqualität* (*AQ*) und *mindestens gleichbleibende Arbeitssicherheit* (*AS*) als Faktoren ergänzt. Diese werden jeweils in Form eines booleschen Operators mit einer Bewertungszahl von ausschließlich *0* (*Ausschlusskriterium nicht erfüllt*) oder *1* (*Ausschlusskriterium erfüllt*) beschrieben.

$$\underset{(0\ldots1000)}{MPZ} = \underset{(1\ldots10)}{U} \times \underset{(0\text{ oder }1)}{AM} \times \underset{(0\text{ oder }1)}{AQ} \times \underset{(0\text{ oder }1)}{AS} \times \underset{(1\ldots10)}{E} \times \underset{(1\ldots10)}{R} \tag{4.20}$$

MPZ:	Maßnahmenprioritätszahl
U:	Bedeutung der Ursache
AM:	Ausschlusskriterium Maßnahmeneinschränkung
AQ:	Ausschlusskriterium mindestens gleichbleibende Bauteilqualität
AS:	Ausschlusskriterium mindestens gleichbleibende Arbeitssicherheit
E:	Effektivität der Maßnahme
R:	Realisierbarkeit der Maßnahme

Nachfolgend werden die Kriterien der MPZ erläutert. Die im Anhang A1 aufgeführte Tabelle 18 gibt eine Hilfestellung für die Einteilung der Bewertungszahlen je Kriterium.

U: Das Bewertungskriterium *Bedeutung der Ursache* beschreibt, wie relevant eine Ursache für die Entstehung des Ressourcenbedarfs im jeweiligen Hotspot ist. Bei der Bewertung ist sowohl die Wirkung als auch die Wahrscheinlichkeit des Zutreffens

[25] Die einzelnen Bewertungskriterien der *MPZ* orientieren sich nur bedingt an den Bewertungskriterien der *RPZ*. So wird beispielsweise durch das Bewertungskriterium *B* der *RPZ die* Bedeutung der Fehlerfolgen eines gesamten Produkts (bei Produkt-FMEA) bewertet. Im Gegensatz dazu stellt das Bewertungskriterium *U* die Bedeutung einer Ursache auf den betrachteten Hotspot und nicht auf das gesamte Produktionssystem dar.

der Ursache zu berücksichtigen. Umso höher die Bewertungszahl ist, desto bedeutender ist der Einfluss dieser Ursache auf den Hotspot.

AM: Durch das Ausschlusskriterium *Maßnahmeneinschränkung* werden Maßnahmen, die den vom Anwender der Methodik definierten Einschränkungen (vgl. RBed 4) unterliegen, in Form eines booleschen Operators ausgeschlossen.

AQ: Laut VDI-Richtlinie 4803 sind bei der Anwendung von Maßnahmen zur Steigerung der Ressourceneffizienz stets Qualitätsaspekte zu berücksichtigen [VDI24b]. Deshalb wird durch das Ausschlusskriterium *mindestens gleichbleibende Bauteilqualität* in Form eines booleschen Operators abgefragt, ob die Bauteilqualität (z. B. Oberflächenrauigkeit, Form- und Maßhaltigkeit, mechanische Eigenschaften) durch die Anwendung der Maßnahme beeinträchtigt werden kann.

AS: Um die Ressourceneffizienz nicht auf Basis einer Herabsetzung von Arbeitssicherheitsstandards zu steigern, wird durch das Ausschlusskriterium *mindestens gleichbleibende Arbeitssicherheit* eine mögliche Erhöhung der Mitarbeitergefährdung durch die Anwendung der Maßnahme in Form eines booleschen Operators vermieden. Bei der Handhabung von Metallpulvern mit einer Gesundheitsgefahr (vgl. Abschnitt 2.1.4) erfolgt eine Herabsetzung der Arbeitssicherheit durch die Erhöhung der in einem Prozessschritt gehandhabten Masse an Metallpulver, der Dauer der Handhabung des Metallpulvers oder der Reduzierung der Schutzvorkehrungen gegenüber einer Exposition durch das Metallpulver [MAH21, VDI24a], vgl. Abschnitt 2.2.4. Für die Beurteilung, ob eine Maßnahme eine Steigerung der Mitarbeitergefährdung bewirkt, können die in [MAH21, VDI24a] aufgeführten Kennwerte herangezogen sowie Fachkräfte für Arbeitssicherheit konsultiert werden.

E: Das Bewertungskriterium *Effektivität der Maßnahme* beschreibt, wie geeignet eine Maßnahme zur Entkräftung einer Ursache ist. Hierbei wird empfohlen, neben der Wirksamkeit einer Maßnahme auch die Wahrscheinlichkeit des Eintretens des Erfolgs einer Maßnahme zu berücksichtigen. Umso höher die Bewertungszahl ist, desto bedeutender ist die Effektivität der Maßnahme zur Entkräftung der Ursache.

R: Das Bewertungskriterium *Realisierbarkeit der Maßnahme* beschreibt, inwieweit eine Maßnahme aus Zeit- und Kostensicht entwickelt werden kann. Bei Bedarf können weitere Aspekte, wie vorhandene Engpässe in der Produktions- oder Personalkapazität, die Einhaltung rechtlicher Rahmenbedingungen oder die Qualifikation der Mitarbeiter, bei der Bewertung der Realisierbarkeit einer Maßnahme einbezogen werden. Umso höher die Bewertungszahl ist, desto geringer wird der Zeit- und Kostenaufwand zur Entwicklung der Maßnahme bewertet.

Für die Ermittlung der *MPZ* sind die im vorangegangenem Untermodul analysierten Ursachen durch den Anwender in ein Formblatt, wie in Abbildung 33 dargestellt, zu übertragen. Für jede Ursache ist anschließend deren Bedeutung im Hinblick auf den zugehörigen Hotspot durch das Bewertungskriterium *U* zu beurteilen, bevor für jede Ursache potenzielle Maßnahmen abgeleitet werden. Die Kriterien der *MPZ* dienen bei der Ableitung potenzieller Maßnahmen als Hilfestellung zur Generierung und Bewertung von Lösungsansätzen. Folglich sind die Maßnahmen nach deren Eintrag ins Formblatt hinsichtlich der Kriterien *AM*, *AQ*, *AS*, *W* und *R* zu beurteilen sowie die *MPZ* nach Gl. (4.20) zu berechnen.

Wie bereits in Abschnitt 1.3 erläutert, können die Maßnahmen zur Steigerung der Ressourceneffizienz hinsichtlich mehrerer Wirkungsansätze unterschieden werden. Je nach Wirkungsansatz einer Maßnahme kann deren Anwendung die kostenbasierte Kategorisierung und effizienzbasierte Klassifizierung des zugehörigen Hotspots wie folgt beeinflussen:

- Reduzierung der Bedarfsmenge einer Ressource
  - ⇨ Steigerung / Verbesserung der Effizienzklasse (in Richtung Effizienzklasse A)
  - ⇨ Steigerung / Verbesserung der Kostenkategorie (in Richtung Kostenkategorie I)
- Erhöhung des Bedarfsturnus einer Ressource
  - ⇨ Steigerung / Verbesserung der Effizienzklasse (in Richtung Effizienzklasse A)
  - ⇨ Steigerung / Verbesserung der Kostenkategorie (in Richtung Kostenkategorie I)
- Reduzierung der ökonomischen und/oder ökologischen Auswirkungen einer Ressource
  - ⇨ Steigerung / Verbesserung der Effizienzklasse (in Richtung Effizienzklasse A)

5

Ursache	*U*	**Potenzielle Maßnahme**	*AM*	*AQ*	*AS*	*E*	*R*	***MPZ***
U1	3	M1-1	1	1	1	6	9	**168**
		M2-1	1	1	1	7	4	**196**
U2	7	M2-2	1	1	1	9	7	**441**
		M2-3	1	0	1			**0**
U3	5	M3-1	1	1	1	5	8	**200**

Abbildung 33: Formblatt zur Berechnung der Maßnahmenprioritätszahl MPZ je Maßnahme

Mit steigender Bedeutung einer Ursache (Bewertungszahl *U*) wird die Ableitung einer größeren Anzahl potenzieller Maßnahmen für diese Ursache empfohlen. Bei der *FMEA* erfolgt die Ableitung von Maßnahmen primär auf Basis einer vorausgegangenen Analyse der Ursachen [PFE21, WER11]. Erfahrungen hierbei zeigen, dass bereits auf der Grundlage einer detaillierten Analyse der Ursachen eine große Anzahl an potenziellen Maßnahmen abgeleitet werden kann. Dies trifft aufgrund der Erfahrungen im Rahmen der je Hotspot bereits durchgeführten Benchmark-Analyse insbesondere auch auf die Ableitung potenzieller Maßnahmen zur Steigerung der Ressourceneffizienz zu. Zur weiteren Identifizierung von potenziellen Maßnahmen können unterstützend diverse Kreativitätstechniken, wie z. B. die Brainstorming-, 635- oder Delphi-Methode, eingesetzt werden. Außerdem können weitere Maßnahmen der einschlägigen Fachliteratur, wie z. B. den VDI-Richtlinien 4800 Blatt 1 und 4801, oder dem in Tabelle 19 im Anhang A2 aufgeführte Maßnahmenkatalog entnommen werden. Der schematische Aufbau des Maßnahmenkatalogs ist in Abbildung 34 visualisiert. Der Maßnahmenkatalog umfasst Maßnahmen für typische Ressourcenbedarfe beim PBF-LB/M, für die jeweils potenzielle Ursachen aufgeführt sind. Beim Ressourcenbedarf Metallpulver werden unter anderem die in Abschnitt 4.2.1 aufgeführten Arten von Pulververlusten unterschieden. Die im Rahmen der praktischen Erprobung abgeleiteten potenziellen Maßnahmen werden analog zur Methode *MRAA* im Maßnahmenkatalog den potenziellen Ursachen zugeordnet. Um die Auswahl geeigneter Maßnahmen zu vereinfachen und damit die Anwendbarkeit der Methodik zu erhöhen, werden die Maßnahmen im Maßnahmenkatalog zusätzlich hinsichtlich des zugrundeliegenden

Wirkungsansatzes sowie der beiden nachfolgend erläuterten Kriterien *Übertragbarkeit* und *Interferenzfreiheit* charakterisiert:

- *Übertragbarkeit*:
  Anwendbarkeit der Maßnahmen, unabhängig von Produktionslos und Produktionsstätte
- *Interferenzfreiheit*:
  Abwesenheit von Wechselwirkungen zwischen verschiedenen Prozessschritten oder Hauptprozessen, die zu einer Senkung der Ressourceneffizienz führen können

Ressourcen-bedarf	lfd. Nr.	Ursache	lfd. Nr.	Potenzielle Maßnahme	Wirkungs-ansatz	Übertrag-barkeit	Interferenz-freiheit
Metallpulver	M1	...	M1-1	...	BM	◑	●
			M1-2	...	BM	◕	◕
			M1-3	...	BT	◔	○
	M2	...	M3-1	...	WA	◕	◔
			M3-2	...	WA	◑	◕

Legende:

○ nicht erfüllt ◔ kaum erfüllt ◑ teilweise erfüllt ◕ weitestgehend erfüllt ● vollständig erfüllt

BM: Reduzierung der Bedarfsmenge einer Ressource

BT: Erhöhung des Bedarfsturnus einer Ressource

WA: Reduzierung der ökonomischen und/oder ökologischen Auswirkungen einer Ressource

Abbildung 34: Schematischer Aufbau des Maßnahmenkatalogs zur Steigerung der Ressourceneffizienz in Tabelle 19 im Anhang A2

4.3.4 Auswahl von Maßnahmen

HOFMANN betont die Notwendigkeit, Verbesserungsmaßnahmen stets im Team auszuwählen, um zum einen von vielfältigem Expertenwissen und verschiedenen Perspektiven zu profitieren und zum anderen die Akzeptanz der Mitarbeiter durch deren aktive Einbindung zu erhöhen [HOF20]. Eine effiziente Auswahl der je Hotspot umzusetzenden Maßnahmen erfordert eine sorgfältige Vorbereitung des Auswahlprozesses. Dafür sind nur die potenziellen Maßnahmen zu berücksichtigen, die eine *MPZ* von mindestens *50* aufweisen. Für diese Maßnahmen sind in Vorbereitung des Auswahlprozesses jeweils ein Grobkonzept zur Beschreibung der Maßnahmen sowie der jeweils für die Entwicklung der Maßnahmen notwendigen Schritte zu erstellen.

Beim Auswahlprozess sind, sofern möglich, neben den Entscheidungsträgern alle Mitarbeiter einzubeziehen, die einerseits für die Entwicklung der Maßnahmen zuständig und verantwortlich sowie andererseits durch die Anwendung der Maßnahmen in ihrem täglichen Arbeitsablauf betroffen sind. Diese Einbeziehung der Mitarbeiter ist laut WEBER insbesondere bei der Planung der Entwicklung von Maßnahmen erforderlich, um das Bewusstsein für die notwendige Steigerung der Ressourceneffizienz zu fördern [WEB19].

Bei der Diskussion im Rahmen des Auswahlprozesses der umzusetzenden Maßnahmen sollte der Fokus darauf liegen, etwaige Hemmnisse, die bei der Anwendung der Maßnahmen auftreten können, zu identifizieren. Als Hilfestellung für die Auswahl der je Hotspot umzusetzenden Maßnahmen dient das in Abbildung 52 im Anhang A1 dargestellte Ablaufdiagramm. Zunächst wird die Maßnahme mit der höchsten MPZ identifiziert und ausgewählt sowie in dem in Abbildung 35 dargestellten Formblatt dokumentiert. Dieses Formblatt ist im Abschnitt 6 des A3-Reports eingebettet. Anschließend werden alle Maßnahmen, die die gleiche Ursache adressieren, für eine weitere Auswahl im Rahmen des Durchlaufs der Methodik zurückgestellt. Dadurch wird vermieden, dass Maßnahmen mit redundanter Wirkung umgesetzt werden. Daraufhin wird von den verbleibenden Maßnahmen erneut diejenige mit der höchsten MPZ ausgewählt. Vor deren Übertragung in das Formblatt wird überprüft, ob diese und die bereits im Formblatt dokumentierten Maßnahmen sich hinsichtlich ihrer Umsetzbarkeit oder Wirkung gegenseitig beeinträchtigen können.

6

Maßnahme	Termin	Verantwortung/ Sponsor	Datum des Entwicklungsfortschritts					Bemerkung
			20%	40%	60%	80%	100%	
M2-2		N.N. / N.N.						
M3-1	TT.MM. JJJJ	N.N. / N.N.						
M5-3		N.N. / N.N.						

Abbildung 35: Formblatt zur Maßnahmenauswahl und -umsetzung

Die beschriebenen Schritte zur Auswahl, Prüfung und Übertragung von Maßnahmen in das Formblatt können mehrfach durchlaufen werden, bis die gewünschte Anzahl an Maßnahmen je Hotspot vorliegt oder keine weiteren potenziellen Maßnahmen mehr wählbar sind. Laut LANDMANN UND SCHAT führt die Umsetzung einer einzelnen Maßnahme in der Regel nicht zu dem angestrebten Erfolg [LAN19]. Ebenso hebt STREICH hervor, dass insbesondere auch vermeintlich wirkungsarme, aber schnell umzusetzende Maßnahmen zu berücksichtigen sind, da durch diese ein Lerneffekt bei allen Beteiligten entsteht und so die grundsätzliche Akzeptanz gegenüber Maßnahmen erhöht wird [STR16]. Es wird empfohlen, bei der erstmaligen Anwendung der Methodik nicht mehr als drei Maßnahmen je Hotspot auszuwählen, um die damit einhergehende Komplexität zu begrenzen.

Alternativ oder ergänzend zum beschriebenen Auswahlprozess von Maßnahmen können die Bewertungsmethoden Eisenhower-Matrix, Aufwand-Nutzen-Matrix oder Nutzwertanalyse herangezogen werden [HOF20, KÜH21]. Bei der Eisenhower-Matrix werden die Maßnahmen anhand der Kriterien Wichtigkeit und Dringlichkeit bewertet. Die Aufwand-Nutzen-Matrix bewertet Maßnahmen anhand der Kriterien Aufwand, z. B. Kosten für die Entwicklung einer Maßnahme, und Nutzen, z. B. Kosteneinsparung durch die damit einhergehende Steigerung der Ressourceneffizienz. Die Nutzwertanalyse ermöglicht es, Maßnahmen anhand gewichteter Kriterien zu priorisieren.

Es wird empfohlen, die nicht ausgewählten Maßnahmen in einem Themenspeicher zu sammeln, da diese bei anderen Hotspots oder bei einem erneuten Durchlauf der Methodik (vgl. Modul 4) relevant sein können. Hierfür bietet sich eine Ergänzung des in Tabelle 19 im Anhang A2 aufgeführten Maßnahmenkatalogs an.

4.3.5 Umsetzung von Maßnahmen

Eine sorgfältige Planung und Organisation der Entwicklung und Anwendung von Maßnahmen ist notwendig, um die hierfür erforderliche Unterstützung und Akzeptanz auf Mitarbeiter- und auf Führungsebene sicherzustellen. Für die Entwicklung jeder ausgewählten Maßnahme ist ein Verantwortlicher durch den Anwender der Methodik zu benennen. HOFMANN empfiehlt außerdem, dass für jede Maßnahme eine Führungskraft als sogenannter Sponsor beauftragt wird. Dadurch soll die Unterstützung auf Führungsebene sichergestellt sowie die Kommunikation über die Entscheidung der ausgewählten Maßnahmen erleichtert werden [HOF20].

Für die Entwicklung komplexer oder zeitaufwendiger Maßnahmen empfiehlt WEBER die Bildung eines Projektteams [WEB19]. Hierbei sind die Mitarbeiter, die regelmäßig im zugrunde liegenden Hauptprozess des Hotspots tätig sind, aktiv einzubeziehen. Nach BÖRKIRCHER kann die Involvierung externer Berater zielführend sein, wobei zu beachten ist, dass die Entwicklungsverantwortung stets beim Verantwortlichen des Unternehmens liegt [BÖR19].

Bei der Ableitung und Umsetzung von Maßnahmen ist zu beachten, dass die je Hauptprozess umzusetzenden Maßnahmen unerwünschte Wechselwirkungen besitzen können. Daher wird empfohlen, für alle Maßnahmen eines Hauptprozesses einen gemeinsamen Termin festzulegen, an dem diese erstmalig gemeinsam angewandt und lokal kontrolliert werden [HOF20]. Die gleichzeitige lokale Kontrolle aller Maßnahmen eines Hauptprozesses soll die Identifikation von unvorhergesehen Wechselwirkungen ermöglichen und sicherstellen, dass keine Beeinträchtigung der Ausschlusskriterien *mindestens gleichbleibende Bauteilqualität* und *mindestens gleichbleibende Arbeitssicherheit* auftritt. Zur Überwachung des Entwicklungsfortschritts von Maßnahmen und zur Einhaltung des gemeinsamen Termins der erstmaligen Anwendung der Maßnahme ist der Entwicklungsfortschritts jeder Maßnahme regelmäßig zu dokumentieren und in dem in Abbildung 35 dargestellten Formblatt einzutragen.

Für die lokale Kontrolle von Maßnahmen ist es erforderlich, die Ressourcenbedarfe eines Hauptprozesses gemäß Modul 2 erneut messtechnisch zu erfassen. Wenn sich infolge der Anwendung von Maßnahmen der Bezug der Ressourcenbedarfe auf die funktionelle Einheit, die Höhe oder die Kostenfunktion der Wertansätze ändern (vgl. Wirkungsansätze Abschnitt 1.3), sind die erfassten Ressourcenbedarfe zusätzlich zu normalisieren, zu monetarisieren und zu aggregieren. Im Anschluss erfolgt der Vergleich des ermittelten aktualisierten Ist-Zustands mit dem Ausgangs-Zustand sowie mit dem angestrebten Ziel-Zustand. Bei größeren Abweichungen von angestrebtem Ziel-Zustand und aktualisiertem Ist-Zustand sind die zugrundeliegenden Ursachen zu identifizieren, beispielsweise durch die erneute Anwendung des Ursache-Wirkungsdiagramms (vgl. Abschnitt 4.3.2). Die bei der Ursachenanalyse gewonnenen Erkenntnisse können dazu genutzt werden, Anpassungen der Maßnahmen abzuleiten, um die Ressourceneffizienz in dem zugrundeliegenden Hauptprozess weiter zu steigern. Zusätzlich ist im Rahmen der lokalen Kontrolle zu überprüfen, ob die festgelegten Ausschlusskriterien eingehalten wurden. Sollten beispielsweise die Bauteilqualität oder die Arbeitssicherheit aufgrund der umgesetzten Maßnahmen beeinträchtigt werden, muss die dafür verantwortliche Maßnahme identifiziert und anschließend rückgängig oder modifiziert werden.

Nach der lokalen Kontrolle der Maßnahmen sind diese fest im neuen Arbeitsablauf zu etablieren [HOF20]. Notwendige Anpassungen von Maßnahmen, die im Rahmen der lokalen Kontrolle identifiziert wurden, sind gemäß *REFA-Institut* zeitnah anzuwenden, damit sich die Motivation und Akzeptanz der Mitarbeiter im Hinblick auf die neuen Maßnahmen nicht wieder verringert [REF16]. Abschließend sind die angewandten Maßnahmen zu dokumentieren und die vorläufigen Ergebnisse des lokalen Vergleichs zwischen Ausgangs- und Ziel-Zustand je Hotspot an alle an der Auswahl sowie der Umsetzung der Maßnahmen beteiligten Personen zu kommunizieren [HOF20].

4.4 Modul 4: Zielkontrolle und Verstetigung

Das Modul 4 *Zielkontrolle und Verstetigung* gliedert sich in die beiden gleichnamigen Untermodule. Im Untermodul *Zielkontrolle* erfolgt im Nachgang der lokalen Wirksamkeitskontrolle der Maßnahmen je Hauptprozess die globale Wirksamkeitskontrolle aller umgesetzten Maßnahmen innerhalb des Produktionssystems. Weiterhin wird die durch die Maßnahmen erreichte Ressourceneffizienzsteigerung mit dem in Modul 1 definierten anwenderspezifischen Ziel abgeglichen. Das zweite Untermodul *Verstetigung* zielt darauf ab, die Methodik zur Steigerung der Ressourceneffizienz beim PBF-LB/M unter Sicherstellung von Bauteilqualität und Arbeitssicherheit in Form eines kontinuierlichen Verbesserungsprozesses zu etablieren.

4.4.1 Zielkontrolle

Die im Rahmen des Untermoduls *Zielkontrolle* stattfindende globale Kontrolle der Wirksamkeit aller umgesetzten Maßnahmen ist, gemäß den Empfehlungen von BRENNER, einige Wochen nach der Anwendung der letzten Maßnahme durchzuführen [BRE18]. Durch diesen zeitlichen Abstand soll sichergestellt werden, dass die umgesetzten Maßnahmen in den realen Arbeitsabläufen etabliert wurden [BRE18].

Das Untermodul *Zielkontrolle* basiert auf dem in Abschnitt 4.1 definierten anwenderspezifischen Ziel, das durch die Anwendung der Methodik erreicht werden soll. Als Voraussetzung zur Bewertung, ob das anwenderspezifische Ziel durch die in Modul 3 umgesetzten Maßnahmen global erreicht wurde, ist eine erneute Erfassung aller Ressourcenbedarfe entlang der aktualisierten PBF-LB/M-Prozesskette durchzuführen. Dies ist notwendig, um alle Ressourcenbedarfe unter Berücksichtigung etwaiger Wechselwirkungen der umgesetzten Maßnahmen zu erfassen. Aufgrund der unterschiedlichen Wirkungsansätze der umgesetzten Maßnahmen sind alle erfassten Ressourcenbedarfe zusätzlich zu normalisieren, zu monetarisieren und zu aggregieren (vgl. Untermodule von Modul 2) sowie die Gesamtkosten zur Herstellung einer funktionellen Einheit zu ermitteln, vgl. Gl. (4.17).

Zur Evaluierung des Erreichungsgrades des anwenderspezifischen Ziels ist es erforderlich, den globalen Ausgangs-Zustand (vor der Anwendung von Maßnahmen) mit dem globalen aktualisierten Ist-Zustand (nach der Anwendung von Maßnahmen) und dem anwenderspezifischen Ziel zu vergleichen. Hierbei sind sowohl die Gesamtkosten zur Herstellung einer funktionellen Einheit als auch die monetarisierten und aggregierten Ressourcenbedarfe je Hauptprozess bei der ursprünglichen und aktualisierten PBF-LB/M-Prozesskette einander gegenüberzustellen. Dies ermöglicht es dem Anwender, den Beitrag der Maßnahmen eines Hauptprozesses zur Erreichung des anwenderspezifischen Ziels zu bewerten. Die gewonnenen Erkenntnisse ermöglichen einerseits eine etwaige Anpassung der bereits angewandten Maßnahmen. Andererseits unterstützen die Erkenntnisse bei der Verbesserung der Ableitung und Auswahl zukünftiger Maßnahmen in folgenden Durchläufen der Methodik (vgl. Abschnitt 4.4.2).

Bei der Evaluierung des Erreichungsgrades des anwenderspezifischen Ziels sind zusätzlich etwaige statistisch signifikante Abweichungen zwischen den Ergebnissen der lokalen und der globalen Kontrolle zu berücksichtigen. Dadurch können etwaige Wechselwirkungen der angewandten Maßnahmen identifiziert sowie durch den Zeitabstand zwischen der lokalen und der globalen Kontrolle die Etablierung der Maßnahmen im realen Arbeitsablauf kontrolliert werden. Deshalb ist im Rahmen der globalen Kontrolle zu überprüfen, ob die aktualisierten Arbeitsabläufe vollständig dokumentiert wurden.

HOFMANN empfiehlt, alle Ergebnisse zusammen mit der Dokumentation der angewandten Maßnahmen und den neuen Arbeitsabläufen in einem Schlussbericht zusammenzufassen [HOF20]. Dieser Schlussbericht ist mit den Mitarbeitern und Sponsoren, die an der Entwicklung der Maßnahmen beteiligt waren oder diese im täglichen Arbeitsablauf anwenden, zu diskutieren.

Um das Vorgehen im Rahmen des Untermoduls *Zielkontrolle* zu veranschaulichen, wird auf die in Modul 2 vorgestellte fiktive PBF-LB/M-Prozesskette zurückgegriffen. Nach der Ableitung und Umsetzung fiktiver Maßnahmen für die als Hotspots definierten *RjH* #1, #3 und #6 (vgl. Abbildung 25) wurden die Ressourcenbedarfe entlang der fiktiven PBF-LB/M-Prozesskette erneut erfasst, normalisiert, monetarisiert und aggregiert. Die Auswirkungen der angewandten Maßnahmen sind in Abbildung 36 dargestellt.

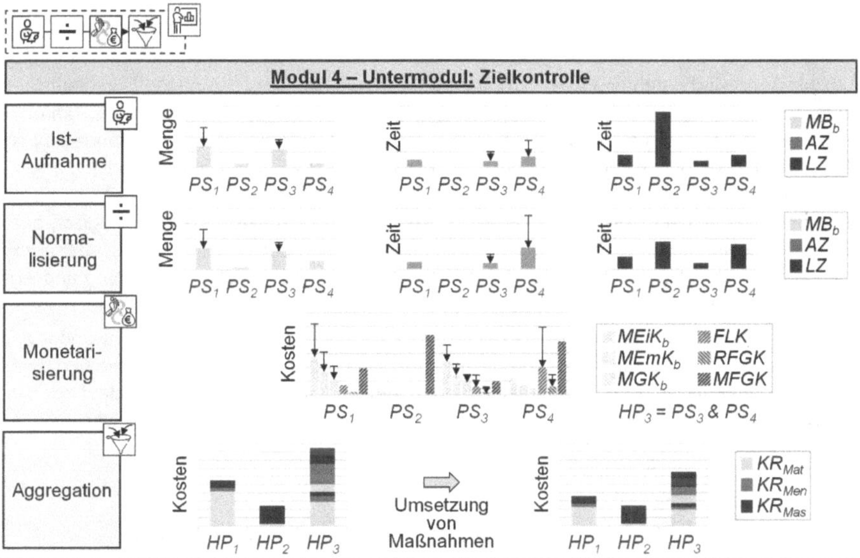

Legende:

MB:	Materialbedarf	*AZ:*	Arbeitszeit	*LZ:*	Laufzeit
PS:	Prozessschritt	*HP:*	Hauptprozess	$_b$:	Material *b*
MEiK:	Materialeinzelkosten	*MGK:*	Materialgemeinkosten	*FLK:*	Fertigungslohnkosten
MEmK:	Materialemissions-kosten	*RFGK:*	Restfertigungs-gemeinkosten	*MFGK:*	maschinenabhängige Fertigungsgemeinkosten
KR_{Mat}:	Kosten für die Ressource *Material*	KR_{Men}:	Kosten für die Ressource *Mensch*	KR_{Mas}:	Kosten für die Ressource *Maschine*

↧ Reduzierung infolge der Umsetzung von Maßnahmen

Abbildung 36: Auswirkungen der Umsetzung von fiktiven Maßnahmen auf die Erfassung, Normalisierung, Monetarisierung und Aggregation von Ressourcenbedarfe der fiktiven PBF-LB/M-Prozesskette aus Abbildung 25

Im Rahmen der Zielkontrolle ist zusätzlich die ursprüngliche Erwartungshaltung bei der Definition des anwenderspezifischen Ziels unter Berücksichtigung der im Rahmen der Maßnahmenumsetzung gewonnenen Erkenntnisse kritisch zu hinterfragen. Das dabei aufgebaute Verständnis hilft in weiteren Durchläufen der Methodik bei der erneuten Definition des anwenderspezifischen Ziels.

4.4.2 Verstetigung

Durch die Anwendung des Untermoduls *Verstetigung* werden neue Durchläufe der Methodik mit dem Ziel initiiert, die Ressourceneffizienz innerhalb des betrachteten Produktionssystems iterativ zu steigern. Je Durchlauf der Methodik werden die Module 3 und 4 angewandt, wobei in Modul 4 die Module 1 und 2 eingebunden sind, vgl. Abbildung 37.

Zu Beginn eines jeden weiteren Durchlaufs der Methodik ist durch den Anwender das anwenderspezifische Ziel, das mit dem Durchlauf erreicht werden soll, zu aktualisieren. Außerdem sind durch den Anwender der Methodik die in Modul 1 definierten Rahmenbedingungen zu überprüfen und gegebenenfalls anzupassen. Dabei ist insbesondere zu evaluieren, ob zusätzliche Maßnahmen berücksichtigt werden können, die bisher durch die Rahmenbedingung *Maßnahmeneinschränkung* (vgl. RBed 4) ausgeschlossen wurden.

Anschließend sind durch den Anwender der Methodik die Hotspots des neuen Durchlaufs der Methodik zu definieren (vgl. Modul 2). Abhängig von einer etwaigen Anpassung der Rahmenbedingungen können als Basis für die Hotspot-Definition die Daten der im vorangegangen Untermodul *Zielkontrolle* messtechnisch erfassten, normalisierten, monetarisierten und aggregierten Ressourcenbedarfe verwendet werden. So können beispielsweise bei einer Anpassung der Rahmenbedingungen *ökonomische Bewertung* (vgl. RBed 5) oder *ökologisch-ökonomische Bewertung* (vgl. RBed 6) lediglich die Ergebnisse der Untermodule *Ist-Aufnahme* und *Normalisierung* berücksichtigt werden, wobei die Untermodule *Monetarisierung* und *Aggregation* erneut durchgeführt werden müssen.

Für die im neuen Durchlauf der Methodik definierten Hotspots sind durch den Anwender der Methodik Maßnahmen abzuleiten und umzusetzen (vgl. Modul 3). Dabei sind sowohl die gegebenenfalls aktualisierten Rahmenbedingungen als auch die beim letzten Durchlauf der Methodik gewonnenen Erkenntnisse zur Wirksamkeit einzelner Maßnahmen zu berücksichtigen.

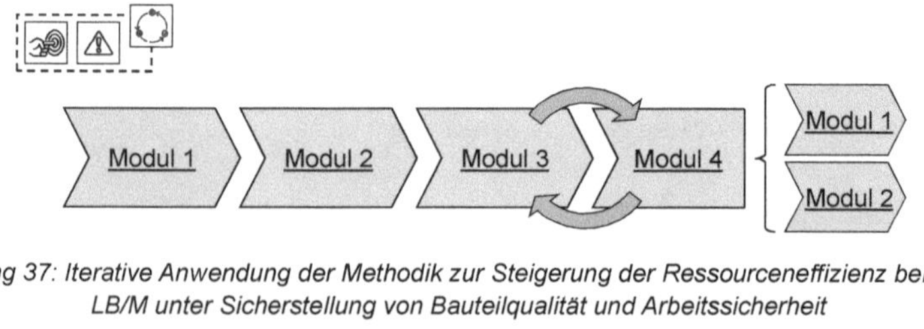

Abbildung 37: Iterative Anwendung der Methodik zur Steigerung der Ressourceneffizienz beim PBF-LB/M unter Sicherstellung von Bauteilqualität und Arbeitssicherheit

Weitere Steigerungen der Ressourceneffizienz können auch noch nach mehreren Durchläufen der Methodik realisiert werden, insbesondere wenn die Akzeptanz der Mitarbeiter gegenüber der Methodik und den angewandten Maßnahmen steigt, was im allgemeinen Verbesserungsmanagement häufig zutrifft [HOF20]. Zusätzlich identifizieren laut HOFMANN die Mitarbeiter während der Entwicklung von Maßnahmen sowie im Rahmen des aktualisierten Arbeitsablaufs häufig eigenständig weitere potenzielle Maßnahmen [HOF20]. Es wird empfohlen, diese in den in Tabelle 19 im Anhang A2 aufgeführten Maßnahmenkatalog zu überführen und im nächsten Durchlauf der Methodik zu berücksichtigen.

Dennoch sinkt bei gleichbleibenden Rahmenbedingungen mit jedem Durchlauf der Methodik das Potenzial zur absoluten Steigerung der Ressourceneffizienz. Deshalb ist vor jedem neuen Durchlauf der Methodik durch den Anwender abzuschätzen, ob sich der neue Durchlauf aus Aufwand-Nutzen-Sicht rentiert. Dazu ist der erwartete Nutzen des Durchlaufs, in Form einer prognostizierten Reduzierung der Gesamtkosten zur Herstellung einer funktionellen Einheit sowie der Anzahl der in einer vom Anwender zu definierenden Amortisationsperiode herzustellenden funktionellen Einheiten, dem erwarteten Aufwand des Durchlaufs gegenüberzustellen. Hierbei sind insbesondere die Aufwände zur Entwicklung der Maßnahmen beim letzten Durchlauf der Methodik zu berücksichtigen. Es wird empfohlen, die Methodik so lange anzuwenden, bis keine aus Aufwand Nutzen-Sicht sinnvolle Steigerung der Ressourceneffizienz mehr erwartet wird.

Bei jedem Durchlauf der Methodik wird sowohl die kostenbasierte Kategorisierung als auch die effizienzbasierte Klassifizierung von *RjH* sowie folglich deren potenzielle Definition als Hotspot beeinflusst. Die Beeinflussung der kostenbasierten Kategorisierung liegt an den sinkenden Kosten der *RjH*, die von Maßnahmen adressiert werden. Gleichzeitig führt dies zu einer Reduzierung der Gesamtkosten zur Herstellung einer funktionellen Einheit, wodurch der relative Anteil von *RjH*, die von keiner Maßnahme adressiert werden, an den Gesamtkosten steigt. Die Beeinflussung der effizienzbasierten Klassifizierung der *RjH* liegt an der mit der Anwendung von Maßnahmen einhergehenden Verbesserung von ineffizienten Prozessen oder veralteten Technologien. Die von Maßnahmen beeinflusste kostenbasierte Kategorisierung und effizienzbasierte Klassifizierung wird am Beispiel der *RjH* #1, #3, #6, #7 und #8 der fiktiven PBF-LB/M-Prozesskette in Abbildung 38 verdeutlicht.

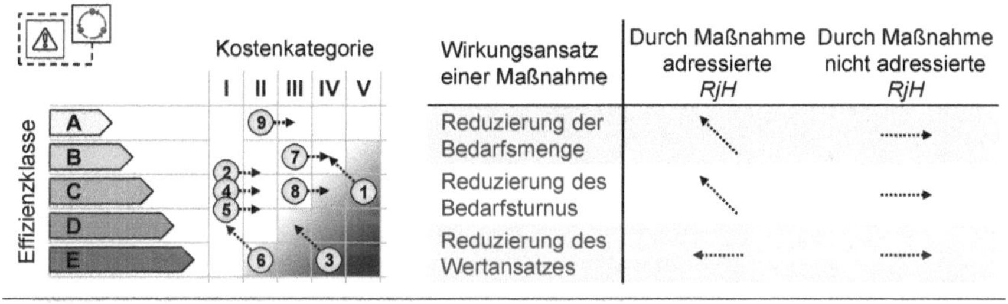

Legende:

⋯→ Senkung / Verschlechterung der Kostenkategorie einer *RjH* (in Richtung Kostenkategorie V)

←⋯ Steigerung / Verbesserung der Kostenkategorie einer *RjH* (in Richtung Kostenkategorie I)

↖ Steigerung / Verbesserung der Kostenkategorie (in Richtung Kostenkategorie I) und Steigerung / Verbesserung der Effizienzklasse einer *RjH* (in Richtung Effizienzklasse A)

Abbildung 38: Auswirkungen der Anwendung von Maßnahmen auf die kostenbasierte Kategorisierung und effizienzbasierte Klassifizierung von RjH

Unabhängig von der Anwendung von Maßnahmen kann die effizienzbasierte Klassifizierung von *RjH* durch neue, aus Benchmark-Analysen stammende Referenzdaten beeinflusst werden. Der fortlaufende Vergleich der aktuellen PBF-LB/M-Prozesskette mit dem sich stetig weiterentwickelnden Stand der Technik, der mittels Benchmark-Analysen ermittelt wird, schafft somit einen kontinuierlichen Anreiz zur Steigerung der Ressourceneffizienz. Deshalb wird empfohlen, in regelmäßigen Zeitabständen oder beim Vorliegen neuer Referenzdatensätze, erneut abzuschätzen, ob ein weiterer Durchlauf der Methodik zu einer aus Aufwand-Nutzen-Sicht sinnvollen Steigerung der Ressourceneffizienz führt.

5 Praktische Erprobung der Methodik

In diesem Kapitel wird die entwickelte Methodik anhand je einer Fallstudie im Forschungs- und im Industrieumfeld praktisch erprobt, wodurch die Eignung der Methodik unter verschiedenen Rahmenbedingungen nachgewiesen werden soll. Im Rahmen der praktischen Erprobung werden je Fallstudie das zugrundeliegende Szenario vorgestellt sowie die einzelnen Module der Methodik angewandt. Abschließend wird die praktische Erprobung bewertet sowie die Erfüllung der Zielsetzung und der Anforderungen an die Methodik evaluiert.

5.1 Fallstudie 1: Praktische Erprobung im Forschungsumfeld

Die Fallstudie im Forschungsumfeld wurde bei der Fraunhofer-Projektgruppe Prozessinnovation des Fraunhofer-Instituts für Produktionstechnik und Automatisierung IPA durchgeführt. Das 1959 gegründete Fraunhofer-Institut IPA zählt zu den größten Instituten der Fraunhofer-Gesellschaft und beschäftigt annähernd 1200 Mitarbeiter [FRA24b]. Die am Standort in Bayreuth sitzende Fraunhofer-Projektgruppe Prozessinnovation leistet Forschungs- und Entwicklungsarbeit in den Themenschwerpunkten Intelligente Wertschöpfungsketten, Effiziente Wertschöpfungssysteme sowie Additive Fertigung und arbeitet dabei interdisziplinär mit einer Vielzahl an Industrieunternehmen zusammen [FRA24a]. Am Standort in Bayreuth kann die Fraunhofer-Projektgruppe Prozessinnovation auf zwei PBF-LB/M-Maschinen, diverse Versuchsaufbauten und eine Vielzahl an Peripheriegeräten zurückgreifen, vgl. Abbildung 39.

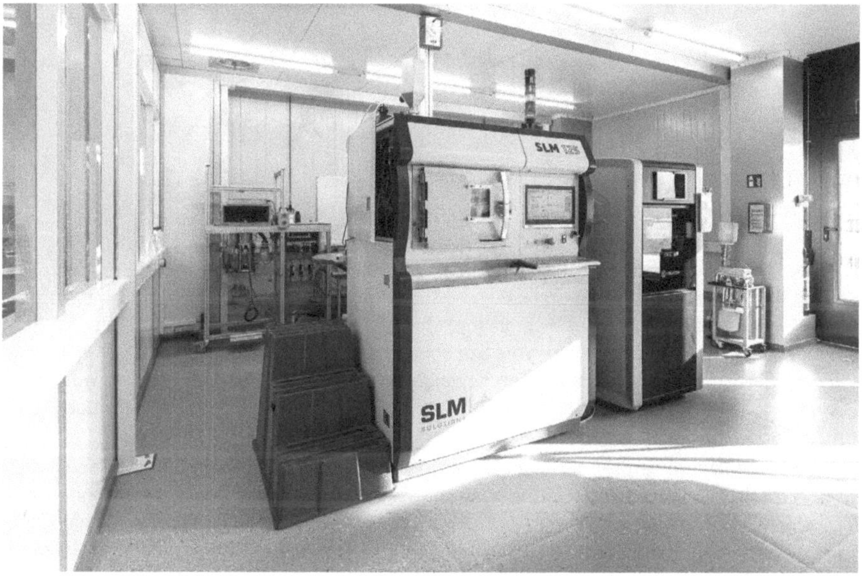

Abbildung 39: Produktionsumgebung der Fallstudie im Forschungsumfeld; Quelle: Fraunhofer IPA, Foto: Rainer Bez

5.1.1 Szenario

Ein Beratungsschwerpunkt der Fraunhofer-Projektgruppe Prozessinnovation liegt in der Unterstützung von Unternehmen bei der Implementierung des PBF-LB/M. Im Rahmen eines Beratungsprojektes mit einem Unternehmen aus der Dentalbranche wurde evaluiert, inwiefern die unternehmenseigenen Dentalanwendungen wirtschaftlich mittels PBF-LB/M gefertigt werden können. Anhand eines Produktportfolioscreenings des Unternehmens aus der Dentalbranche wurde die Fertigung von Bohrschablonen (siehe Abbildung 40) aufgrund der patientenindividuellen und komplexen Geometrie mittels PBF-LB/M als potenziell wirtschaftlich identifiziert. Diese Bohrschablonen werden beim chirurgischen Einsatz von Zahnimplantaten verwendet, um eine präzise Positionierung von Implantaten im Ober- oder Unterkieferknochen zu ermöglichen.

Abbildung 40: Fertigung von Bohrschablonen im Rahmen der Fallstudie im Forschungsumfeld; Foto: Christian Bay

Für das Unternehmen aus der Dentalbranche stellt eine ressourceneffiziente Fertigung der Bohrschablonen eine zentrale Voraussetzung für eine unternehmenseigene Implementierung der PBF-LB/M-Prozesskette dar. Aus diesem Grund wurde im Rahmen der Fallstudie im Forschungsumfeld untersucht, inwiefern die Ressourceneffizienz entlang der PBF-LB/M-Prozesskette zur Fertigung der Bohrschablonen gesteigert werden kann. Für die Fertigung wurde auf die PBF-LB/M-Maschine *Orlas Creator RA*[26] der *O.R. Lasertechnologie GmbH* zurückgegriffen.

Die Bohrschablonen werden aus dem Metallpulverwerkstoff Ti6Al4V (vgl. Abbildung 6) aufgrund dessen Biokompatibilität, Korrosionsbeständigkeit und den damit erzielbaren hohen mechanischen Eigenschaften gefertigt. Die Betriebszeit der PBF-LB/M-Maschine für die Fertigung von zwei Bohrschablonen, die jeweils ein Volumen von etwa 2 cm^3 besitzen, beträgt etwa fünf Stunden. Das Volumen der beim PBF-LB/M erforderlichen Stützstrukturen liegt bei etwa

[26] Die PBF-LB/M-Maschine *Orlas Creator RA* wurde nach der Übernahme der *O.R. Lasertechnologie GmbH* durch *Coherent Inc.* abgekündigt. Durch den ehemaligen Entwicklungsleiter der *O.R. Lasertechnologie GmbH* erfolgte ein Relaunch und eine Weiterentwicklung dieser PBF-LB/M-Maschine mit einem Fokus zur Anwendung in der Dentalindustrie. Seit 2021 wird diese PBF-LB/M-Maschine unter dem Namen *2Create* durch die *2OneLab GmbH* vermarktet [2ON24].

42 % des Volumens der Bohrschablonen. Tabelle 8 fasst die Fallstudie in Form einer Typologisierung zusammen.

Tabelle 8: Typologisierung der Fallstudie im Forschungsumfeld

Typologisierungsmerkmal	Ausprägung			
Unternehmens-/Institutsgröße	Klein	Mittel	Groß	
Losgröße	Einzelteil	Kleinserie	Großserie	
Anwendungsbranche	Luft- und Raumfahrt	Medizin-technik	Automobil-bau	Maschinen-bau
Anwendung	Prototyp	Werkzeug	Endprodukt	Ersatzteil
Bauraumgröße der PBF-LB/M-Maschine	Klein (<1 dm³)	Mittel (≥ 1 dm³; < 10 dm³)	Groß (≥ 10 dm³)	

5.1.2 Anwendung der Methodik

In der vorliegenden Fallstudie wurden entsprechend der in Abbildung 19 dargestellten Grundstruktur der Methodik alle Module angewandt, deren wichtigsten Ergebnisse nachfolgend erläutert werden.

<u>Modul 1: Definition von Ziel und Rahmenbedingungen</u>

Im ersten Modul wurde das nachfolgend aufgeführte anwenderspezifische Ziel definiert. Weiterhin wurden die Rahmenbedingungen, die bei der Anwendung der Methodik zu berücksichtigen sind, festgelegt und in Tabelle 20 im Anhang A3 zusammengefasst. Dabei ist hervorzuheben, dass die Prozessparameter und damit die Betriebszeit der PBF-LB/M-Maschine als konstant angenommen wurden (vgl. Rahmenbedingung 4 *Maßnahmeneinschränkung*). Deshalb wurde die Betriebszeit der PBF-LB/M-Maschine nicht im Produktionssystem berücksichtigt. Die im Rahmen der praktischen Erprobung im Forschungsumfeld angewandten PBF-LB/M-Prozessschritte, geclustert in die zu aggregierenden Hauptprozessen, sind schematisch in Abbildung 41 dargestellt.

Zieldefinition der Fallstudie im Forschungsumfeld: Durch die Anwendung der Methodik sollen die bauteilspezifischen Kosten für die Ressourcen *Material*, *Mensch* und *Maschine* bei der Fertigung des Bauteils Bohrschablone mittels PBF-LB/M innerhalb von fünf Monaten um 20 % gegenüber dem Ausgangs-Zustand bei Projektbeginn gesenkt werden. Die damit verbundenen Einsparungen sollen den Nachweis der wirtschaftlichen Fertigung der Bohrschablonen mittels PBF-LB/M in Großserie bringen und so die Entscheidung zur Implementierung des PBF-LB/M beim Unternehmen aus der Dentalbranche begünstigen.

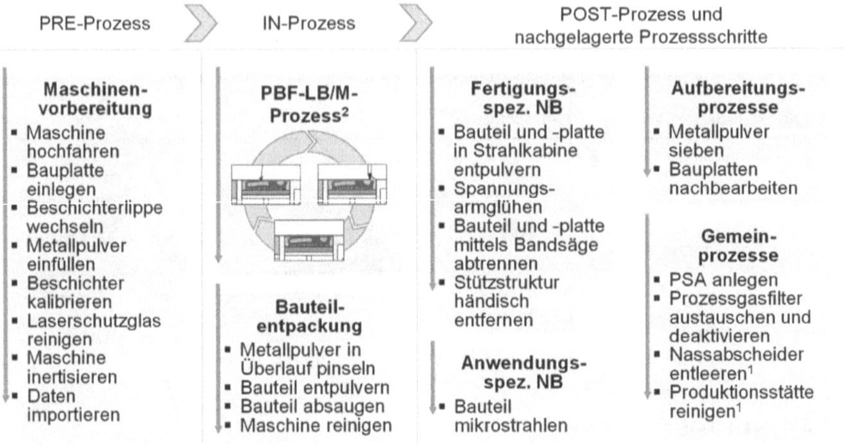

[1] Berücksichtigung des prozessschrittspezifischen Mindest-Verhältnisses $N_{Vp;min}$, siehe Tabelle 20
[2] ohne Berücksichtigung der Betriebszeit der PBF-LB/M-Maschine (Ressource *Maschine*)

Abbildung 41: Schematische Darstellung der PBF-LB/M-Prozesskette im Rahmen der Fallstudie im Forschungsumfeld mit Aggregation der Prozessschritte zu Hauptprozessen; Einteilung der Prozessphasen in Anlehnung an [VDI14a, BAY21]

Modul 2: Hotspot-Analyse

Für die Ist-Aufnahme der Ressourcenbedarfe entlang der PBF-LB/M-Prozesskette wurden die in Tabelle 9 aufgeführten Messgeräte verwendet. Darüber hinaus konnte ein Großteil der Ressourcenbedarfe durch Zählung quantifiziert werden, wie z. B. der Bedarf an Beschichterlippen, Bauplatten oder den erforderlichen Betriebsstoffen zur Reinigung der PBF-LB/M-Maschine. Diese quantitativ erfassten Ressourcenbedarfe wurden für die Berechnung der Materialemissionskosten zusätzlich gravimetrisch mittels der Präzisionswaage *572-57* (*Kern & Sohn GmbH)* analysiert. Der für die Berechnung der Materialemissionskosten erforderliche sekundäre Cradle-to-Gate-Emissionsfaktor wurde mittels der Ökobilanz-Software *SimaPro* nach der schadensorientierten Bewertungsmethode *ReCiPe 2016* auf Basis der Ökobilanz-Datenbank *Ecoinvent 3.9.1* (allocation, cut-off by classification) ermittelt.

Im Anschluss wurden die Ressourcenbedarfe normalisiert, monetarisiert und zu den Ressourcen *Material*, *Mensch* und *Maschine* allokiert. Zusätzlich wurden die Prozessschritte entsprechend Abbildung 41 zu Hauptprozessen aggregiert. Das Ergebnis der monetarisierten und aggregierten *RjH* ist in Abbildung 42 zusammengefasst. Die Summe der dargestellten Kosten der Ressourcen *Material*, *Mensch* und *Maschine* innerhalb des definierten Produktionssystems bilden mit 121,97 € je Bohrschablone die Kosten zur Herstellung einer funktionellen Einheit vor der Umsetzung von Maßnahmen.

Tabelle 9: Verwendete Messgeräte bei der Ist-Aufnahme im Rahmen der Fallstudie im Forschungsumfeld

Ressourcenbedarf	Messgerät
Metallpulver, Wasser, Strahlgut	Präzisionswaage 572-57 (Kern & Sohn GmbH)
Inertgas, Druckluft	Thermischer Massedurchflussmesser *GSM-B5BGYQM4* (*Vögtlin Instruments GmbH*)
Energie	Analysator für dreiphasige Stromnetze *C.A 8335 Qualistar Plus* (*Chauvin Arnoux GmbH*)
Arbeitszeit Mitarbeiter, Laufzeit PBF-LB/M-Maschine	Analysator für dreiphasige Stromnetze *C.A 8335 Qualistar Plus* (*Chauvin Arnoux GmbH*), Maschinenprotokoll der PBF-LB/M-Maschine *Orlas Creator RA* (*O.R. Lasertechnologie GmbH*), Stoppuhr
Prozessgasfilter	Anteiliger Nutzungsgrad der PBF-LB/M-Maschine *Orlas Creator RA* (O.R. Lasertechnologie GmbH)

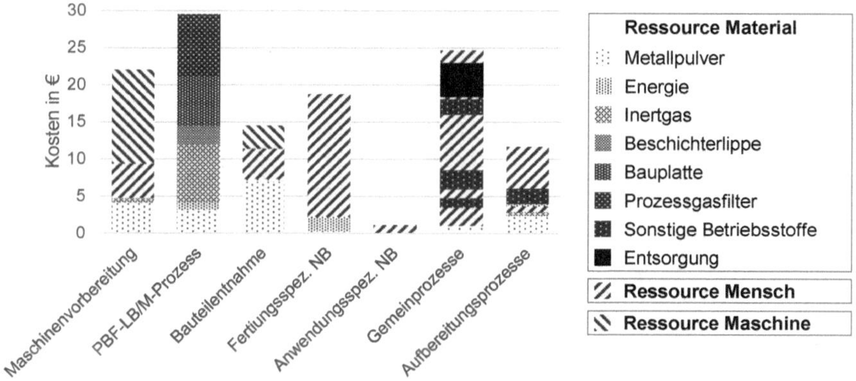

Abbildung 42: Kosten der Ressourcen Material, Mensch und Maschine je Hauptprozess im Rahmen der Fallstudie im Forschungsumfeld (Ausgangssituation)

Im Anschluss wurden die *RjH* fortlaufend nummeriert, siehe Tabelle 10. Aufgrund der Aggregation der Prozessschritte zu sieben Hauptprozessen werden 21 *RjH* unterschieden, die jeweils auf Basis ihres Anteils an den Gesamtkosten zur Herstellung einer funktionellen Einheit kostenbasiert kategorisiert wurden. Anschließend wurde für die zehn *RjH* der Kostenkategorien II bis V eine effizienzbasierte Klassifizierung durchgeführt und dabei gemäß Abschnitt 4.2.5 Benchmark-Analysen der dem Hotspot zugrundeliegenden Ressourcenbedarfe berücksichtigt. Beispielhaft ist die *RjH* #2 »*Material* für den *PBF-LB/M-Prozess*« auf die Ressourcenbedarfe Metallpulver, Energie, Inertgas, Beschichterlippe, Bauplatte und Prozessgasfilter (vgl. Abbildung 42) zurückzuführen. Für jeden der Ressourcenbedarfe der *RjH* #2 wurde unter Verwendung der in Kapitel 2 aufgeführten Literaturdaten eine separate Benchmark-Analyse durchgeführt. Das Ergebnis der anschließenden Zuordnung dieser Ressourcenbedarfe zu den Effizienzklassen A bis E ist in Abbildung 43 dargestellt. Nach Gl. (4.18) resultiert aus der effizienzbasierten Klassifizierung der einzelnen Ressourcenbedarfe ein nummerischer Wert für die Effizienzklasse der *RjH* #2 von 3,54, weshalb diese der Effizienzklasse D zugeordnet wird.

Tabelle 10: Kostenbasierte Kategorisierung der RjH im Rahmen der Fallstudie im Forschungsumfeld

Hauptprozess	Ressource: Material			Mensch			Maschine		
Maschinenvorbereitung	①	II	4,1 %	⑧	II	4,0 %	⑮	IV	10,9 %
PBF-LB/M-Prozess	②	V	22,8 %	⑨	I	0,0 %			
Bauteilentnahme	③	III	6,3 %	⑩	II	3,5 %	⑰	I	2,7 %
Fertigungsspez. NB	④	I	1,9 %	⑪	V	14,3 %	⑱	I	0,0 %
Anwendungsspez. NB	⑤	I	0,0 %	⑫	I	0,9 %	⑲	I	0,0 %
Gemeinprozesse	⑥	III	10,0 %	⑬	IV	11,3 %	⑳	I	0,1 %
Aufbereitungsprozesse	⑦	I	3,4 %	⑭	II	3,9 %	㉑	I	0,0 %

∑V: 37,1 %
∑V–IV: 59,3 %
∑V–III: 75,6 %
∑V–II: 91,0 %
∑V–I: 100 %

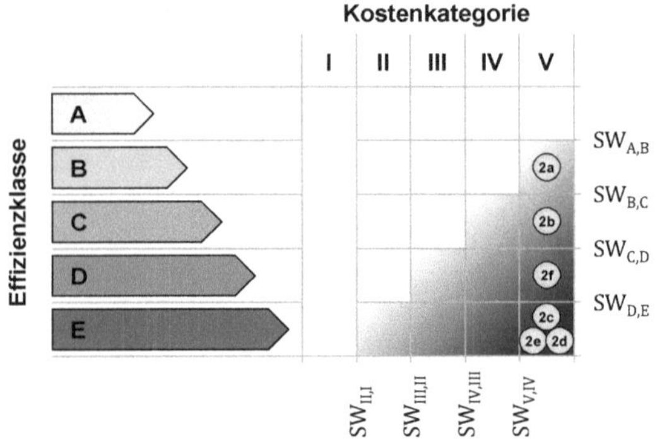

Effizienzklasse	Ressourcenbedarf	Kostenanteil
A		0 %
B	(2a) Inertgas	29 %
C	(2b) Bauplatte	25 %
D	(2f) Energie	4 %
	(2c) Prozessgasfilter	
E	(2d) Metallpulver	41 %
	(2e) Beschichterlippe	

Abbildung 43: Effizienzbasierte Klassifizierung der Ressourcenbedarfe der RjH #2 »Material für den PBF-LB/M-Prozess« im Rahmen der Fallstudie im Forschungsumfeld

Das Ergebnis des Moduls Hotspot-Analyse der Fallstudie im Forschungsumfeld ist in Abbildung 44 zusammengefasst. Auf Basis der kostenbasierten Kategorisierung der *RjH* wurde für zehn der ursprünglich 21 *RjH* eine effizienzbasierte Klassifizierung durchgeführt, da diese den

Kostenkategorien II bis V zugeordnet wurden. Von diesen zehn *RjH* wurden gemäß kostenbasierter Kategorisierung und effizienzbasierter Klassifizierung sechs *RjH* als Hotspot definiert. Dabei handelt es sich um Folgende:

#1 »*Material* für die *Maschinenvorbereitung*«

#2 »*Material* für den *PBF-LB/M-Prozess*«

#6 »*Material* für die *Gemeinprozesse*«

#11 »*Mensch* für die *fertigungsspezifische Nachbearbeitung*«

#14 »*Mensch* für die *Aufbereitungsprozesse*«

#15 »*Maschine* für die *Maschinenvorbereitung*«

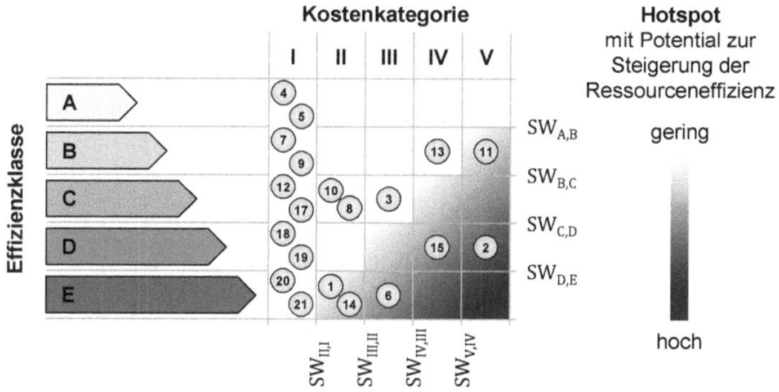

Abbildung 44: Ergebnis der kostenbasierten Kategorisierung und effizienzbasierte Klassifizierung der RjH im Rahmen der Fallstudie im Forschungsumfeld

Modul 3: Maßnahmenableitung und -umsetzung

In Modul 3 wurden gemäß Abschnitt 4.3 für jeden der sechs definierten Hotspots #1, #2, #6, #11, #14 und #15 zielgerichtet Maßnahmen abgeleitet, ausgewählt und umgesetzt. Die hierfür je Hotspot erstellten A3-Reports sind in Abbildung 45 dargestellt. Zusätzlich ist eine Detailansicht des A3-Reports des Hotspots #2 in Abbildung 53 und Abbildung 54 abgebildet. Tabelle 11 fasst alle im Rahmen der praktischen Erprobung der Fallstudie im Forschungsumfeld entwickelten Maßnahmen zusammen. Bei deren erstmaliger Anwendung wurden die Maßnahmen gemäß Abschnitt 4.3.5 lokal kontrolliert.

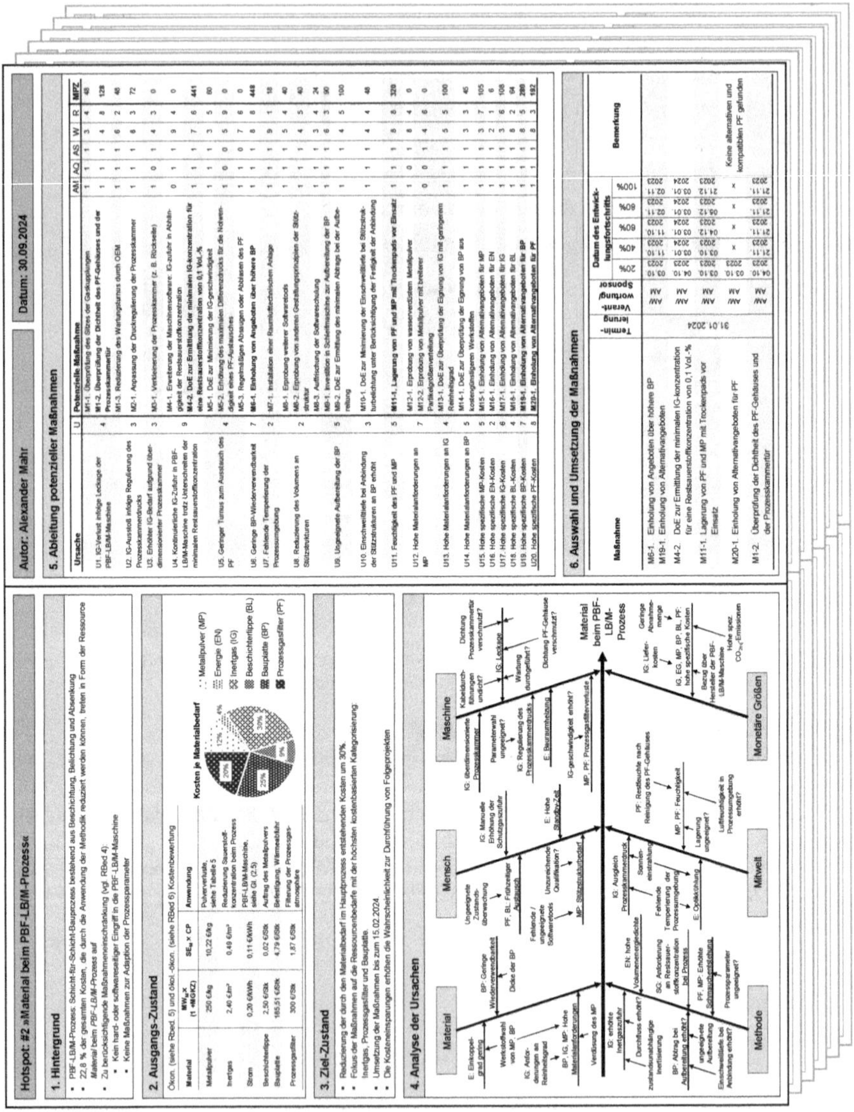

Abbildung 45: A3-Reporte zur systematischen Ableitung und Umsetzung von Maßnahmen im Rahmen der Fallstudie im Forschungsumfeld

Tabelle 11: Überblick über die entwickelten Maßnahmen im Rahmen der Fallstudie im Forschungsumfeld

Hotspot	Maßnahmen	
#2 »Material für den PBF-LB/M-Prozess«	2A	Durchführung von Versuchen zur Ermittlung des minimal notwendigen Inertgasbedarfs für eine Aufrechterhaltung einer Sauerstoffkonzentration in der Baukammer von maximal 0,1 Vol.- %
	2B	Einholung von Alternativangeboten für Bauplatten mit einer größeren Ausgangshöhe und einer damit verbundenen höheren Nutzbarkeit; Einholung der Alternativangebote von Nicht-OEMs
	2C	Einholung von Alternativangeboten für Prozessgasfilter von Nicht-OEMs
#3 »Material für die Bauteilentnahme«	3A	Entwicklung einer vor dem Nassabscheider vorgelagerten Einheit zur Trockenvorabscheidung von eingesaugtem Metallpulver zur Vermeidung des Kontakts von Metallpulver mit der Waschflüssigkeit des Nassabscheiders[27]
#6 »Material für die Gemeinprozesse«	6A	Entwicklung eines Prozesses zur Vakuumierung und Einschweißung eines gesättigten Prozessgasfilters für eine kostengünstige und umweltschonende Entsorgung
	6B	Durchführung von Versuchen zur Sedimentation und Filtrierung der Waschflüssigkeit des Nassabscheiders für deren Entsorgung über das Abwasser; Einholung einer Genehmigung zur Einleitung der filtrierten Waschflüssigkeit vom lokalem Wasserwirtschaftsamt
#11 »Mensch für die fertigungsspezifische Nachbearbeitung«	11A	Durchführung von Versuchen zum manuellen Abtrennen der Bohrschablone von der Bauplatte mit anschließender manueller Entfernung der Stützstrukturen (Wegfall der Nutzung und Reinigung der Bandsäge sowie vereinfachte Einspannung der Bohrschablone bei der Stützstrukturentfernung)
#14 »Mensch für die Aufbereitungsprozesse«	14A	Erwerb zusätzlicher Bauplatten (vgl. Maßnahme 2B) zur Erhöhung des Bedarfsturnus der Bauplatten-Nachbearbeitung sowie dadurch zur anteiligen Reduzierung des Arbeitsaufwandes zur Vor- und Nachbereitung der Bauplatten-Nachbearbeitung
	14B	Durchführen von Versuchen zur Einbringung einer Druckausgleichsöffnung in das Einfüllbehältnis der Siebstation mit dem Ziel zur Steigerung der Fließgeschwindigkeit des Metallpulvers innerhalb der Siebstation sowie daraus folgend der Siebrate
	14C	Durchführung von Versuchen zur Ermittlung des minimal notwendigen Dosierfaktors (vgl. Gl. (2.3)) beim PBF-LB/M-Prozess zur Minimierung der Masse an zu siebendem Metallpulver
#15 »Maschine für die Maschinenvorbereitung«	15A	Durchführung von Versuchen zur Befüllung der PBF-LB/M-Maschine mit Metallpulver mithilfe einer Befüllvorrichtung mit dem Ziel zur Reduzierung der Arbeitszeit sowie des Metallpulvers,

[27] Die Entwicklung der Einheit zur Trockenvorabscheidung erfolgte in Kooperation mit dem Industriepartner *Ruwac Industriesauger GmbH*. Der Prototyp der Einheit zur Trockenvorabscheidung wurde erstmalig auf Messe Formnext im November 2024 in Frankfurt vorgestellt.

		das bei dessen Handhabung aufgewirbelt, in die Umgebung abgegeben und bei der Reinigung der PBF-LB/M-Produktionsstätte aufgenommen und entsorgt wird (Handhabungsverluste)
	15B	Durchführung von Versuchen zur Variation der Einströmgeschwindigkeit des Inertgases in die PBF-LB/M-Maschine bei der initialen Inertisierung mit dem Ziel zur Reduzierung der Rüstzeit der PBF-LB/M-Maschine und des Inertgasbedarfs

Modul 4: Zielkontrolle und Verstetigung

Nach der Anwendung der Maßnahmen erfolgte gemäß Abschnitt 4.4 die globale Kontrolle auf Basis einer erneuten messtechnischen Aufnahme der Ressourcenbedarfe entlang der PBF-LB/M-Prozesskette, gefolgt von deren Normalisierung, Monetarisierung und Aggregation. In Abbildung 46 sind die Kosten der *RjH* vor und nach der Anwendung der Maßnahmen abgebildet. Dabei wurden alle in Tabelle 11 aufgeführten Maßnahmen berücksichtigt, mit Ausnahme der noch in der Entwicklung befindlichen Maßnahme 3A. Die Anwendung der Maßnahmen führte in allen Hotspots zu einer Reduzierung der Kosten der adressierten *RjH*. Zusätzlich hatten die angewandten Maßnahmen teils Auswirkungen auf Ressourcen anderer Hauptprozesse. So wurden beispielsweise durch die angewandten Maßnahmen bei Hotspot #2 »*Maschine* für die *Maschinenvorbereitung*« neben den Kosten der Ressource *Maschine* auch die der Ressource *Material* reduziert, wohingegen die Kosten der Ressource *Mensch* im zugehörigen Hauptprozess geringfügig anstiegen. Dieser Anstieg konnte auf einen erhöhten manuellen Zeitaufwand für die Vorbereitung der alternativen Befüllung der PBF-LB/M-Maschine mit einer Befüllvorrichtung zurückzuführen. Insgesamt wurden in diesem Hauptprozess die Kosten der Ressourcen *Material*, *Mensch* und *Maschine* um durchschnittlich 25,4 % reduziert.

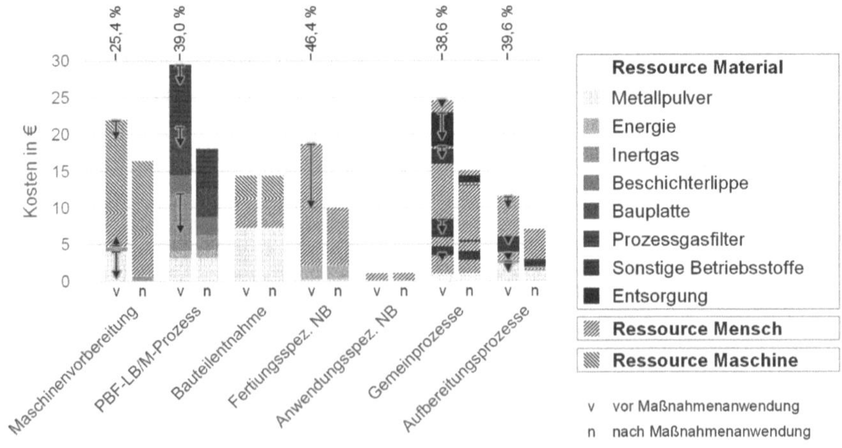

Abbildung 46: Kosten der Ressourcen Material, Mensch und Maschine je Hauptprozess vor und nach der Anwendung von Maßnahmen im Rahmen der Fallstudie im Forschungsumfeld

Insgesamt wurden durch die angewendeten Maßnahmen die anfänglichen Kosten je Bohrschablone von 121,97 € auf 82,21 € gesenkt, was einer Reduzierung um 32,6 % entspricht. Damit wurde das mit der Anwendung der Methodik verbundene anwenderspezifische

Ziel zur Reduzierung der Kosten der Ressourcen *Material*, *Mensch* und *Maschine* von 20 % übererfüllt. Ein erneuter Durchlauf der Methodik wurde im Rahmen der praktischen Erprobung nicht durchgeführt.

Zusätzlich wurden im Rahmen der praktischen Erprobung die mit dem Materialbedarf für die Herstellung einer Bohrschablone einhergehenden $CO_{2äq}$-Emissionen vor und nach der Anwendung von Maßnahmen verglichen. Diese Ermittlung der $CO_{2äq}$-Emissionen stellt keinen Teil der Methodik dar, kann aber anhand der vorliegenden Daten (je Roh- und Betriebsstoffe: Bedarfsmenge sowie sekundärer Cradle-to-Gate-Emissionsfaktor) durchgeführt werden. Durch die angewandten Maßnahmen wurden die mit der Herstellung einer Bohrschablone einhergehenden $CO_{2äq}$-Emissionen von anfänglich 15 kg um 38 % auf 9,3 kg reduziert. Die größte absolute und relative Reduzierung der $CO_{2äq}$-Emissionen trat infolge der Reduzierung des Inertgasbedarfs auf. Hierbei wurden die mit der Verwendung des Inertgases Argon einhergehenden $CO_{2äq}$-Emissionen von 6 kg um 65 % reduziert.

Durch die Anwendung von Maßnahmen in der Fallstudie im Forschungsumfeld konnte neben der Steigerung der Ressourceneffizienz auch eine Verbesserung der Arbeitssicherheit realisiert werden. Gemäß VDI-Richtlinie 3405 Blatt 6 *Entwurf* wurde die Gefährdung bei der prozessschrittspezifischen Materialhandhabung (vgl. Abschnitt 2.2.4) für jeden Hauptprozess vor und nach der Umsetzung von Maßnahmen ermittelt [VDI24a]. Das Ergebnis wurde in Abbildung 55 im Anhang A3 dargestellt. Es zeigt sich, dass die Gefährdung bei der prozessschrittspezifischen Materialhandhabung im Hauptprozess *Maschinenvorbereitung* durch die Anwendung der Maßnahmen reduziert werden konnte. Dies ist auf die Verwendung einer Befüllvorrichtung zur Befüllung der PBF-LB/M-Maschine zurückzuführen, wodurch die Expositionswahrscheinlichkeit der Mitarbeiter durch Metallpulver reduziert wird.

5.2 Fallstudie 2: Praktische Erprobung im Industrieumfeld

Die Fallstudie im Industrieumfeld wurde bei einem Unternehmen durchgeführt, das sich auf die Herstellung von Blechbiegebauteilen und -baugruppen spezialisiert hat. Bei dem Unternehmen handelt es sich laut KMU-Definition der Europäischen Kommission um ein mittleres Unternehmen [KOM03]. Das Unternehmen setzt das PBF-LB/M als Fertigungsdienstleister für Prototypen und Kleinserienbauteile, insbesondere im Maschinen- und Automobilbau, ein und verfügt über zwei PBF-LB/M-Maschinen verschiedener Hersteller.

5.2.1 Szenario

Im Rahmen der Fallstudie im Industrieumfeld erfolgte die praktische Erprobung der entwickelten Methodik anhand der Fertigung eines Bauteilsets, bestehend aus acht Zentrierbolzen ähnlicher Geometrie. Die Zentrierbolzen dienen dazu, Fräsbauteile reproduzierbar in einer Prüfvorrichtung zu positionieren, um sie hinsichtlich Maß- und Formtoleranzen analysieren zu können.

Das Bauteilset wird auf externe Anfrage in einem gemeinsamen Prozesskettendurchlauf mittels PBF-LB/M gefertigt. Als Metallpulverwerkstoff wird auf den korrosionsbeständigen Edelstahl 1.4404 zurückgegriffen. Um den hohen Qualitätsanforderungen an die Zentrierbolzen gerecht zu werden, erfolgt die Fertigung des Bauteilsets, welches ein Volumen von etwa 70 cm^3 besitzt, mit einer Schichtdicke von 25 µm. Dies führt zu einer Betriebszeit der PBF-LB/M-Maschine für die Fertigung der acht Zentrierbolzen von etwa 30 h. Das Volumen der beim PBF-LB/M erforderlichen Stützstrukturen liegt bei etwa 6 % des Volumens der Zentrierbolzen.

Das Unternehmen verfügte zu Beginn der praktischen Erprobung über keine geeignete Lösung zur Entsorgung der mit Metallpulver kontaminierten Betriebsstoffe. Daher werden die Kosten für die Entsorgung im Rahmen der praktischen Erprobung bei der Fallstudie im Industrieumfeld zunächst nicht berücksichtigt. Aufgrund von Vertraulichkeitsvereinbarungen dürfen im Rahmen der Fallstudie im Industrieumfeld keine genauen Daten offengelegt werden, weshalb diese zur Anonymisierung skaliert werden. Tabelle 12 fasst die Fallstudie in Form einer Typologisierung zusammen.

Tabelle 12: Typologisierung der Fallstudie im Industrieumfeld

Typologisierungsmerkmal	Ausprägung			
Unternehmens-/Institutsgröße	Klein	Mittel	Groß	
Losgröße	Einzelteil	Kleinserie	Großserie	
Anwendungsbranche	Luft- und Raumfahrt	Medizin-technik	Automobil-bau	Maschinen-bau
Bauteilanwendung	Prototyp	Werkzeug	Endprodukt	Ersatzteil
Bauraumgröße der PBF-LB/M-Maschine	Klein (<1 dm³)	Mittel (≥ 1 dm³; < 10 dm³)	Groß (≥ 10 dm³)	

5.2.2 Anwendung der Methodik

In der vorliegenden Fallstudie wurden entsprechend der in Abbildung 19 dargestellten Grundstruktur der Methodik alle Module angewandt, deren Ergebnisse nachfolgend erläutert werden.

Modul 1: Definition von Ziel und Rahmenbedingungen

Im ersten Modul wurde das nachfolgend aufgeführte anwenderspezifische Ziel definiert. Weiterhin wurden die Rahmenbedingungen, die bei der Anwendung der Methodik zu berücksichtigen sind, festgelegt und in der Tabelle 21 im Anhang A4 zusammengefasst. Dabei ist hervorzuheben, dass die Prozessparameter und damit die Betriebszeit der PBF-LB/M-Maschine als konstant angenommen wurden (vgl. Rahmenbedingung 4 *Maßnahmeneinschränkung*). Deshalb wurde die Betriebszeit der PBF-LB/M-Maschine nicht im Produktionssystem berücksichtigt. Die im Rahmen der praktischen Erprobung im Forschungsumfeld angewandten PBF-LB/M-Prozessschritte, geclustert in die zu aggregierenden Hauptprozessen, sind schematisch in Abbildung 47 dargestellt.

Zieldefinition der Fallstudie im Industrieumfeld: Durch die Anwendung der Methodik sollen die bauteilspezifischen Kosten für die Ressourcen *Material*, *Mensch* und *Maschine* bei der additiven Fertigung eines Bauteilsets bestehend aus acht Zentrierbolzen mittels PBF-LB/M innerhalb von drei Monaten um 25 % gegenüber dem Ausgangs-Zustand bei Projektbeginn gesenkt werden. Die damit einhergehenden Einsparungen sollen einen Wettbewerbsvorteil schaffen und die Investition in weitere produktivere PBF-LB/M-Maschinen ermöglichen. Weiterhin sollen die Einsparungen dazu beitragen, das Image als innovatives und umweltbewusstes Unternehmen zu stärken.

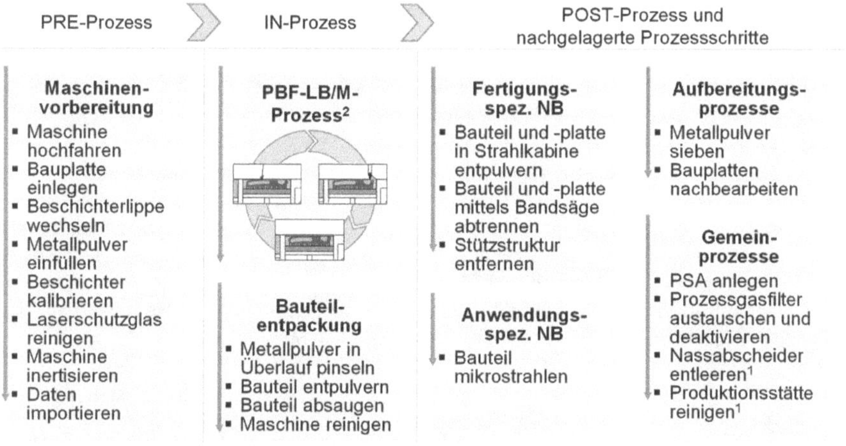

[1] Berücksichtigung des prozessschrittspezifischen Mindest-Verhältnisses $N_{Vp;min}$, siehe Tabelle 21
[2] ohne Berücksichtigung der Betriebszeit der PBF-LB/M-Maschine (Ressource *Maschine*)

Abbildung 47: Schematische Darstellung der PBF-LB/M-Prozesskette im Rahmen der Fallstudie im Industrieumfeld mit Aggregation der Prozessschritte zu Hauptprozessen; Einteilung der Prozessphasen in Anlehnung an [VDI14a, BAY21]

Modul 2: Hotspot-Analyse

Für die Ist-Aufnahme der Ressourcenbedarfe entlang der PBF-LB/M-Prozesskette wurden die in Tabelle 13 aufgeführten Messgeräte verwendet. Darüber hinaus konnte ein Großteil der Ressourcenbedarfe durch Zählung quantifiziert werden, wie z. B. der Bedarf an Beschichterlippen, Bauplatten oder den erforderlichen Betriebsstoffen zur Reinigung der Produktionsstätte. Diese quantitativ erfassten Ressourcenbedarfe wurden für die Berechnung der Materialemissionskosten zusätzlich gravimetrisch mittels der Präzisionswaage *572-57* (*Kern & Sohn GmbH)* erfasst. Der für die Berechnung der Materialemissionskosten erforderliche sekundäre Cradle-to-Gate-Emissionsfaktor wurde mittels der Ökobilanz-Software *SimaPro* nach der schadensorientierten Bewertungsmethode *ReCiPe 2016* auf Basis der Ökobilanz-Datenbank *Ecoinvent 3.9.1* (allocation, cut-off by classification) ermittelt.

Tabelle 13: Verwendete Messgeräte bei der Ist-Aufnahme im Rahmen der Fallstudie im Industrieumfeld

Ressourcenbedarf	Messgerät
Metallpulver, Wasser, Strahlgut	Präzisionswaage 572-57 (Kern & Sohn GmbH)
Inertgas, Druckluft	Thermischer Massedurchflussmesser GSM-B5BGYQM4 (Vögtlin Instruments GmbH)
Energie	Analysator für dreiphasige Stromnetze C.A 8335 Qualistar Plus (Chauvin Arnoux GmbH)
Arbeitszeit Mitarbeiter, Laufzeit PBF-LB/M-Maschine	Analysator für dreiphasige Stromnetze C.A 8335 Qualistar Plus (Chauvin Arnoux GmbH),

	Maschinenprotokoll der PBF-LB/M-Maschine TruPrint 1000 (TRUMPF Laser- und Systemtechnik GmbH), Stoppuhr
Prozessgasfilter	Anteiliger Nutzungsgrad der PBF-LB/M-Maschine TruPrint 1000 (TRUMPF Laser- und Systemtechnik GmbH)

Im Anschluss wurden die Ressourcenbedarfe normalisiert, monetarisiert und zu den Ressourcen *Material*, *Mensch* und *Maschine* allokiert. Zusätzlich wurden die Prozessschritte entsprechend Abbildung 47 zu Hauptprozessen aggregiert. Das Ergebnis der monetarisierten und aggregierten *RjH* ist in Abbildung 48 zusammengefasst. Die Summe der dargestellten Kosten der Ressourcen *Material*, *Mensch* und *Maschine* innerhalb des definierten Produktionssystems bilden mit 400,78 € je Bauteilset bestehend aus acht Zentrierbolzen die Kosten zur Herstellung einer funktionellen Einheit vor der Umsetzung von Maßnahmen.

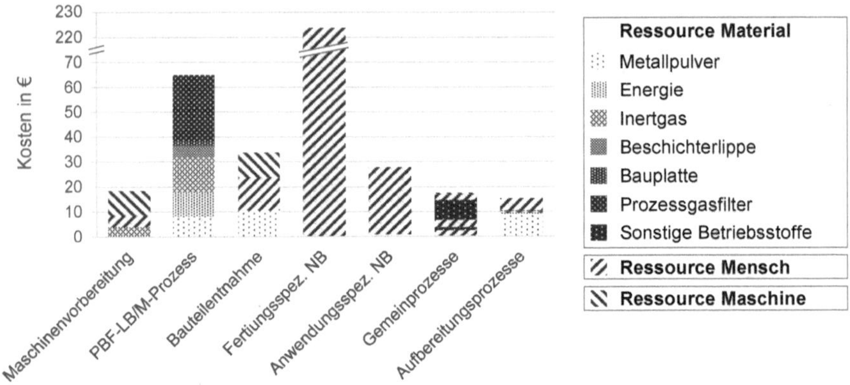

Abbildung 48: Kosten der Ressourcen Material, Mensch und Maschine je Hauptprozess im Rahmen der Fallstudie im Industrieumfeld (Ausgangssituation)

Anschließend wurden die *RjH* fortlaufend nummeriert, siehe Tabelle 14. Aufgrund der Aggregation der Prozessschritte zu sieben Hauptprozessen werden 21 *RjH* unterschieden, die jeweils auf Basis ihres Anteils an den Gesamtkosten zur Herstellung einer funktionellen Einheit kostenbasiert kategorisiert wurden.

Das Ergebnis der kostenbasierten Kategorisierung und effizienzbasierten Klassifizierung der *RjH* im Rahmen der Fallstudie im Industrieumfeld ist in Abbildung 49 zusammengefasst. Im Rahmen der Hotspot-Analyse entfiel die Notwendigkeit der effizienzbasierten Klassifizierung für zwölf der 21 *RjH*, da diese der Kostenkategorie V zugeordnet wurden. Von den neun restlichen *RjH* mit einer Kostenkategorie von II bis IV, für die eine effizienzbasierte Klassifizierung durchgeführt wurde, wurden fünf *RjH* als Hotspot definiert. Dabei handelt es sich um Folgende:

#2 »*Material* für den *PBF-LB/M-Prozess*«

#3 »*Material* für die *Bauteilentnahme*«

#6 »*Material* für die *Gemeinprozesse*«

#7 »*Material* für die *Aufbereitungsprozesse*«

#11 »*Mensch* für die *fertigungsspezifische Nachbearbeitung*«

Tabelle 14: Kostenbasierte Kategorisierung der RjH im Rahmen der Fallstudie im Industrieumfeld

Ressource

Hauptprozess	*Material*			*Mensch*			*Maschine*		
Maschinenvorbereitung	1	I	1,5 %	8	I	1,8 %	15	II	3,7 %
PBF-LB/M-Prozess	2	IV	24,9 %	9	I	0,0 %			
Bauteilentnahme	3	III	4,1 %	10	III	5,0 %	17	II	3,8 %
Fertigungsspez. NB	4	I	0,0 %	11	V	32,1 %	18	I	0,0 %
Anwendungsspez. NB	5	I	0,4 %	12	III	10,2 %	19	I	0,0 %
Gemeinprozesse	6	II	3,5 %	13	I	2,9 %	20	I	0,2 %
Aufbereitungsprozesse	7	II	3,8 %	14	I	2,0 %	21	I	0,0 %

∑V: 32,1 %
∑V–IV: 56,9 %
∑V–III: 76,3 %
∑V–II: 91,1 %
∑V–I: 100 %

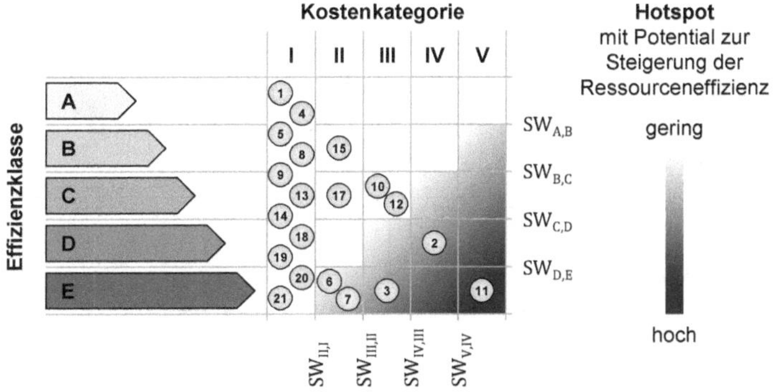

Abbildung 49: Ergebnis der Hotspot-Definition im Rahmen der Fallstudie im Industrieumfeld

Modul 3: Maßnahmenableitung und -umsetzung

In Modul 3 wurden gemäß Abschnitt 4.3 für jeden der fünf definierten Hotspots #2, #3, #6, #7 und #11 zielgerichtet Maßnahmen abgeleitet[28], ausgewählt und umgesetzt. Die hierfür je Hotspot erstellten A3-Reports sind in Abbildung 50 aufgeführt. Zusätzlich ist eine Detailansicht des A3-Reports des Hotspots #11 in Abbildung 56 und Abbildung 57 abgebildet. Tabelle 15 fasst alle im Rahmen der praktischen Erprobung der Fallstudie im Industrieumfeld entwickelten Maßnahmen zusammen. Bei deren erstmaliger Anwendung wurden die Maßnahmen gemäß Abschnitt 4.3.5 lokal kontrolliert.

[28] Für die Ableitung von Maßnahmen wurden Experten und Maschinenbediener des jeweiligen Unternehmens befragt, die im Rahmen der Fallstudie im Forschungsumfeld abgeleiteten Maßnahmen (vgl. Maßnahmenkatalog in Tabelle 19 im Anhang A1) analysiert sowie teils gezielt nach Lösungsansätzen für einzelne Ursachen recherchiert.

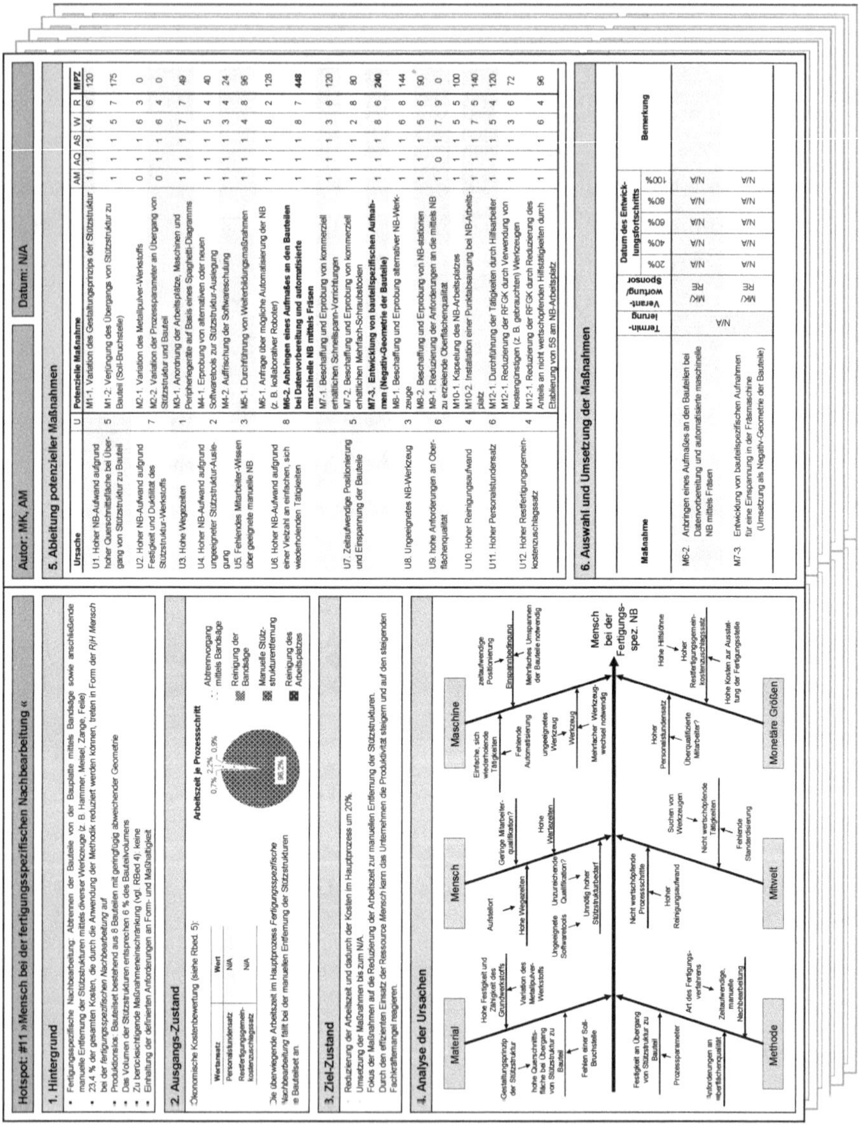

Abbildung 50: A3-Reporte zur systematischen Ableitung und Umsetzung von Maßnahmen im Rahmen der Fallstudie im Industrieumfeld

Tabelle 15: Überblick über die entwickelten Maßnahmen im Rahmen der Fallstudie im Industrieumfeld

Hotspot	Maßnahmen	
#2 »Material für den PBF-LB/M-Prozess«	2A	Durchführung von Versuchen zur Untersuchung alternativer Gestaltungsprinzipien der Stützstrukturen mit dem Ziel der Reduzierung der Masse der Stützstrukturen (Stützstrukturverluste)
	2B	Durchführung von Versuchen zur Bewertung der Verwendbarkeit von zweiseitig einsetzbaren Beschichterlippen
	2C	Einholung von Alternativangeboten für Prozessgasfilter von Nicht-OEMs
#3 » Material für die Bauteilentnahme«	3A	Perforation der Stützstrukturen mit dem Ziel der Reduzierung der Masse an Metallpulver, das in Kavitäten zwischen den Stützstrukturen eingeschlossen ist und bei der Nachbearbeitung entfernt und entsorgt wird (Einschlussverluste)
#6 »Material für die Gemeinprozesse«	6A	Durchführung von Versuchen zur Lagerung und Verdunstung der Waschflüssigkeit des Nassabscheiders sowie zur Entsorgung des zurückbleibenden deaktivierten Metallpulvers als Metallschrott; Einholung einer Genehmigung zur Entsorgung als Metallschrott beim lokalen Entsorgungsunternehmen
	6B	Entwicklung eines Prozesses zur Vakuumierung und Einschweißung gesättigter Prozessgasfilter für eine kostengünstige und umweltschonende Entsorgung
#7 »Material für die Aufbereitungsprozesse«	7A	Bewertung einer erneuten Pulveraufbereitung von Grobkorn im Rahmen der nächsten turnusmäßigen Pulveraufbereitung zur Reduzierung des Metallpulvers, das bei der Pulveraufbereitung mittels Sieben als Grobkorn erfasst wird (Siebverluste)
	7B	Bewertung der Erhöhung des Zyklus der Pulveraufbereitung mittels Sieben mit dem Ziel der Reduzierung des Inertgasbedarfs bei der initialen Inertisierung
#11 »Mensch für die fertigungsspezifische Nachbearbeitung«	11A	Anbringung eines Aufmaßes an den zu fertigenden Zentrierbolzen im Rahmen der Datenvorbereitung sowie maschinelle Nachbearbeitung der gefertigten Zentrierbolzen mittels Fräsen
	11B	Entwicklung von bauteilspezifischen Aufnahmen für eine Einspannung der mittels PBF-LB/M gefertigten Zentrierbolzen in einer Fräsmaschine (Realisierung als Negativ-Geometrie der Zentrierbolzen)

Durch die Anwendung von Maßnahmen können sowohl die Ressourcenbedarfe in dem im Hotspot zugrundeliegenden Hauptprozess als auch in den nachfolgenden Hauptprozessen beeinflusst werden. Dies wird exemplarisch anhand der in Hotspot #11 angewandten Maßnahmen 11A und 11B verdeutlicht. Durch die Substitution der manuellen Stützstrukturentfernung durch eine maschinelle Nachbearbeitung mittels Fräsen erfüllen die Zentrierbolzen bereits vor dem Mikrostrahlen nahezu die erforderlichen Qualitätsanforderungen. Dadurch wurde der Zeitbedarf zum Mikrostrahlen der Bauteile im folgenden Hauptprozess deutlich reduziert.

Das systematische Vorgehen in Modul 3 zur Ableitung und Umsetzung von Maßnahmen wurde im Rahmen der Fallstudie im Industrieumfeld zusätzlich genutzt, um beim Unternehmen erstmalig Maßnahmen zur Entsorgung von mit Metallpulver kontaminierten Betriebsstoffen abzuleiten und umzusetzen. Dabei handelt es sich um die Maßnahmen 6A und 6B.

Modul 4: Zielkontrolle und Verstetigung

Nach der Anwendung der Maßnahmen erfolgte gemäß Abschnitt 4.4 die globale Kontrolle auf Basis einer erneuten messtechnischen Aufnahme der Ressourcenbedarfe entlang der PBF-LB/M-Prozesskette, gefolgt von deren Normalisierung, Monetarisierung und Aggregation. In Abbildung 51 sind die Kosten der *RjH* vor und nach der Anwendung der Maßnahmen abgebildet. Die Anwendung der Maßnahmen führte in allen Hotspots zu einer Reduzierung der Kosten der *RjH*. Die größte absolute Kostenreduzierung der *RjH* trat infolge der Maßnahmen 11A und 11B auf, wodurch die Kosten der Ressourcen im Hauptprozess *fertigungsspezifische Nachbearbeitung* um insgesamt 162,74 € reduziert wurden. Dabei wurden bereits die Mehrkosten berücksichtigt, die infolge der Nutzung der Fräsmaschine für die Nachbearbeitung auftraten.

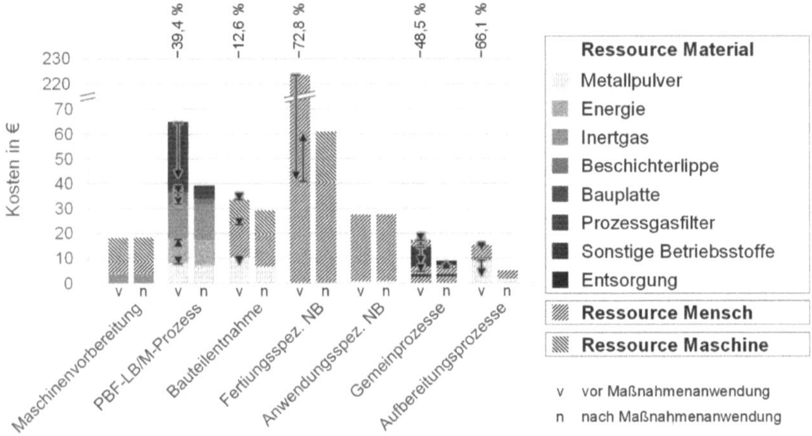

Abbildung 51: Kosten der Ressourcen Material, Mensch und Maschine je Hauptprozess vor und nach der Anwendung von Maßnahmen im Rahmen der Fallstudie im Industrieumfeld

Insgesamt wurden durch die Anwendung der ausgewählten Maßnahmen die anfänglichen Kosten je Bauteilset bestehend aus acht Zentrierbolzen von 400,78 € auf 189,98 € gesenkt, was einer Reduzierung um 52,6 % entspricht. Zusätzlich wurden Maßnahmen umgesetzt, die die erstmalige Entsorgung von mit Metallpulver kontaminierten Betriebsstoffen beim Unternehmen ermöglichte. Die aus der Entsorgung resultierenden anteiligen Kosten von 1,71 € je funktioneller Einheit wurden bei der Reduzierung der o.g. Kosten bereits berücksichtigt. Damit wurde das mit der Anwendung der Methodik verbundene anwenderspezifische Ziel zur Reduzierung der Kosten der Ressourcen *Material*, *Mensch* und *Maschine* von 25 % übererfüllt. Ein erneuter Durchlauf der Methodik wurde im Rahmen der praktischen Erprobung nicht durchgeführt

Durch die angewandten Maßnahmen wurden die mit der Herstellung des Bauteilsets einhergehenden $CO_{2äq}$-Emissionen von anfänglich 37,3 kg um 9 % auf 34,4 kg reduziert. Die Reduzierung der $CO_{2äq}$-Emissionen ist insbesondere auf die Reduzierung des Bedarfs an Metallpulver zurückzuführen. Im Gegensatz dazu führte die fertigungsspezifische Nachbearbeitung des Bauteilsets in einer Fräsmaschine zu einem geringfügigen Anstieg der $CO_{2äq}$-Emissionen infolge des gestiegenen Energiebedarfs.

5.3 Diskussion der Forschungsergebnisse

In diesem Abschnitt werden die Ergebnisse der praktischen Erprobung kritisch bewertet. Weiterhin wird die Erfüllung der in Abschnitt 1.3 definierten Zielsetzung unter Berücksichtigung der in Abschnitt 2.4 formulierten Schwerpunkte überprüft sowie die in Abschnitt 3.1 abgeleiteten Anforderungen an die Methodik hinsichtlich ihres Erfüllungsgrades diskutiert.

5.3.1 Bewertung der praktischen Erprobung

Im Rahmen der praktischen Erprobung wurden die Module der entwickelten Methodik bei je einer Fallstudie im Forschungs- und im Industrieumfeld angewandt. In Modul 1 wurden bei beiden Fallstudien anwenderspezifische Ziele definiert, die durch die Anwendung der Methodik angestrebt wurden. Diese Ziele bestanden darin, die Kosten der Ressourcen *Material*, *Mensch* und *Maschine* für die Fertigung eines festgelegten Produktionsloses in der Fallstudie im Forschungsumfeld um 20 % und in der Fallstudie im Industrieumfeld um 25 % zu reduzieren. Die je Fallstudie festgelegten Rahmenbedingungen wiesen weitgehende Übereinstimmungen auf (vgl. Tabelle 20 im Anhang A3 und Tabelle 21 im Anhang A4). So wurden beispielsweise in beiden Fallstudien auf Basis der Ausführungen in Abschnitt 2.1 und 4.3.3 sowohl ein hard- oder softwareseitiger Eingriff in die PBF-LB/M-Maschine als auch eine Adaption der Prozessparameter des PBF-LB/M-Prozesses ausgeschlossen. Wesentliche Unterschiede bei den Rahmenbedingungen der beiden Fallstudien lagen in dem zu fertigenden Produktionslos und den je PBF-LB/M-Prozesskette zu berücksichtigenden Prozessschritten.

In Modul 2 wurden die für die Fertigung des jeweiligen Produktionsloses erforderlichen Ressourcenbedarfe unter Berücksichtigung der zuvor definierten Rahmenbedingungen messtechnisch erfasst. Dabei wurden jeweils nur die Ressourcenbedarfe innerhalb des definierten Produktionssystems berücksichtigt. Die erfassten Ressourcenbedarfe je Prozessschritt wurden im Anschluss normalisiert, monetarisiert sowie zu den Ressourcen *Material*, *Mensch* und *Maschine* zugeordnet. Andererseits wurden die Prozessschritte für eine direkte Vergleichbarkeit der beiden Fallstudien in Anlehnung an VDI-Richtlinie 3405 und BAY ET AL. zu den gleichen Hauptprozessen aggregiert [VDI14a, BAY21]. In beiden Fallstudien resultierten die anteilig höchsten Kosten bei den Ressourcen #2 »*Material* für den *PBF-LB/M-Prozess*« und #11 »*Mensch* für die *fertigungsspezifische Nachbearbeitung*«, die in der Fallstudie im Forschungsumfeld für 43,1 % und in der Fallstudie im Industrieumfeld für 56,9 % der Gesamtkosten zur Herstellung einer funktionellen Einheit verantwortlich waren. Bei der anschließenden Hotspot-Definition wurden in der Fallstudie im Forschungsumfeld sechs und in der Fallstudie im Industrieumfeld fünf Hotspots definiert.

In Modul 3 konnten in beiden Fallstudien zahlreiche potenzielle Maßnahmen je Hotspot abgeleitet werden. Dabei wurden sowohl Maßnahmen aus dem im Anhang A2 in Tabelle 19 aufgeführten Maßnahmenkatalog herangezogen als auch neue potenzielle Maßnahmen identifiziert sowie dadurch der Maßnahmenkatalog sukzessive erweitert. Bei der anschließenden Auswahl der zu entwickelnden Maßnahmen konnten erfolgreich diejenigen Maßnahmen ausgeschlossen werden, bei deren Anwendung die Bauteilqualität und Arbeitssicherheit nicht sichergestellt werden kann. Durchschnittlich wurden je Hotspot zwei Maßnahmen ausgewählt. Mit Ausnahme der Maßnahme 3A in der Fallstudie im Forschungsumfeld wurden alle Maßnahmen bereits entwickelt, angewandt und lokal überprüft. Es zeigte sich, dass die Entwicklung vieler Maßnahmen vergleichsweise einfach und kostengünstig ausfiel. Dies ist auf die Berücksichtigung des qualitativen Bewertungskriteriums *Realisierbarkeit der Maßnahme* im Rahmen der Methode *MRAA* (vgl. Abschnitte 4.3.3 und 4.3.4) zurückzuführen. Zusätzlich zur Reduzierung der Kosten der Ressourcen *Material*, *Mensch* und *Maschine* wurde in beiden Fallstudien ein zusätzlicher Mehrwert im Rahmen der Maßnahmenableitung und -umsetzung herausgearbeitet. Einerseits wurde in der Fallstudie im Forschungsumfeld die Arbeitssicherheit im Hauptprozess *Maschinenvorbereitung* verbessert. Andererseits wurde in der Fallstudie im Industrieumfeld erstmalig die Entsorgung von mit Metallpulver kontaminierten Betriebsstoffen umgesetzt.

In Modul 4 wurden in beiden Fallstudien analog zu Modul 2 die Ressourcenbedarfe messtechnisch erfasst, normalisiert, monetarisiert und aggregiert. Bei der globalen Kontrolle zeigte sich, dass die Umsetzung der Maßnahmen in beiden Fallstudien zu einer Reduzierung der Summe der Kosten der Ressourcen *Material*, *Mensch* und *Maschine* in jedem Hotspot führte. Die entlang der PBF-LB/M-Prozesskette anfallenden Kosten der Ressourcen *Material*, *Mensch* und *Maschine* konnten in der Fallstudie im Forschungsumfeld um 32,6 % und in der Fallstudie im Industrieumfeld um 52,6 % reduziert werden. Dadurch konnte in beiden Fallstudien das Ziel, das durch die Anwendung der Methodik verfolgt wurde, erreicht werden. Es ist anzumerken, dass die Kostenreduzierung in der Fallstudie im Industrieumfeld größtenteils auf die in einem Hotspot angewandten Maßnahmen zurückzuführen ist. Ohne diese Maßnahmen würde die prozentuale Reduzierung der Kosten der Ressourcen *Material*, *Mensch* und *Maschine* in dieser Fallstudie lediglich 12,4 % betragen.

In beiden Fallstudien wurde bestätigt, dass eine konsistente und eine praxisnahe Durchführung der PBF-LB/M-Prozesskette eine zentrale Voraussetzung für die erfolgreiche Anwendung der Methodik darstellt. Laut HOFMANN scheitern Verbesserungsvorhaben häufig daran, dass die Ist-Aufnahme auf Basis einer dokumentierten Ausgangslage erfolgt, die in der Praxis nicht angewandt wird [HOF20]. Bei der Anwendung der vorliegenden Methodik ist dies zu beachten, da bei der Fertigung von Bauteilen mit geringer Losgröße die mehrfache messtechnische Erfassung der Ressourcenbedarfe pro Prozessschritt und somit die Generierung von Daten mit hoher statistischer Aussagekraft nur bedingt möglich ist. Wird im Rahmen von Modul 2 bei der Ist-Aufnahme nicht die in der Praxis angewandte PBF-LB/M-Prozesskette erfasst, basieren die Ableitung, Auswahl und Umsetzung von Maßnahmen auf ungenauen oder fehlerhaften Daten. Wie in Abschnitt 1.2 thematisiert, wird das PBF-LB/M zunehmend für die Fertigung von Bauteilen mit steigenden Losgrößen eingesetzt. Dies erlaubt zukünftig die mehrfache Erfassung der Ressourcenbedarfe in Modul 2 und Modul 4 und dadurch die Generierung von Daten mit hoher statistischer Aussagekraft.

5.3.2 Evaluierung der Erfüllung von Zielsetzung und Anforderungen an die Methodik

Wie in der praktischen Erprobung nachgewiesen, ermöglicht die in der vorliegenden Arbeit entwickelte Methodik eine Steigerung der Ressourceneffizienz beim PBF-LB/M unter Sicherstellung von Bauteilqualität und Arbeitssicherheit. Um den Erfüllungsgrad der in Abschnitt 2.4 formulierten Schwerpunkte der vorliegenden Arbeit beurteilen zu können, wurden diese im Hinblick auf die entwickelte Methodik einer kritischen Evaluation unterzogen (siehe Tabelle 16).

Tabelle 16: Beurteilung des Erfüllungsgrads der Zielsetzung der vorliegenden Arbeit

Schwerpunkt		Erfüllungsgrad
1:	Ökologische und ökonomische Bilanzierung der Ressourcenbedarfe	◕
2:	Benchmarkorientierte Hotspotdefinition	●
3:	Ursachenorientierte Ableitung von Maßnahmen	●
4:	Ressourceneffizienzorientierte sowie qualitäts- und arbeitssicherheitssicherstellende Maßnahmenauswahl	●

Erfüllungsgrad: ◕ weitestgehend erfüllt ● vollständig erfüllt

Durch die Anwendung der entwickelten Methodik werden die für die Fertigung von Bauteilen mittels PBF-LB/M erforderlichen Ressourcenbedarfe ökologisch und ökonomisch bilanziert. Die ökologische Bilanzierung umfasst dabei die Ressourcenbedarfe der Ressourcen *Material*, *Mensch* und *Maschine*, während sich die ökologische Bilanzierung ausschließlich auf die Ressourcenbedarfe der Ressource *Material* beschränkt. Die Definition der Hotspots erfolgt zusätzlich zur kostenbasierten Kategorisierung der bilanzierten *RjH* auf Basis von Benchmark-Analysen, die für alle *RjH* mit einem hohen Anteil an den Gesamtkosten durchgeführt werden. Für jeden definierten Hotspot werden zunächst die Ursachen ermittelt, auf deren Basis ursachenorientiert Maßnahmen zur Steigerung der Ressourceneffizienz abgeleitet werden. Bei der anschließenden Auswahl der umzusetzenden Maßnahmen wird sichergestellt, dass die Bauteilqualität und Arbeitssicherheit nicht beeinträchtigt werden. Die kritische Beurteilung des Erfüllungsgrades der in Abschnitt 3.1 abgeleiteten Anforderungen an die Methodik erfolgt in Tabelle 17.

Tabelle 17: Beurteilung des Erfüllungsgrads der anwenderunabhängigen und anwenderspezifischen Anforderungen an die entwickelte Methodik

Anforderungen		Erfüllungsgrad
Anwenderunabhängige Anforderungen		
AF 1:	Universelle Anwendbarkeit der Methodik	●
AF 2:	Monetäre Bewertbarkeit der Ressourcenbedarfe	◕
AF 3:	Wettbewerbsvergleich mittels Benchmark-Analyse	◕
AF 4:	Vermeidung der Beeinträchtigung von Bauteilqualität und Arbeitssicherheit	●
AF 5:	Unabhängigkeit der Module	◕
AF 6:	Akzeptanz der Methodik	◕

Anwenderspezifische Anforderungen	
AF 7: Quantifizierung und Reduzierung des $CO_{2\text{äq}}$-Fußabdrucks der eingesetzten Materialien	◕
AF 8: Adaptierbarkeit der Methodik	●
AF 9: Verhältnismäßigkeit von Aufwand und Nutzen	◕

Erfüllungsgrad: ◕ weitestgehend erfüllt ● vollständig erfüllt

Im Rahmen der beiden Fallstudien konnte die praktische Anwendbarkeit der entwickelten Methodik sowohl im Forschungs- als auch im Industrieumfeld unter verschiedenen Rahmenbedingungen erfolgreich nachgewiesen werden. Dadurch wird die Anforderung 1 als vollständig erfüllt bewertet.

Die Untermodule *Normalisierung* und *Monetarisierung* ermöglichen die Bewertung der erfassten Ressourcenbedarfe in Bezug zur funktionellen Einheit anhand ausschließlich von *Kosten*. Dabei werden die Kosten für die Ressourcenbedarfe der Ressourcen *Material*, *Mensch* und *Maschine* anhand verschiedener Wertansätze (vgl. Abschnitt 4.1) berücksichtigt. Zudem werden die Gemeinkosten auf die Ressourcenbedarfe umgelegt sowie der $CO_{2\text{äq}}$-Fußabdruck der verwendeten Materialien monetär bewertet. Allerdings werden Kosten, die mit der Fertigung der Bauteile mittels PBF-LB/M verbunden sind, aber außerhalb des definierten Produktionssystems der Methodik liegen oder durch die Rahmenbedingung 4 *Maßnahmeneinschränkung* ausgeschlossen werden, nicht betrachtet. Dadurch wird die Anforderung 2 als weitestgehend erfüllt eingestuft.

Im Rahmen der Methodik erfolgt für jede *RjH* mit einer hohen kostenbasierten Kategorisierung die Durchführung von Benchmark-Analysen für jeden der *RjH* zugrundeliegenden Ressourcenbedarfe. Dadurch wird ein Vergleich mit dem Stand der Technik ermöglicht, wodurch Vor- und Nachteile von verschiedenen Prozessschritt-Varianten sowie von unterschiedlichen PBF-LB/M-Produktionsstätten identifiziert werden können. Wie in Kapitel 2 dargestellt, existieren für einige Ressourcenbedarfe bislang keine Referenzdatensätze in der Fachliteratur, weshalb die Anforderung 3 als weitestgehend erfüllt bewertet wird.

Die entwickelte Methode *MRAA* (vgl. Abschnitte 4.3.3 und 4.3.4) schließt durch die Berücksichtigung von Ausschlusskriterien bei der Auswahl von Maßnahmen zur Steigerung der Ressourceneffizienz eine Beeinträchtigung von Mindest-Standards aus. Die praktische Anwendbarkeit der Ausschlusskriterien (*Maßnahmeneinschränkung*, *mindestens gleichbleibende Bauteilqualität* und *mindestens gleichbleibende Arbeitssicherheit*) konnte im Rahmen der praktischen Erprobung in beiden Fallstudien erfolgreich nachgewiesen werden, weshalb die Anforderung 4 als vollständig erfüllt eingestuft wird.

Die einzelnen Module der Methodik können unabhängig voneinander angewandt werden und bieten dem Anwender jeweils einen spezifischen Mehrwert. Durch einen mehrmaligen Durchlauf der Methodik kann ein kontinuierlicher Verbesserungsprozess etabliert werden, was allerdings im Rahmen der beiden Fallstudien nicht abschließend nachgewiesen werden konnte. Daher wird die Anforderung 5 als weitestgehend erfüllt beurteilt.

Bei der Konzeptionierung der Methodik wurden zahlreiche etablierte Methoden berücksichtigt, um sowohl die Akzeptanz der Methodik zu erhöhen als auch die praxisorientierte Umsetzung der Maßnahmen zu begünstigen. Allerdings wurden einige Methoden adaptiert, wie beispielsweise die auf der *FMEA* basierende Methode *MRAA*. Aus diesem Grund wurde die Anforderung 6 als weitestgehend erfüllt bewertet.

Der Anwender der Methodik kann die Höhe des $CO_{2äq}$-Preises der eingesetzten Materialien individuell festlegen (siehe RBed 6). Dies ermöglicht eine flexible Berücksichtigung der mit den $CO_{2äq}$-Emissionen einhergehenden Kosten. Die Ableitung und Auswahl von Maßnahmen basiert durchgehend auf der gemeinsamen ökonomischen und ökologisch-ökonomischen Bewertung der Ressourcen. Eine ausschließlich ökologisch basierte Bewertung ist innerhalb der Methodik nicht vorgesehen, weshalb die Anforderung 7 als weitestgehend erfüllt betrachtet wird.

Im Rahmen der praktischen Erprobung wurde nachgewiesen, dass die Methodik auf die individuellen Rahmenbedingungen der Anwender adaptiert werden kann. Beispielswiese wurde bei der Fallstudie im Industrieumfeld eine Lösung für die bis dahin noch nicht realisierte Entsorgung von mit Metallpulver kontaminierten Betriebsstoffen entwickelt. Die Methodik kann zudem durch weitere Methoden ergänzt werden, wie z. B. durch die Anwendung der 5W-Methode (vgl. Abschnitt 2.3) bei der Analyse der Ursachen oder der Nutzwertanalyse bei der Auswahl von Maßnahmen. Daher wird die Anforderung 8 als vollständig erfüllt beurteilt.

In beiden Fallstudien wurde die Methodik anhand der Fertigung einer Kleinserie praktisch erprobt. Dabei konnten die Kosten innerhalb der in den beiden Fallstudien betrachteten Produktionssystemen in nur einem Durchlauf der Methodik um jeweils über 30 % reduziert werden. In den Fallstudien wurden je Hotspot durchschnittlich zwei Maßnahmen umgesetzt und dadurch jeweils die Kosten der dem Hotspot zugrundeliegenden Ressourcenbedarfe reduziert. Daher wird angenommen, dass auch bei der wiederholten Anwendung der Methodik und folglich der erneuten Ableitung von Maßnahmen für *RjH*, die bisher nicht als Hotspot definiert wurden, eine weitere Steigerung der Ressourceneffizienz erzielt werden kann. Da die Kosten dieser *RjH* allerdings einen vergleichsweise geringen Anteil an den Gesamtkosten verursachen, fällt auch die zu erwartende absolute Kosteneinsparung geringer aus. Durch die Möglichkeit der Adaption des Detailgrades bei der Anwendung der Methodik sowie der Anzahl an anzuwendenden Durchläufen der Methodik wird die Anforderung 9 als vollständig erfüllt bewertet.

Zusammenfassend lässt sich konstatieren, dass die entwickelte Methodik zur Steigerung der Ressourceneffizienz beim PBF-LB/M unter Sicherstellung von Bauteilqualität und Arbeitssicherheit in den beiden Fallstudien im Forschungs- und Industrieumfeld erfolgreich praktisch erprobt wurde. Dabei wurden sowohl die definierten Schwerpunkte als auch die Anforderungen an die Methodik weitestgehend oder vollständig erfüllt.

6 Schlussbetrachtung

6.1 Zusammenfassung

Aufgrund ihres effizienten Formgebungsprinzips kann die additive Fertigung dazu beitragen, der zunehmenden Knappheit natürlicher Ressourcen entgegenzuwirken. Diesem Potenzial stehen Hemmnisse gegenüber, die einen breiten industriellen Einsatz der additiven Fertigung limitieren. Zu diesen Hemmnissen zählen der Bedarf an kostenintensiven und in der Herstellung energieintensiven Materialien, der umfangreiche manuelle Arbeitsaufwand sowie die zeitintensive Nutzung von Maschinen und Peripheriegeräten, die im Rahmen der vorliegenden Arbeit unter den Ressourcen *Material*, *Mensch* und *Maschine* subsummiert wurden. Diese Ressourcen verursachen insbesondere beim meistgenutzten additiven Fertigungsverfahren metallischer Bauteile, dem pulverbettbasierten Schmelzen von Metallen mittels Laserstrahl (PBF-LB/M) substanzielle Kosten, die eine wirtschaftliche Anwendung des PBF-LB/M erschweren.

Um die Effizienz dieser Ressourcen zu steigern und die vielfältigen Potenziale des PBF-LB/M für eine Vielzahl an weiteren Anwendungen zu erschließen, wurde in der vorliegenden Arbeit eine Methodik zur Steigerung der Ressourceneffizienz beim PBF-LB/M unter Sicherstellung von Bauteilqualität und Arbeitssicherheit entwickelt. Die Methodik wurde in vier Module untergliedert.

Die Grundlage der Methodik bildet die Definition des anwenderspezifischen Ziels in **Modul 1**. Darüber hinaus werden in diesem Modul die Rahmenbedingungen zur Erreichung des anwenderspezifischen Ziels festgelegt und dokumentiert. Dabei handelt es sich unter anderem um das zu fertigende *Produktionslos*, die *funktionelle Einh*eit sowie das zu berücksichtigende *Produktionssystem*.

Für die zielgerichtete Ableitung von Maßnahmen zur Steigerung der Ressourceneffizienz erfolgt in **Modul 2** die Hotspot-Analyse, welche in fünf Untermodule untergliedert ist. In den ersten drei Untermodulen werden die Ressourcenbedarfe entlang der Prozessschritte der PBF-LB/M-Prozesskette messtechnisch erfasst, in Bezug zur *funktionellen Einheit* gesetzt und auf Basis der Maschinenstundensatzkalkulation monetarisiert. Aufgrund des zunehmenden Strebens nach einem höheren Umweltschutz wird dem Anwender der Methodik die Möglichkeit eröffnet, den $CO_{2äq}$-Fußabdruck der eingesetzten Materialien bei der Monetarisierung der Ressourcenbedarfe zu berücksichtigen. So kann durch eine interne Bepreisung der mit dem eingesetzten Material einhergehenden $CO_{2äq}$-Emissionen eine effiziente Verwendung umweltfreundlicherer Materialien begünstigt werden. Im vierten Untermodul werden die monetarisierten Ressourcenbedarfe in Form der Unter-Kostenarten der Herstellkosten den Ressourcen *Material*, *Mensch* und *Maschine* allokiert sowie Prozessschritte zu Hauptprozessen aggregiert. Im letzten Untermodul von Modul 2 werden die Ressourcen je Hauptprozess einerseits auf Basis Ihres Anteils an den Gesamtkosten kostenbasiert kategorisiert. Andererseits werden die Ressourcen je Hauptprozess, die einen hohen Anteil an den Gesamtkosten verursachen, auf Basis einer Benchmark-Analyse effizienzbasiert klassifiziert. Abschließend erfolgt die Definition der Hotspots auf Basis der kostenbasierten Kategorisierung und effizienzbasierten Klassifizierung der Ressourcen je Hauptprozess.

Im **Modul 3** werden für jeden definierten Hotspot ursachenorientiert Maßnahmen auf Basis der A3-Methode abgeleitet und umgesetzt. Nach der Analyse der zugrundeliegenden Ursachen eines Hotspots werden mittels der entwickelten Methode *Maßnahmen-Relevanz und Aufwands-Analyse* (*MRAA*), die auf der FMEA basiert, gezielt Maßnahmen zur Steigerung der

Ressourceneffizienz abgeleitet und ausgewählt. Die Methode *MRAA* berücksichtigt diverse Bewertungs- und Ausschlusskriterien, um ursachenorientierte, effiziente und realisierbare Maßnahmen zu identifizieren, die eine mindestens gleichbleibende Bauteilqualität und Arbeitssicherheit sicherstellen. Nach der Auswahl der Maßnahmen werden diese entwickelt, angewandt sowie in Bezug auf den dem Hotspot zugrundeliegenden Hauptprozess lokal erprobt.

Modul 4 beinhaltet die Bewertung des Erreichungsgrades des in Modul 1 definierten anwenderspezifischen Ziels in Form einer globalen Kontrolle aller angewandten Maßnahmen entlang der gesamten PBF-LB/M-Prozesskette. Zusätzlich wird erörtert, inwiefern die Module der Methodik als kontinuierlicher Verbesserungsprozess in Unternehmen etabliert werden können, um in Form eines mehrmaligen Durchlaufs der Methodik die Ressourceneffizienz iterativ zu steigern.

Diese vier Module konstituieren die Methodik zur Steigerung der Ressourceneffizienz beim PBF-LB/M unter Sicherstellung von Bauteilqualität und Arbeitssicherheit. Die **praktische Erprobung** dieser Methodik wurde anhand je einer Fallstudie im Forschungs- und im Industrieumfeld durchgeführt. In beiden Fallstudien wurden sechs bzw. fünf Hotspots definiert, für die durchschnittlich jeweils zwei Maßnahmen abgeleitet und umgesetzt wurden. Durch diese Maßnahmen konnten in beiden Fallstudien die Kosten der Ressourcen innerhalb des betrachteten Produktionssystems um 32,6 % bzw. 52,6 % reduziert werden.

Die Steigerung der Ressourceneffizienz beim PBF-LB/M bietet Unternehmen einen Wettbewerbsvorteil und trägt global zur Bekämpfung der Ressourcenknappheit bei. Gemäß der eingangs zitierten Aussage von Albert Einstein (siehe Abschnitt 1.1) ist hierfür eine konsequente Anpassung und Verbesserung der eigenen Produktion erforderlich.

6.2 Ausblick

Basierend auf der zugrundeliegenden Motivation sowie der beschriebenen Ergebnisse der vorliegenden Arbeit eröffnen sich zahlreiche Ansätze für zukünftige Forschungsarbeiten, von denen nachfolgend fünf hervorgehoben werden:

- Berücksichtigung von weiteren Bewertungs- und Ausschlusskriterien bei der Auswahl der umzusetzenden Maßnahmen

Die entwickelte Methode *MRAA* ermöglicht die systematische Ableitung und Auswahl von Maßnahmen zur Steigerung der Ressourceneffizienz. Die Auswahl der je Hotspot umzusetzenden Maßnahmen erfolgt auf Basis einer Beurteilung der Maßnahmen hinsichtlich von Bewertungs- und Ausschlusskriterien. Hierbei werden aktuell betriebswirtschaftliche Aspekte, wie die Abschätzung einer etwaigen Amortisation des Entwicklungsaufwandes einer Maßnahme, nicht berücksichtigt. Es ist denkbar, die Methode *MRAA* um weitere Bewertungskriterien zu erweitern, um dadurch die finanziellen, strategischen und operativen Auswirkungen von Maßnahmen bei deren Auswahl einbeziehen zu können.

- Adaption der Methodik auf andere additive Fertigungsverfahren

Die entwickelte Methodik wurde speziell im Hinblick auf die Charakteristika des additiven Fertigungsverfahren PBF-LB/M konzipiert und detailliert. Es ist möglich, die Methodik auch auf weitere additive Fertigungsverfahren zu übertragen. Besonders geeignet sind hierfür additive Fertigungsverfahren mit einem hohen absoluten Ressourcenbedarf sowie einer breiten industriellen Verbreitung. Hierzu zählen beispielsweise das additive Fertigungsverfahren Freistrahl-Bindemittelauftrag und das pulverbettbasierte Schmelzen von Kunststoffen.

- Erweiterung der ökologisch-ökonomischen Bewertung von Ressourcenbedarfen um weitere Umweltauswirkungen

Es erscheint sinnvoll, neben den $CO_{2äq}$-Emissionen auch andere Umweltaspekte, wie die Nutzung und Kontaminierung von Böden und Gewässern, die Entstehung von Lärm oder die Aufwirbelung von Staub, in die ökologisch-ökonomische Bilanzierung der Methodik zu integrieren. Dies trägt dazu bei, die Umweltauswirkungen der PBF-LB/M-Prozesskette umfassend analysieren zu können. Darüber hinaus würde dies die Akzeptanz der Methodik bei umweltbewussten Stakeholdern erhöhen.

- Durchführung zusätzlicher Fallstudien

Die Durchführung zusätzlicher Fallstudien in diversifizierten Produktionsumgebungen ermöglicht eine substanzielle Erweiterung des Maßnahmenkatalogs sowie eine verbesserte Prognostizierbarkeit der Effektivität von Maßnahmen in Abhängigkeit von unterschiedlichen Bauteilgeometrien und Prozessketten. In diesem Kontext ist es vorstellbar, die Methodik bei verschiedenen Bauteil- und Referenzgeometrien anzuwenden und ihr Potenzial zur Steigerung der Ressourceneffizienz zu vergleichen. Neben der Anwendung der Methodik bei Anwendern des PBF-LB/M besteht auch die Möglichkeit, die Methodik in die Entwicklungs- und Produktionsprozesse der Hersteller von PBF-LB/M-Maschinen und Peripheriegeräten zu integrieren. Dadurch könnten ihre Produkte nicht nur hinsichtlich einer wirtschaftlichen Fertigung und effektiven Vermarktung, sondern auch im Hinblick einer ressourceneffizienten Anwendung optimiert werden. Zudem sollte im Rahmen der Fallstudien analysiert werden, inwieweit die Ressourceneffizienz bei mehreren Durchläufen der Methodik gesteigert werden kann.

- Überführung in eine Softwarelösung

Durch die vielfältigen Anwendungs- und Erweiterungsmöglichkeiten der Methodik kann diese vom Anwender als komplex wahrgenommen werden. Zur Vereinfachung der Anwendbarkeit ist die Überführung der Methodik in eine eigenständige Software denkbar. Diese Software würde den Anwender gezielt durch die einzelnen Module der Methodik führen, was die Verhältnismäßigkeit und Akzeptanz der Methodik deutlich erhöhen könnte. Zudem würde die Entwicklung einer solchen Software die Grundlage für eine potenzielle Unternehmensgründung bilden, die sich mit dem Vertrieb und der Anwendung der Software in verschiedenen Unternehmen befasst. Durch die damit einhergehende breite Anwendung der Methodik kann der erstellte Maßnahmenkatalog weiter ausgearbeitet, weitere Referenzdatensätze für die Benchmark-Analysen generiert sowie folglich der Mehrwert der Methodik gesteigert werden.

7 Conclusion

7.1 Summary

Additive manufacturing can help to counteract the increasing scarcity of natural resources due to its efficient forming principle. However, this potential faces barriers that limit the broad industrial application of additive manufacturing. These barriers include the need for costly and energy-intensive materials, extensive manual labour, and the time-intensive use of machines and peripheral devices, which are subsumed in this study under the resources *material*, *human*, and *machine*. These resources cause substantial costs, especially in the most widely used additive manufacturing process for metallic components, powder bed fusion of metals via laser beam (PBF-LB/M), that hinder a more economic application.

To increase the efficiency of these resources and unlock the diverse potentials of PBF-LB/M for a variety of additional applications, a methodology for increasing resource efficiency in PBF-LB/M while ensuring component quality and occupational safety was developed in this thesis. The methodology is divided into four modules.

The basis of the methodology is the definition of the user-specific goal in **Module 1**. In addition, the framework conditions for achieving the user-specific goal are defined and documented in this module. These include the *production batch* to be manufactured, the *functional unit* and the *production system* to be considered.

For the targeted derivation of measures to increase resource efficiency, **Module 2** involves a hotspot analysis, which is subdivided into five submodules. In the first three submodules, the resource requirements along the process steps of the PBF-LB/M process chain are measured, set in relation to the *functional unit*, and monetized. Due to the increasing striving for greater environmental protection, the user of the methodology is given the opportunity to take the CO_{2eq} footprint of the materials used into account when monetizing resource requirements. This allows for an internal pricing of the CO_{2eq} emissions associated with the materials used, promoting the efficient use of more environmentally friendly materials. In the fourth submodule, the monetizable resource requirements are allocated to the resource categories of *material*, *human*, and *machine* in terms of the subcategories of manufacturing costs, while process steps are aggregated into main processes. In the final submodule of Module 2, the resources per main process are categorized based on their share of total costs. Additionally, the resources per main process that cause a high proportion of the total costs are classified based on efficiency using a benchmark analysis. Finally, hotspots are defined based on the cost-based categorization and efficiency-based classification of resources per main process.

In **Module 3**, cause-oriented measures for each defined hotspot are derived and implemented based on the A3 method. After analysing the underlying causes of a hotspot, targeted measures for increasing resource efficiency are derived and selected using the developed method Measure Relevance and Effort Analysis (*MREA*), which is based on the method *FMEA*. The *MREA* method considers various evaluation and exclusion criteria to identify cause-oriented, efficient, and feasible measures that ensure at least consistent component quality and occupational safety. After the selection of measures, these are developed, applied, and locally controlled in relation to the main process on which the hotspot is based.

Module 4 includes the evaluation of the degree ff achievement of the user-specific goal defined in Module 1 in the form of a global control of all applied measures along the entire PBF-LB/M process chain. In addition, Module 4 addresses how the modules of the methodology can be established as a continuous improvement process within companies to iteratively increase resource efficiency through multiple iterations of the methodology.

These four modules constitute the methodology for increasing resource efficiency in PBF-LB/M while ensuring component quality and occupational safety. The **practical testing** of this methodology was carried out in one case study in a research environment and one in an industrial environment. In both case studies, six and five hotspots were defined, respectively, for each of which an average of two measures were derived and implemented. As a result of these measures, resource costs within the examined *production systems* were reduced by 32.6% and 52.6%, respectively.

7.2 Outlook

Based on the underlying motivation and the results described in this work, numerous approaches for future research emerge, of which five are highlighted below:

- Consideration of further evaluation and exclusion criteria when selecting the measures to be implemented

The MREA method developed enables the systematic derivation and selection of measures to increase resource efficiency. The measures to be implemented for each hotspot are selected based on an assessment of the measures regarding evaluation and exclusion criteria. This does not currently consider economic aspects, such as the estimation of any amortization of the development costs of a measure. It is conceivable that the *MREA* method could be expanded to include further evaluation criteria to be able to include the financial, strategic and operational effects of measures when selecting them.

- Adaptation of the methodology to other additive manufacturing processes

The methodology developed was specifically designed regarding the characteristics of the PBF-LB/M process. It is also possible to transfer the methodology to other additive manufacturing processes. Additive manufacturing processes with a high absolute resource requirement and a broad industrial distribution are particularly suitable for this. These include, for example, the additive manufacturing process of binder jetting and powder bed fusion of polymers.

- Expansion of the ecological-economic assessment of resource requirements to include further environmental impacts

In addition to CO_{2eq} emissions, it seems sensible to integrate other environmental aspects, such as the use and contamination of soil and water, the generation of noise or the dispersion of dust, into the ecological-economic assessment of the methodology. This helps to comprehensively analyze the environmental impacts of the PBF-LB/M process chain. This would allow for a comprehensive analysis of the environmental impacts of the PBF-LB/M process chain and increase the acceptance of the methodology among environmentally conscious stakeholders.

- Conducting additional case studies

Conducting additional case studies in diversified production environments enables a substantial expansion of the created measures catalog as well as improved predictability of the effectiveness of measures depending on different component geometries and process chains. In this context, it is conceivable to apply the methodology to different component and reference geometries and to compare their potential for increasing resource efficiency. In addition to the application of the methodology by users of PBF-LB/M, there is also the possibility of integrating the methodology into the development and production processes of manufacturers of PBF-LB/M machines and peripheral devices. This would allow their products to be optimized not only in terms of economical production and effective marketing, but also regarding resource-efficient use. Furthermore, the case studies should analyse the extent to which resource efficiency can be increased with multiple runs of the methodology.

- Transfer to a software solution

Due to the many possible applications and extensions of the methodology, it can be perceived as complex by the user. To simplify applicability, it is conceivable to transfer the methodology into a stand-alone software solution. This software would guide the user specifically through the individual modules of the methodology, which could significantly increase the proportionality and acceptance of the methodology. In addition, the development of such software would form the basis for a potential company foundation, which would deal with the distribution and application of the software in various companies. The resulting broad application of the methodology can further elaborate the created measures catalog, generate additional reference data sets for the benchmark analyses and consequently increase the added value of the methodology.

Abkürzungsverzeichnis

Abkürzung	Begriff
AIAG	Automotive Industry Action Group
AM	Additive Manufacturing
AnF	Anforderung
anwendungsspez.	anwendungsspezifisch
ASTM	American Society for Testing and Materials
AZ	Arbeitszeit
BMWA	Bundesministeriums für Wirtschaft und Arbeit
CAD	Rechnergestützte Konstruktion (engl. Computer-aided Design)
CO2PE!	engl. Cooperative Effort on Process Emissions in Manufacturing
CP	$CO_{2äq}$-Preis
DGUV	Deutsche Gesetzliche Unfallversicherung
DIN	Deutsches Institut für Normung
EU	Europäische Union
fertigungsspez.	fertigungsspezifisch
FLK	Fertigungslohnkosten
FMEA	Fehler-Möglichkeits- und Einfluss-Analyse
GHS	Global Harmonisiertes System
HP	Hauptprozess
ISO	Internationale Standardisierungsorganisation (engl. International Organization of Standardization)
IT	Informationstechnologie
KLR	Kosten- und Leistungsrechnung
KMU	Kleines und mittleres Unternehmen
LBM	Laserstrahlschmelzen (engl. Laser Beam Melting)
LCA	Ökobilanz (engl. Life Cycle Assessment)
L-PBF	Laserstrahlschmelzen (engl. Laser Powder Bed Fusion)
LZ	Laufzeit
m.abh.	maschinenabhängig
Mas	Maschine
Mat	Material
MB	Materialbedarf
Mech.	Mechanismus
MEiK	Materialemissionskosten
MEmK	Materialeinzelkosten
Men	Mensch
MFGK	maschinenabhängige Fertigungsgemeinkosten
MGK	Materialgemeinkosten

MGKZ	Materialgemeinkostenzuschlagssatz
MK	Mischkonzept
MPZ	Maßnahmenprioritätszahl
MRAA	Maßnahmen-Relevanz und Aufwands-Analyse
MSS	Maschinenstundensatz
MW	Materialwertansatz
NB	Nachbearbeitung
OEM	Erstausrüster (engl. Original Equipment Manufacturer)
PBF-LB/M	Pulverbettbasiertes Schmelzen von Metallen mittels laserstrahl (engl. powder bed fusion of metals with laser beam)
PDCA	Plan-Do-Check-Act
PKR	Prozesskostenrechnung
PS	Prozessschritt
PSA	Persönliche Schutzausrüstung
PSS	Personalstundensatz
RBed	Rahmenbedingung
RFGK	Restfertigungsgemeinkosten
RFGKZ	Restfertigungsgemeinkostenzuschlagssatz
RjH	Ressource je Hauptprozess
SDB	Sicherheitsdatenblatt (engl. Safety Data Sheet)
SE	sekundärer Cradle-to-Gate-Emissionsfaktor
SEB	Spezifischer Energiebedarf
SLM	Selektives Laserschmelzen (engl. Selective Laser Melting)
SLS	Selektives Lasersintern (engl. Selective Laser Sintering)
SPV	Spezifischer Pulververlust
Stk	Stück
STL	Surface Tesselation Language
SW	Schwellwert
TPM	engl. Total Productive Maintenance
TRGS	Technische Regeln für Gefahrstoffe
UFK	Umweltfolgekosten
UPLCI	engl. Unit Process Life Cycle Inventory, UPLCI
VDA	Verband der Deutschen Automobilindustrie
VDI	Verband Deutscher Ingenieure
ZPR	Zeitpräferenzrate

Formelzeichenverzeichnis

Formel-zeichen	Einheit	Beschreibung
A	[-]	Auftretenswahrscheinlichkeit der Fehlerursachen
A_{BP}	cm^2	Grundfläche der Bauplatte
A_{DP}	cm^2	Grundfläche der Dosierplattform
AM	[-]	Ausschlusskriterium Maßnahmeneinschränkung
AS	[-]	Ausschlusskriterium mindestens gleichbleibende Arbeitssicherheit
AQ	[-]	Ausschlusskriterium mindestens gleichbleibende Bauteilqualität
$AZ_{a,p}$	h	Arbeitszeit des Mitarbeiters a im Prozessschritt p
B	[-]	Bedeutung der Fehlerfolgen
$CF_{b,p}$	t $CO_{2äq}$	$CO_{2äq}$-Fußabdruck des Bedarfs des Materials b im Prozessschritt p
CP	€/t $CO_{2äq}$	anwenderspezifisch festgelegter $CO_{2äq}$-Preis
D	%	Dosierfaktor
d_P	µm	Durchmesser des Metallpulverpartikels
E	[-]	Entdeckungswahrscheinlichkeit der Fehlerursachen
E	[-]	Effektivität der Maßnahme
E_α	J	an einer Oberfläche absorbierte optische Energie
$E_{\alpha M}$	J	durch Mehrfachabsorption absorbierte optische Energie
E_{B_i}	MJ	Energiebedarf zur Fertigung des Bauteils i
E_{BPT}	MJ	Energiebedarf zur Temperierung der Bauplatte
E_e	J	einfallende optische Energie
EK_{RjH}	[-]	Numerischer Wert der Effizienzklasse der *RjH*
E_M	MJ	Energiebedarf der PBF-LB/M-Maschine
E_{Ss_j}	MJ	Energiebedarf zur Fertigung der Stützstruktur j
E_{Zs_k}	MJ	Energiebedarf zur Fertigung der Zusatzstruktur k
F_F	[-]	Füllfaktor
FLK_p	€	Fertigungslohnkosten im Prozessschritt p
g	m/s^2	Erdbeschleunigung
GK_{fE}:	€	Gesamtkosten zur Herstellung einer funktionellen Einheit
KA_x	%	Gewichtungsfaktor; Kostenanteil aller Ressourcenbedarfe der *RjH* mit der Effizienzklasse x, wobei $x = A, B, C, D$ oder E
$KR_{Mas,p}$	€	Kosten für die Ressource Maschine im Prozessschritt p
$KR_{Mat,p}$	€	Kosten für die Ressource Material im Prozessschritt
$KR_{Men,p}$	€	Kosten für die Ressource Mensch im Prozessschritt p
$LZ_{k,AP}$	€	gesamte Laufzeit der Maschine k in einer Abrechnungsperiode
$LZ_{k,p}$	h	Laufzeit der Maschine k im Prozessschritt p
m_{AhV}	kg	Masse der Anhaftungsverluste

$\mathbf{m_{aMP}}$	kg	Masse des aufzubereitenden Metallpulvers
$\mathbf{m_{AmV}}$	kg	Masse der Aufmaßverluste
$\mathbf{m_{AsV}}$	kg	Masse der Absaugverluste
$\mathbf{m_{B}}$	kg	Masse der Bauteile
$\mathbf{m_{bMP}}$	kg	Masse an benötigtem Metallpulver für den PBF-LB/M-Prozess
$\mathbf{m_{Bn}}$	kg	Masse des nachbearbeiteten Bauteils (einschließlich Entfernung des Aufmaßes)
$\mathbf{m_{Bn,AmV}}$	kg	Masse des von der Stützstruktur entfernten Bauteils
$\mathbf{m_{Bn,AmV,SsV}}$	kg	Masse des von der Bauplatte getrennten Bauteils mit Stützstruktur
$\mathbf{m_{Bn,AmV,SsV,BPn,EsV}}$	kg	Masse des von losem Pulver entfernten Bauteils mit Stützstruktur und Bauplatte
$\mathbf{m_{Bn,AmV,SsV,BPn,EsV,AhV}}$	kg	Masse von aus PBF-LB/M-Maschine entnommenem Bauteil mit Stützstrukturen, Bauplatte und losem Metallpulver
$\mathbf{MB_{nb,p}}$	kg, cm³ oder Stk.	normalisierter Materialbedarf des Materials b im Prozessschritt p
$\mathbf{m_{BPn}}$	kg	Masse der Bauplatte nach PBF-LB/M-Prozess
$\mathbf{m_{BPv}}$	kg	Masse der Bauplatte vor PBF-LB/M-Prozess
$\mathbf{m_{Dn}}$	kg	Masse von Metallpulver im Dosierbehälter nach PBF-LB/M-Prozess
$\mathbf{m_{Dv}}$	kg	Masse von Metallpulver im Dosierbehälter vor PBF-LB/M-Prozess
$\mathbf{MEiK_{AP}}$	€	Materialeinzelkosten einer Abrechnungsperiode
$\mathbf{MEiK}_{b,\mathbf{p}}$	€	Materialeinzelkosten des Materials b im Prozessschritt p
$\mathbf{MEmK}_{b,\mathbf{p}}$	€	Materialemissionskosten des Materials b im Prozessschritt p
$\mathbf{m_{EsV}}$	kg	Masse der Einschlussverluste
$\mathbf{MGKZ}$	%	Materialgemeinkostenzuschlagssatz
$\mathbf{MFGK_{k,AP}}$	€	maschinenabhängige Fertigungsgemeinkosten der Maschine k einer Abrechnungsperiode
$\mathbf{MFGK_{p}}$	€	maschinenabhängige Fertigungsgemeinkosten im Prozessschritt p
$\mathbf{MGK_{AP}}$	€	Materialgemeinkosten einer Abrechnungsperiode
$\mathbf{MGK}_{b,\mathbf{p}}$	€	Materialgemeinkosten des Materials b im Prozessschritt p
$\mathbf{MK}_{b,\mathbf{p}}$	€	Materialkosten des Materials b im Prozessschritt p
$\mathbf{m_{HhV}}$	kg	Masse der Handhabungsverluste
$\mathbf{m_{PfV}}$	kg	Masse der Prozessgasfilterverluste
$\mathbf{m_{Pfn}}$	kg	Masse des Prozessgasfilters nach dem PBF-LB/M-Prozess
$\mathbf{m_{Pfv}}$	kg	Masse des Prozessgasfilters vor dem PBF-LB/M-Prozess
$\mathbf{MPZ}$	[-]	Maßnahmenprioritätszahl
$\mathbf{m_{Ss}}$	kg	Masse der Stützstrukturen
$\mathbf{MSS}$	€/h	Maschinenstundensatz
$\mathbf{MSS_{k}}$	€/h	Maschinenstundensatz der Maschine k
$\mathbf{m_{SsV}}$	kg	Masse der Stützstrukturverluste
$\mathbf{m_{Ün}}$	kg	Masse von Metallpulver nach PBF-LB/M-Prozess im Überlaufbehälter

$\mathbf{m_{Üv}}$	kg	Masse von Metallpulver vor PBF-LB/M-Prozess im Überlaufbehälter
$\mathbf{MW}_b$	€/kg, €/cm³ oder €/Stk.	Material-Wertansatz des Materials b
$\mathbf{n}_{Be}$	[-]	Anzahl an verfügbaren Referenzdatensätzen der Benchmark-Analyse
$\mathbf{N_{Np}}$	[-]	Anzahl an (Neben-)Produkten, die im Prozessschritt p im Vergleich zur funktionellen Einheit gehandhabt/gefertigt werden (kleiner, gleich oder größer als „1" möglich)
$\mathbf{n_S}$	[-]	Anzahl an Schichten je PBF-LB/M-Prozess
$\mathbf{N_{Vp}}$	[-]	Verhältnis der Durchführung des Prozessschrittes p im Vergleich zur Herstellung einer funktionellen Einheit (kleiner, gleich oder größer als „1" möglich)
$\mathbf{P_{Mo_l}}$	W	Leistung des Motors l
$\mathbf{P_h}$	W	mittlere elektrische Leistungsaufnahme aller Hilfskomponenten
$\mathbf{P_L}$	W	mittlere elektrische Leistungsaufnahme des Lasers und dessen Optikkomponenten
PSS	€/h	Personalstundensatz
$\mathbf{PSS_{a,p}}$	€/h	Personalstundensatz des Mitarbeiters a im Prozessschritt p
R	[-]	Realisierbarkeit der Maßnahme
$\mathbf{RB}_{Be}$	kg, cm³ oder Stk.	Ressourcenbedarf des Referenzdatensatzes
$\mathbf{RB}_{Be,max}$	kg, cm³ oder Stk.	Höchster Ressourcenbedarf der Referenzdatensätze
$\mathbf{RB}_{Be,min}$	kg, cm³ oder Stk.	Niedrigster Ressourcenbedarf der Referenzdatensätze
$\mathbf{RB}_{Be,\emptyset}$	kg, cm³ oder Stk.	Arithmetischer Mittelwert der Ressourcenbedarfe der Referenzdatensätze
$\mathbf{RB_{pm}}$	kg, cm³ oder Stk.	messtechnisch erfasster Ressourcenbedarf im Prozessschritt p
$\mathbf{RB_{pn}}$	kg, cm³ oder Stk.	normalisierter Ressourcenbedarf im Prozessschritt p
$\mathbf{RFGK_p}$	€	Restfertigungsgemeinkosten im Prozessschritt p
RFGKZ	%	Restfertigungsgemeinkostenzuschlagssatz
RPZ	[-]	Risikoprioritätszahl
$\mathbf{s_{BP}}$	µm	Schichtdicke bzw. Absenkstrecke der Bauplattform
$\mathbf{s_{DP}}$	µm	Anhebestrecke der Dosierplattform je Schicht
$\mathbf{SE}_b$	t $CO_{2äq}$/kg, t $CO_{2äq}$/cm³ oder t $CO_{2äq}$/Stk.	sekundärer Cradle-to-Gate-Emissionsfaktor des Materials b
$\mathbf{s_p}$	cm	Absinkstrecke
$\mathbf{SW_{x,y}}$	[-]	Schwellwert zwischen Effizienzklasse x und y, wobei $x, y = A, B$ oder B, C oder C, D oder D, E
$\mathbf{t_b}$	min	Dauer der Beschichtung

$\mathbf{t_{BZLB_i}}$	min	Betriebszeit des Lasers zur Belichtung des Bauteils i
$\mathbf{t_{BZLSs_j}}$	min	Betriebszeit des Lasers zur Belichtung der Stützstruktur j
$\mathbf{t_{BZLZs_k}}$	min	Betriebszeit des Lasers zur Belichtung der Zusatzstruktur k
$\mathbf{t_{BZM_{PK}}}$	min	Betriebszeit der PBF-LB/M-Maschine je Prozesskettendurchlauf
$\mathbf{t_{BZMo_l}}$	min	Betriebszeit des Motors l
$\mathbf{t_{LB_i}}$	min	Dauer der Belichtung des Bauteils i
$\mathbf{t_{LSs_j}}$	min	Dauer der Belichtung der Stützstruktur j
$\mathbf{t_{LZM_{PK}}}$	min	Laufzeit der PBF-LB/M-Maschine je Prozesskettendurchlauf
$\mathbf{t_{LZs_k}}$	min	Dauer der Belichtung der Zusatzstruktur k
$\mathbf{t_{L/b}}$	min	Dauer einer Schicht ohne Belichtung und Beschichtung
$\mathbf{t_p}$	s	Absinkzeit
$\mathbf{t_{RZM_{PK}}}$	min	Rüstzeit der PBF-LB/M-Maschine je Prozesskettendurchlauf; Dauer der Vor- und Nachbereitung des PBF-LB/M-Prozesses
$\mathbf{t_{SZM_{PK}}}$	min	Stillstandszeit der PBF-LB/M-Maschine je Prozesskettendurchlauf
$\mathbf{U}$	[-]	Bedeutung der Ursache
$\mathbf{V_B}$	cm³	Volumen der Bauteile
$\mathbf{V_{VR}}$	cm³	Bauraumvolumen
$\mathbf{\Delta V_{BR}}$	cm³	Zunahme des Bauraumvolumens infolge der Absenkung der Bauplatte um eine Schicht
$\mathbf{\Delta V_D}$	cm³	Pulvervolumen, welches durch die Anhebung der Dosierplattform je Schicht für die Beschichtung vorgelegt wird
$\mathbf{m_{Zs}}$	kg	Masse der Zusatzstrukturen
$\mathbf{v_p}$	cm/s	Absinkgeschwindigkeit
$\mathbf{V_{Ss}}$	cm³	Volumen der Stützstrukturen
$\mathbf{V_{Zs}}$	cm³	Volumen der Zusatzstrukturen
$\boldsymbol{\alpha}$	%	Absorptionsgrad
$\boldsymbol{\delta}$	%	Reflexionsgrad
$\boldsymbol{\varepsilon}$	%	Einkopplungsgrad
$\boldsymbol{\eta}$	kg/m*s	Dynamische Viskosität des Gases
$\boldsymbol{\nu}$	%	mittlere relative Dichte der Bauteile, Stützstrukturen und Zusatzstrukturen
$\boldsymbol{\rho}$	kg/cm³	Werkstoffdichte (Vollmaterial)
$\boldsymbol{\rho_F}$	kg/cm³	Dichte des Gases
$\boldsymbol{\rho_P}$	kg/cm³	Dichte des Metallpulverpartikels

Abbildungsverzeichnis

Abbildung 1: Bauteilfertigung mittels des additiven Fertigungsverfahrens Pulverbettbasiertes Schmelzen von Metallen mittels Laserstrahl; Quelle: Fraunhofer IPA, Foto: Rainer Bez 2

Abbildung 2: Verständnis des Begriffs Ressourceneffizienz als die Reduzierung des Bedarfs der Ressourcen Material, Mensch und Maschine bei der Fertigung von Bauteilen mittels PBF-LB/M 4

Abbildung 3: Vorgehensweise zur Erreichung der Zielsetzung der vorliegenden Arbeit 6

Abbildung 4: Prozess des PBF-LB/M; in Anlehnung an [KUM18] 8

Abbildung 5: Schematischer Aufbau einer typischen PBF-LB/M-Maschine; in Anlehnung an [REI22, VDI14a] 8

Abbildung 6: a) Partikelgrößenverteilung und Rasterelektronenmikroskopaufnahmen von Metallpulver des Werkstoffs Ti6Al4V mit b) 1000-facher und c) 5000-facher Vergrößerung 11

Abbildung 7: Auswahl an Gestaltungsprinzipien von Stützstrukturen 12

Abbildung 8: Mechanismen (Mech.) zur Beeinflussung von Metallpulverpartikeln beim PBF-LB/M, in Anlehnung an [LAD16, WAN17, LIU23] 14

Abbildung 9: Mindestzündenergie verschiedener Stoffe; eigene Darstellung in Anlehnung an [FRI22, INS24, TRU17b, REN23] 17

Abbildung 10: Absinkzeiten von Metallpulverpartikeln des Werkstoffs Ti6Al4V in Luft in Abhängigkeit des Partikeldurchmessers 18

Abbildung 11: Zeitliches Schwebeverhalten der alveolengängigen, thoraxalen und einatembaren Fraktionen von Metallpulver am Beispiel des Werkstoffs Ti6Al4V mit der in Abbildung 6 aufgeführten Partikelgrößenverteilung aus einer anfänglichen Höhe von 1,5 m 19

Abbildung 12: Spezifischer Energiebedarf SEB des PBF-LB/M-Prozesses bei einer Auswahl an Untersuchungen; eigene Darstellung in Anlehnung an [BAU10, KEL11b, BAU11, KEL17b, FAL17, YI18, BIE19, YI20, OCH21, HU23] 23

Abbildung 13: Modellhafte Darstellung der PBF-LB/M-Prozesskette, erweitert nach [VDI14a, VDI19, BAY21] 28

Abbildung 14: Spezifischer Pulververlust SPV jeweils bei einer Einzelteilfertigung; eigene Darstellung in Anlehnung an [LUT17, LUT20a, KEL10, BIE19, PFA20] 31

Abbildung 15: Arten von Pulververlusten bei einer von LUTTER ET AL. durchgeführten Szenarioanalyse; in Anlehnung an [LUT17] 32

Abbildung 16: Aufbau des Vorgehensmodells zur Abschätzung der prozessschrittspezifischen Materialgefährdung; in Anlehnung an [MAH21, VDI24a] 33

Abbildung 17: Anteiliger Energiebedarf ausgewählter Prozessschritte entlang der PBF-LB/M-Prozesskette; eigene Darstellung in Anlehnung an [FAL17, YI18, JAE21, OCH21, MAH24] 34

Abbildung 18: Auswahl existierender Ansätze zur Steigerung der Ressourceneffizienz. Die horizontalen Säulen veranschaulichen die durch die existierenden Ansätze jeweils

abgedeckten Dimensionen der Nachhaltigkeit; eigene Darstellung in Anlehnung an [VDI24b] 37

Abbildung 19: Grundstruktur der Methodik zur Steigerung der Ressourceneffizienz beim PBF-LB/M unter Sicherstellung von Bauteilqualität und Arbeitssicherheit 49

Abbildung 20: Relevanz der Module für die Erfüllung der Anforderungen 50

Abbildung 21: Beispielhafte Systemgrenzen einer modellhaft dargestellten PBF-LB/M-Prozesskette 54

Abbildung 22: In der Fachliteratur etablierte Richtwerte zur $CO_{2äq}$-Bepreisung; alle Werte gerundet und in €/t $CO_{2äq}$; Kosten in USD zum durchschnittlichen Wechselkurs des jeweiligen Jahres der Veröffentlichung in € umgerechnet; eigene Darstellung in Anlehnung an [UMW20, HAN21, CDP21, INT22, PRE25, UMW24, INT23] 57

Abbildung 23: Relevanz der Rahmenbedingungen im Hinblick auf die Dimensionen PBF-LB/M-Prozess, PBF-LB/M-Prozesskette und Methodik 58

Abbildung 24: Fokus und Ergebnis je Untermodul von Modul 2 Hotspot-Analyse 59

Abbildung 25: Ergebnis der Erfassung, Normalisierung, Monetarisierung und Aggregation von Ressourcenbedarfen sowie der Hotspot-Definition einer fiktiven PBF-LB/M-Prozesskette 60

Abbildung 26: Beispielhafte Visualisierung von Input und Output pro Prozessschritt; in Anlehnung an [KEL12, KEL11a, GEB15, FRE14] 61

Abbildung 27: Typischer Bedarf der Ressourcen Material, Mensch und Maschine pro Prozessschritt bei der modellhaften PBF-LB/M-Prozesskette aus Abbildung 21 63

Abbildung 28: Allokation der Ressourcen Material, Mensch und Maschine zu den Unter-Kostenarten der Herstellkosten; erweitert in Anlehnung an [WES06, WÖL11, HAN21] 67

Abbildung 29: Klassifizierung von Unter-Kostenarten hinsichtlich der Merkmale Verrechenbarkeit und Veränderlichkeit; nach WEBER [WEB21] 68

Abbildung 30: Definition einer RjH als Hotspot in Abhängigkeit deren Zuordnung zur Kostenkategorie V bis I und zur Effizienzklasse A bis E 77

Abbildung 31: Beispielhafter Aufbau des A3-Reports zur strukturierten Ableitung und Auswahl von Maßnahmen je Hotspot; eigene Darstellung in Anlehnung an [DOM15] 79

Abbildung 32: Schema eines Ursache-Wirkungsdiagramm zur Analyse der Ursachen je Hotspot; eigene Darstellung in Anlehnung an [BER18] 80

Abbildung 33: Formblatt zur Berechnung der Maßnahmenprioritätszahl MPZ je Maßnahme 84

Abbildung 34: Schematischer Aufbau des Maßnahmenkatalogs zur Steigerung der Ressourceneffizienz in Tabelle 19 im Anhang A2 85

Abbildung 35: Formblatt zur Maßnahmenauswahl und -umsetzung 86

Abbildung 36: Auswirkungen der Umsetzung von fiktiven Maßnahmen auf die Erfassung, Normalisierung, Monetarisierung und Aggregation von Ressourcenbedarfe der fiktiven PBF-LB/M-Prozesskette aus Abbildung 25 89

Abbildung 37: Iterative Anwendung der Methodik zur Steigerung der Ressourceneffizienz beim PBF-LB/M unter Sicherstellung von Bauteilqualität und Arbeitssicherheit 90

Abbildung 38: Auswirkungen der Anwendung von Maßnahmen auf die kostenbasierte Kategorisierung und effizienzbasierte Klassifizierung von RjH 91

Abbildung 39: Produktionsumgebung der Fallstudie im Forschungsumfeld; Quelle: Fraunhofer IPA, Foto: Rainer Bez 93

Abbildung 40: Fertigung von Bohrschablonen im Rahmen der Fallstudie im Forschungsumfeld; Foto: Christian Bay 94

Abbildung 41: Schematische Darstellung der PBF-LB/M-Prozesskette im Rahmen der Fallstudie im Forschungsumfeld mit Aggregation der Prozessschritte zu Hauptprozessen; Einteilung der Prozessphasen in Anlehnung an [VDI14a, BAY21] 96

Abbildung 42: Kosten der Ressourcen Material, Mensch und Maschine je Hauptprozess im Rahmen der Fallstudie im Forschungsumfeld (Ausgangssituation) 97

Abbildung 43: Effizienzbasierte Klassifizierung der Ressourcenbedarfe der RjH #2 »Material für den PBF-LB/M-Prozess« im Rahmen der Fallstudie im Forschungsumfeld 98

Abbildung 44: Ergebnis der kostenbasierten Kategorisierung und effizienzbasierte Klassifizierung der RjH im Rahmen der Fallstudie im Forschungsumfeld 99

Abbildung 45: A3-Reporte zur systematischen Ableitung und Umsetzung von Maßnahmen im Rahmen der Fallstudie im Forschungsumfeld 100

Abbildung 46: Kosten der Ressourcen Material, Mensch und Maschine je Hauptprozess vor und nach der Anwendung von Maßnahmen im Rahmen der Fallstudie im Forschungsumfeld .. 102

Abbildung 47: Schematische Darstellung der PBF-LB/M-Prozesskette im Rahmen der Fallstudie im Industrieumfeld mit Aggregation der Prozessschritte zu Hauptprozessen; Einteilung der Prozessphasen in Anlehnung an [VDI14a, BAY21] 105

Abbildung 48: Kosten der Ressourcen Material, Mensch und Maschine je Hauptprozess im Rahmen der Fallstudie im Industrieumfeld (Ausgangssituation) 106

Abbildung 49: Ergebnis der Hotspot-Definition im Rahmen der Fallstudie im Industrieumfeld 107

Abbildung 50: A3-Reporte zur systematischen Ableitung und Umsetzung von Maßnahmen im Rahmen der Fallstudie im Industrieumfeld 108

Abbildung 51: Kosten der Ressourcen Material, Mensch und Maschine je Hauptprozess vor und nach der Anwendung von Maßnahmen im Rahmen der Fallstudie im Industrieumfeld 110

Abbildung 52: Ablaufdiagramm zum Auswahl von Maßnahmen im Rahmen von Modul 3 166

Abbildung 53: A3-Report für Hotspot #11 im Rahmen der Fallstudie im Forschungsumfeld (Teil 1) .. 174

Abbildung 54: A3-Report für Hotspot #11 im Rahmen der Fallstudie im Forschungsumfeld (Teil 2) .. 175

Abbildung 55: Bewertung der Gefährdung bei der prozessschrittspezifischen Materialhandhabung je Hauptprozess im Rahmen der Fallstudie im Forschungsumfeld; in Anlehnung an [MAH21, VDI24a] 176

Abbildung 56: A3-Report für Hotspot #11 im Rahmen der Fallstudie im Industrieumfeld (Teil 1) 178

Abbildung 57: A3-Report für Hotspot #11 im Rahmen der Fallstudie im Industrieumfeld (Teil 2) 179

Tabellenverzeichnis

Tabelle 1: Eingrenzung des Betrachtungsraums der vorliegenden Arbeit anhand der Taxonomie nach Cooper [COO88] 5

Tabelle 2: Arten von Pulververlusten, in Anlehnung an [LUT17] 31

Tabelle 3: Gegenüberstellung und Bewertung existierender Ansätze und wissenschaftlicher Untersuchungen im Kontext der Zielsetzung 46

Tabelle 4: Beispielhafte Input-Output-Tabelle; in Anlehnung an [FRE14] 62

Tabelle 5: Arten von Pulververlusten; erweitert in Anlehnung an [LUT17] 63

Tabelle 6: Schwellwerte zur Zuordnung der RjH zu den Kostenkategorien V bis I auf Basis deren relativen Anteils an den Gesamtkosten zur Herstellung einer funktionellen Einheit 74

Tabelle 7: Schwellwerte zur Zuordnung der RjH zu den Effizienzklassen A bis E mittels Benchmark-Analysen der zugehörigen Ressourcenbedarfe; Zuordnung in Abhängigkeit der Anzahl an verfügbaren Referenzdatensätzen n_{Be} 76

Tabelle 8: Typologisierung der Fallstudie im Forschungsumfeld 95

Tabelle 9: Verwendete Messgeräte bei der Ist-Aufnahme im Rahmen der Fallstudie im Forschungsumfeld 97

Tabelle 10: Kostenbasierte Kategorisierung der RjH im Rahmen der Fallstudie im Forschungsumfeld 98

Tabelle 11: Überblick über die entwickelten Maßnahmen im Rahmen der Fallstudie im Forschungsumfeld 101

Tabelle 12: Typologisierung der Fallstudie im Industrieumfeld 104

Tabelle 13: Verwendete Messgeräte bei der Ist-Aufnahme im Rahmen der Fallstudie im Industrieumfeld 105

Tabelle 14: Kostenbasierte Kategorisierung der RjH im Rahmen der Fallstudie im Industrieumfeld.. 107

Tabelle 15: Überblick über die entwickelten Maßnahmen im Rahmen der Fallstudie im Industrieumfeld 109

Tabelle 16: Beurteilung des Erfüllungsgrads der Zielsetzung der vorliegenden Arbeit 113

Tabelle 17: Beurteilung des Erfüllungsgrads der anwenderunabhängigen und anwenderspezifischen Anforderungen an die entwickelte Methodik 113

Tabelle 18: Kriterien für die Bewertungzahlen zur Berechnung der Maßnahmenprioritätszahl MPZ . 165

Tabelle 19: Maßnahmenkatalog zur Steigerung der Ressourceneffizienz 167

Tabelle 20: Rahmenbedingungen der Fallstudie im Forschungsumfeld 173

Tabelle 21: Rahmenbedingungen der Fallstudie im Industrieumfeld 177

Literaturverzeichnis

Literatur

[3D 24] 3D Systems GmbH: *3D-Druck von Teilen und Werkstoffen aus Metall,* 2024. Verfügbar unter: https://de.3dsystems.com/3D-printing-metal-parts-and-materials, [Zuletzt geprüft: 28. Oktober 2024].

[ABA22] Abattouy, M.; Azzouzi, H.; Ouardouz, M.: *Toward SLM Cost model estimation: stainless steels case study.* In: International Journal of Engineering and Applied Physics, S. 381-393, 2022. ISSN: 2737-8071.

[ALI18] Ali, H.; Ghadbeigi, H.; Mumtaz, K.: *Effect of scanning strategies on residual stress and mechanical properties of Selective Laser Melted Ti6Al4V.* In: Materials Science and Engineering: A, Jg. 712, S. 175-187, 2018. ISSN 0921-5093. Verfügbar unter: doi:10.1016/j.msea.2017.11.103.

[ALI19] Ali, U.; Esmaeilizadeh, R.; Ahmed, F.; Sarker, D.; Muhammad, W.; Keshavarzkermani, A.; Mahmoodkhani, Y.; Marzbanrad, E.; Toyserkani, E.: *Identification and characterization of spatter particles and their effect on surface roughness, density and mechanical response of 17-4 PH stainless steel laser powder-bed fusion parts.* In: Materials Science and Engineering: A, Jg. 756, S. 98-107, 2019. ISSN 0921-5093. Verfügbar unter: doi:10.1016/j.msea.2019.04.026.

[AMI21] Amir, B.; Grinberg, E.; Gale, Y.; Sadot, O.; Samuha, S.: Influences of platform heating and post-processing stress relief treatment on the mechanical properties and microstructure of selective-laser-melted AlSi10Mg alloys. In: Materials Science and Engineering: A, Jg. 822, S. 141612, 2021. ISSN 0921-5093. Verfügbar unter: doi:10.1016/j.msea.2021.141612.

[AMP23] AMPOWER GmbH & Co. KG.: AMPOWER Report 2023. Additive Manufacturing Market Report 2023, 2023.

[AMP24] AMPOWER GmbH & Co. KG.: AMPOWER Report 2024. Management Summary, 2024.

[ANS22] Anstätt, K.; Bertagnolli, F.; Schmidt, M.: *Ressourceneffizienz und Nachhaltigkeit. Sechs Planspiele für die betriebliche Weiterbildung.* Springer Berlin Heidelberg, Berlin, Heidelberg, 2022. ISBN 978-3-662-64070-8.

[ANW18] Anwar, A.; Pham, Q.-C.: *Study of the spatter distribution on the powder bed during selective laser melting.* In: Additive Manufacturing, Jg. 22, S. 86-97, 2018. ISSN 22148604. Verfügbar unter: doi:10.1016/j.addma.2018.04.036.

[ARD14] Ardila, L.; Garciandia, F.; González-Díaz, J.; Álvarez, P.; Echeverria, A.; Petite, M.; Deffley, R.; Ochoa, J.: *Effect of IN718 Recycled Powder Reuse on Properties of Parts Manufactured by Means of Selective Laser Melting.* In: Physics Procedia, Jg. 56, S. 99-107, 2014. ISSN 18753892. Verfügbar unter: doi:10.1016/j.phpro.2014.08.152.

[ASH22] Ashby, M.: *Materials and Sustainable Development.* Elsevier, Amsterdam, 2023. ISBN 9780323983617.

[AUT19] Automotive Industry Action Group; Verband der Automobilindustrie: FMEA-Handbuch. Fehler-Möglichkeits- und -Einfluss-Analyse: Design-FMEA, Prozess-FMEA,

FMEA-Ergänzung – Monitoring & Systemreaktion. VDA, Berlin, 2019. ISBN 978-1-60534-367-9.

[BAC16] Bach, V.; Berger, M.; Henßler, M.; Kirchner, M.; Leiser, S.; Mohr, L.; Rother, E.; Ruhland, K.; Schneider, L.; Tikana, L.; Volkhausen, W.; Walachowicz, F.; Finkbeiner, M.: *Integrated method to assess resource efficiency – ESSENZ*. In: Journal of Cleaner Production, Jg. 137, S. 118-130, 2016. ISSN 09596526. Verfügbar unter: doi:10.1016/j.jclepro.2016.07.077.

[BAR16] Barclift, M.; Joshi, S.; Simpson, T.; Dickman, C.: *Cost Modeling and Depreciation for Reused Powder Feedstocks in Powder Bed Fusion Additive Manufacturing,* 2016. Verfügbar unter: https://repositories.lib.utexas.edu/handle/2152/89747.

[BAU10] Baumers, M.; Tuck, C. J.; Hague, R. J. M.; Ashcroft, I.; Wildman, R.: *A comparative study of metallic additive manufacturing power consumption*. In: 21st Annual International Solid Freeform Fabrication Symposium - An Additive Manufacturing Conference, SFF 2010, 2010.

[BAU11] Baumers, M.; Tuck, C. J.; Wildman, R.; Ashcroft, I.; Hague, R. J.: *Energy inputs to additive manufacturing: Does capacity utilization matter?* In: 22nd Annual International Solid Freeform Fabrication Symposium - An Additive Manufacturing Conference, SFF 2011, 2011.

[BAY22a] Bay, C.: Anforderungsdeterminiertes und aufwandsorientiertes Qualitätsmanagement für die additive Fertigung. Dissertation, 2022. Produktion.Besser.Machen, Band 5. ISBN 978-3-98555-100-2.

[BAY19] Bay, C.; Mahr, A.: *Anwendersicherheit beim Laser-Strahlschmelzen von Metallpulvern im Rahmen der VDI-Richtlinie 3405*. In: Rapid.Tech + FabCon 3.D International Hub for Additive Manufacturing, S. 430-440, 2019. Verfügbar unter: doi:10.3139/9783446462441.030.

[BAY21] Bay, C.; Mahr, A.; Groneberg, H.; Döpper, F.: *Lean Production to Increase Reproducibility and Work Safety in the Laser Beam Melting Process Chain*. In: International Journal of Industrial and Manufacturing Engineering, Jg. 15(6), 2021.

[BAY22b] Bayerisches Landesamt für Umwelt: *Einfach Effizient! Maßnahmen zur Steigerung der Ressourceneffizienz,* 2022. Verfügbar unter: https://www.umweltpakt.bayern.de/abfall/publikationen/1713/einfach-effizient-massnahmen-zur-steigerung-ressourceneffizienz, [Zuletzt geprüft: 17. November 2024].

[BAY22c] Bayerisches Landesamt für Umwelt: *Handlungshilfe Spezial: Scope 3. Erläuterungen zu den Scope-3-Kategorien 1 bis 15,* 2022. Verfügbar unter: https://www.lfu.bayern.de/publikationen/get_pdf.htm?art_nr=lfu_agd_00100.

[BER09] Bergmann, W.: *Werkstofftechnik 2. Werkstoffherstellung - Werkstoffverarbeitung - Werkstoffanwendung.* 4., aktualisierte Aufl. Hanser, München, 2009. ISBN 9783446417113.

[BER18] Bertagnolli, F.: *Lean Management. Einführung und Vertiefung in die japanische Management-Philosophie*. Springer Fachmedien Wiesbaden, Wiesbaden, 2018. ISBN 978-3-658-13123-4.

[BIE19] Bierdel, M.; Pfaff, A.; Kilchert, S.; Köhler, A. R.; Baron, Y.; Bulach, W.: Ökologische und ökonomische Bewertung des Ressourcenaufwands. Additive Fertigungsverfahren in der industriellen Produktion, 2019.

[BLI13] Bliedtner, J.; Müller, H.; Barz, A.: *Lasermaterialbearbeitung. Grundlagen - Verfahren - Anwendungen - Beispiele.* Fachbuchverl. Leipzig im Carl-Hanser-Verl., München, 2013. ISBN 978-3-446-42168-4.

[BÖR19] Börkircher, M.: Ideenmanagement in der Verbandsarbeit – ein beispielhafter Überblick. In: (Hrsg.) Landmann, N.; Schat, H.-D.: Ideen erfolgreich managen. Neue Perspektiven, aktuelle Branchenbeispiele, wissenschaftliche Grundlagen und Erkenntnisse, S. 74-83, Wiesbaden, Springer Gabler, 2019. ISBN 9783658265199.

[BRA12] Brandl, E.; Heckenberger, U.; Holzinger, V.; Buchbinder, D.: Additive manufactured AlSi10Mg samples using Selective Laser Melting (SLM): Microstructure, high cycle fatigue, and fracture behavior. In: Materials & Design, Jg. 34, S. 159-169, 2012. ISSN 02641275. Verfügbar unter: doi:10.1016/j.matdes.2011.07.067.

[BRE18] Brenner, J.*: Lean Administration. In:* (Hrsg.) Brenner, Jörg: *Lean Administration,* S. I-XIV, München, Carl Hanser Verlag, 2018. ISBN 978-3-446-45472-9.

[BRE22] Bresson, Y.; Tongne, A.; Selva, P.; Arnaud, L.: Numerical modelling of parts distortion and beam supports breakage during selective laser melting (SLM) additive manufacturing. In: The International Journal of Advanced Manufacturing Technology, Jg. 119(9-10), S. 5727-5742, 2022. Verfügbar unter: doi:10.1007/s00170-021-08501-5.

[BUN02] Bundesanstalt für Arbeitsschutz und Arbeitsmedizin: Leitfaden für Arbeitsschutzmanagementsysteme des Bundesministeriums für Wirtschaft und Arbeit (BMWA), der obersten Arbeitsschutzbehörden der Länder, der Träger der gesetzlichen Unfallversicherung und der Sozialpartner, 2002.

[BUN20] Bundesanstalt für Arbeitsschutz und Arbeitsmedizin: Liste der Gefahrenhinweise, ergänzenden Gefahrenmerkmale und ergänzenden Kennzeichnungselemente, 2020.

[BUN22] Bundesanstalt für Arbeitsschutz und Arbeitsmedizin: *TRGS 900 Arbeitsplatzgrenzwerte,* 2022.

[BUN23] Bundesministerium der Justiz, Bundesamt der Justiz: Gesetz über die Durchführung von Maßnahmen des Arbeitsschutzes zur Verbesserung der Sicherheit und des Gesundheitsschutzes der Beschäftigten bei der Arbeit (Arbeitsschutzgesetz - ArbSchG), 2023.

[BUN21] Bundesministerium für Wirtschaft und Energie: Digitalisierung als Enabler für Ressourceneffizienz in Unternehmen. Studie im Auftrag des Bundesministeriums für Wirtschaft und Energie - Hauptbericht, 2021.

[CAL23] Calignano, F.; Mercurio, V.*: An overview of the impact of additive manufacturing on supply chain, reshoring, and sustainability.* In: Cleaner Logistics and Supply Chain, Jg. 7, S. 100103, 2023. ISSN 27723909. Verfügbar unter: doi:10.1016/j.clscn.2023.100103.

[CAR19] Carrion, P.; Soltani-Tehrani, A.; Phan, N.; Shamsaei, N.: *Powder Recycling Effects on the Tensile and Fatigue Behavior of Additively Manufactured Ti-6Al-4V Parts*. In: JOM, Jg. 71(3), S. 963-973, 2019. ISSN 1047-4838. Verfügbar unter: doi:10.1007/s11837-018-3248-7.

[CAS18] Casati, R.; Hamidi Nasab, M.; Coduri, M.; Tirelli, V.; Vedani, M.: Effects of Platform Pre-Heating and Thermal-Treatment Strategies on Properties of AlSi10Mg Alloy Processed by Selective Laser Melting. In: Metals, Jg. 8(11), S. 954, 2018. ISSN 2075-4701. Verfügbar unter: doi:10.3390/met8110954.

[CDP21] CDP Worldwide: Putting a price on carbon. The state of internal carbon pricing by corporates globally, 2021.

[CER21] Cerri, E.; Ghio, E.; Bolelli, G.: Effect of the Distance from Build Platform and Post-Heat Treatment of AlSi10Mg Alloy Manufactured by Single- and Multi-Laser Selective Laser Melting. In: Journal of Materials Engineering and Performance, Jg. 30(7), S. 4981-4992, 2021. ISSN 1059-9495. Verfügbar unter: doi:10.1007/s11665-021-05577-8.

[CHE22] Chen, H.; Zhang, Y.; Giam, A.; Yan, W.: Experimental and computational study on thermal and fluid behaviours of powder layer during selective laser melting additive manufacturing. In: Additive Manufacturing, Jg. 52, S. 102645, 2022. ISSN 22148604. Verfügbar unter: doi:10.1016/j.addma.2022.102645.

[CHO19] Choi, J.-K.; Thangamani, D.; Kissock, K.: *A systematic methodology for improving resource efficiency in small and medium-sized enterprises*. In: Resources, Conservation and Recycling, Jg. 147, S. 19-27, 2019. ISSN 09213449. Verfügbar unter: doi:10.1016/j.resconrec.2019.04.015.

[CHU21] Chu, F.; Zhang, K.; Shen, H.; Liu, M.; Huang, W.; Zhang, X.; Liang, E.; Zhou, Z.; Lei, L.; Hou, J.; Huang, A.: *Influence of satellite and agglomeration of powder on the processability of AlSi10Mg powder in Laser Powder Bed Fusion*. In: Journal of Materials Research and Technology, Jg. 11, S. 2059-2073, 2021. ISSN 2238-7854. Verfügbar unter: doi:10.1016/j.jmrt.2021.02.015.

[CIR23] Circle Economy: *The Circularity Gap Report 2023. Executive summary,* 2023. Verfügbar unter: https://www.circularity-gap.world/2023#download., [Zuletzt geprüft: 28. Oktober 2024].

[CLE18] Clemens, H.; Mayer, S.; Heilmaier, M.: *Pulvermetallurgische Herstellung von innovativen Hochtemperaturwerkstoffen*. In: BHM Berg- und Hüttenmännische Monatshefte, Jg. 166(5), S. 1-7, 2018. ISSN 0005-8912. Verfügbar unter: doi:10.1007/s00501-018-0704-1.

[CLO13] Cloots, M.; Spierings, A.; Wegener, K.: *Assessing new support minimizing strategies for the additive manufacturing technology SLM*. In: 24th International SFF Symposium - An Additive Manufacturing Conference, SFF 2013, S. 631-643, 2013.

[COO88] Cooper, H.: *Organizing knowledge syntheses: A taxonomy of literature reviews*. In: Knowledge in Society, Jg. 1(1), S. 104-126, 1988. ISSN 0897-1986. Verfügbar unter: doi:10.1007/BF03177550.

[COR99] Coremans, A.: *Laserstrahlsintern von Metallpulver. Prozeßmodellierung, Systemtechnik, Eigenschaften laserstrahlgesinterter Metallkörper*. Zugl.: Erlangen, Nürnberg, Univ., Diss., 1998. Meisenbach, Bamberg, 1999. Fertigungstechnik - Erlangen, Bd. 93. ISBN 3875251245.

[DAS15] Das, P.; Chandran, R.; Samant, R.; Anand, S.: *Optimum Part Build Orientation in Additive Manufacturing for Minimizing Part Errors and Support Structures*. In: Procedia Manufacturing, Jg. 1, S. 343-354, 2015. ISSN 23519789. Verfügbar unter: doi:10.1016/j.promfg.2015.09.041.

[DAS17] Das, P.; Mhapsekar, K.; Chowdhury, S.; Samant, R.; Anand, S.: *Selection of build orientation for optimal support structures and minimum part errors in additive manufacturing*. In: Computer-Aided Design and Applications, Jg. 14(sup1), S. 1-13, 2017. Verfügbar unter: doi:10.1080/16864360.2017.1308074.

[DAW15] Dawes, J.; Bowerman, R.; Trepleton, R.: *Introduction to the Additive Manufacturing Powder Metallurgy Supply Chain*. In: Johnson Matthey Technology Review, Jg. 59(3), S. 243-256, 2015. ISSN 20565135. Verfügbar unter: doi:10.1595/205651315X688686.

[DEL23] Delacroix, T.; Lomello, F.; Schuster, F.; Maskrot, H.; Jacquier, V.; Lapouge, P.; Coste, F.; Garandet, J.-P.: *Measurement of powder bed oxygen content by image analysis in laser powder bed fusion*. In: Materials & Design, Jg. 226, S. 111667, 2023. ISSN 02641275. Verfügbar unter: doi:10.1016/j.matdes.2023.111667.

[DEU22] Deutsche Gesetzliche Unfallversicherung e. V.: DGUV Grundsatz 311-002 „Managementsysteme für Sicherheit und Gesundheit bei der Arbeit – Arbeitsschutzmanagementsysteme“, 2022.

[DHI22] Dhimish, M.; Tyrrell, A.: *Power loss and hotspot analysis for photovoltaic modules affected by potential induced degradation*. In: npj Materials Degradation, Jg. 6(1), 2022. Verfügbar unter: doi:10.1038/s41529-022-00221-9.

[DI 20] Di Angelo, L.; Di Stefano, P.; Guardiani, E.: *Search for the Optimal Build Direction in Additive Manufacturing Technologies: A Review*. In: Journal of Manufacturing and Materials Processing, Jg. 4(3), S. 71, 2020. Verfügbar unter: doi:10.3390/jmmp4030071.

[DI 17] Di Maio, F.; Rem, P.; Baldé, K.; Polder, M.: *Measuring resource efficiency and circular economy: A market value approach*. In: Resources, Conservation and Recycling, Jg. 122, S. 163-171, 2017. ISSN 09213449. Verfügbar unter: doi:10.1016/j.resconrec.2017.02.009.

[DIE20] Dietrich, K. J.; Deckers, T.; Ammann, T.; Forêt, P.; Dubiez-Le-Goff, S.; Zissel, K.; Witt, G.: *Einfluss von Spurengasen und Lagerbedingungen auf das pulverbettbasierte Laser-Strahlschmelzen*. Dissertation, 2020, Bd. 117.

[DIL17] Dilip, J.; Zhang, S.; Teng, C.; Zeng, K.; Robinson, C.; Pal, D.; Stucker, B.: Influence of processing parameters on the evolution of melt pool, porosity, and microstructures in Ti-6Al-4V alloy parts fabricated by selective laser melting. In: Progress in Additive Manufacturing, Jg. 2(3), S. 157-167, 2017. ISSN 2363-9512. Verfügbar unter: doi:10.1007/s40964-017-0030-2.

[DIN89] DIN Deutsches Institut für Normung e. V.: *DIN 66111. Sedimentationsanalyse: Partikelgrößenanalyse. Grundlagen.* Beuth Verlag, Berlin, 1989.

[DIN93] DIN Deutsches Institut für Normung e. V.: DIN EN 481. Festlegung der Teilchengrößenverteilung zur Messung luftgetragener Partikel. Beuth Verlag, Berlin, 1993.

[DIN11] DIN Deutsches Institut für Normung e. V.: DIN EN ISO 14051. Umweltmanagement - Materialflusskostenrechnung - Allgemeine Rahmenbedingungen. Beuth Verlag, Berlin, 2011.

[DIN15a] DIN Deutsches Institut für Normung e. V.: DIN EN ISO 14001. Umweltmanagementsysteme - Anforderungen mit Anleitung zur Anwendung. Beuth Verlag, Berlin, 2015.

[DIN15b] DIN Deutsches Institut für Normung e. V.: *DIN EN ISO 9001. Qualitätsmanagementsysteme - Anforderungen.* Beuth Verlag, Berlin, 2015.

[DIN16] DIN Deutsches Institut für Normung e. V.: DIN EN ISO/IEC 80079-20-2. Explosionsfähige Atmosphären - Teil 20-2: Werkstoffeigenschaften - Prüfverfahren für brennbare Stäube. Beuth Verlag, Berlin, 2016.

[DIN18] DIN Deutsches Institut für Normung e. V.: DIN ISO 45001. Managementsysteme für Sicherheit und Gesundheit bei der Arbeit - Anforderungen mit Anleitung zur Anwendung. Beuth Verlag, Berlin, 2018.

[DIN19] DIN Deutsches Institut für Normung e. V.: DIN SPEC 17071. Additive Fertigung - Anforderungen an qualitätsgesicherte Prozesse für additive Fertigungszentren. Beuth Verlag, Berlin, 2019.

[DIN20] DIN Deutsches Institut für Normung e. V.: DIN EN ISO/ASTM 52904. Additive Fertigung - Prozessanforderungen und Qualifizierung - Verwendung des pulverbettbasierten Schmelzens von Metallen bei kritischen Anwendungen. Beuth Verlag, Berlin, 2020.

[DIN21a] DIN Deutsches Institut für Normung e. V.: DIN EN ISO 14040. Umweltmanagement - Ökobilanz - Grundsätze und Rahmenbedingungen. Beuth Verlag, Berlin, 2021.

[DIN21b] DIN Deutsches Institut für Normung e. V.: DIN EN ISO 14044. Umweltmanagement - Ökobillanz - Anforderungen und Anleitungen. Beuth Verlag, Berlin, 2021.

[DIN22a] DIN Deutsches Institut für Normung e. V.: *DIN 8580. Fertigungsverfahren - Begriffe, Einteilung.* Beuth Verlag, Berlin, 2022.

[DIN22b] DIN Deutsches Institut für Normung e. V.: *DIN EN ISO/ASTM 52900. Additive Fertigung - Grundlagen - Terminologie.* Beuth Verlag, Berlin, 2022.

[DOM15] Dombrowski, U. (Hrsg.): *Ganzheitliche Produktionssysteme. Aktueller Stand und zukünftige Entwicklungen.* VDI-Buch. Springer Vieweg, Berlin, 2015. ISBN 978-3-662-46164-8.

[DÖP00] Döpper, F.: *Staubemissionen bei der Trockenbearbeitung von Gußeisenwerkstoffen.* Dissertation. Fakultät für Maschinenwesen, Rheinisch-Westfälische Technische Hochschule, 28. Juni 2000.

[EOS20] EOS GmbH: EOS NickelAlloy IN718. Sicherheitsdatenblatt, 2020.

[EOS24a] EOS GmbH: *EOS Metall-3D-Drucker,* 2024. Verfügbar unter: https://www.eos.info/de/metall-loesungen/metall-3d-drucker, [Zuletzt geprüft: 28. Oktober 2024].

[EOS24b] EOS GmbH: *Kompatibilität von Systemen und Werkstoffen,* 2024. Verfügbar unter: https://www.eos.info/03_system-related-assets/material-related-contents/material_pdf/eos_materials_table_overview_m_de_web.pdf, [Zuletzt geprüft: 28. Oktober 2024].

[EPL24] Eplus3D Tech GmbH: *Eplus3D EP-M2050 Metal 3D Printer,* 2024. Verfügbar unter: https://www.eplus3d.com/products/ep-m2050-metal-3d-printer/, [Zuletzt geprüft: 28. Oktober 2024].

[ERL20] Erlach, K.: *Wertstromdesign. Der Weg zur schlanken Fabrik.* 3. Auflage. Springer Verlag, 2020. VDI-Buch. ISBN 978-3-662-58906-9.

[EUR17] Europäische Parlament und Rat der Europäischen Union: Verordnung (EU) 2017/1369 des Europäischen Parlaments und des Rates vom 4. Juli 2017 zur Festlegung eines Rahmens für die Energieverbrauchskennzeichnung und zur Aufhebung der Richtlinie 2010/30/EU, 2017.

[EUR19] Europäische Parlament und Rat der Europäischen Union: Delegierte Verordnung (EU) 2019/2014 der Kommission vom 11. März 2019 zur Ergänzung der Verordnung (EU) 2017/1369 des Europäischen Parlaments und des Rates in Bezug auf die Energieverbrauchskennzeichnung von Haushaltswaschmaschinen und Haushaltswaschtrocknern sowie zur Aufhebung der Delegierten Verordnung (EU) Nr. 1061/2010 der Kommission und der Richtlinie 96/60/EG der Kommission, 2019.

[EUR23] European Patent Office: Innovation trends in additive manufacturing. Patents in 3D printing technologies, 2023.

[EUR15] European Union: *EU ETS Handbook,* 2015.

[FAL17] Faludi, J.; Baumers, M.; Maskery, I.; Hague, R.: *Environmental Impacts of Selective Laser Melting: Do Printer, Powder, Or Power Dominate?* In: Journal of Industrial Ecology, Jg. 21(S1), 144-156, 2017. ISSN 10881980. Verfügbar unter: doi:10.1111/jiec.12528.

[FEL17] Feldmann, C.; Gorj, A.: *3D-Druck und Lean Production. Schlanke Produktionssysteme mit additiver Fertigung.* Springer Gabler, Wiesbaden, 2017. ISBN 978-3-658-18407-0.

[FIR20] Firscher, C.; Muster, V.; Graulich, K.; Prakash, S.; Seidl, R.: Internalisierung von externen Kosten: Die Sicht von Betroffenen. Zwei Fallstudien in den Themenfeldern Reparieren und Sanieren, 2020.

[FÖR20] Förtsch, G.; Meinholz, H.: *Handbuch Betrieblicher Immissionsschutz.* 2., überarbeitete und erweiterte Auflage. Springer Vieweg, Wiesbaden, 2020. ISBN 978-3-658-29146-4.

[FRA24a] Fraunhofer-Gesellschaft zur Förderung der angewandten Forschung e. V.: *Additive Fertigung,* 2024. Verfügbar unter: https://www.prozessinnovation.fraunhofer.de/de/additive-fertigung.html, [Zuletzt geprüft: 28. Oktober 2024].

[FRA24b] Fraunhofer-Gesellschaft zur Förderung der angewandten Forschung e. V.: *Institutsprofil,* 2024. Verfügbar unter: https://www.ipa.fraunhofer.de/de/ueber_uns/institutsprofil.html, [Zuletzt geprüft: 28. Oktober 2024].

[FRE14] Fresner, J.; Bürki, T.; Sittel, H.: *Ressourceneffizienz in der Produktion. Kosten senken durch Cleaner Production.* 2. aktualisierte Aufl. Symposion-Publ, Düsseldorf, 2014. ISBN 978-3863296292.

[FRI22] Friedl, W.; Keckstein, T.: *Grundwissen zum Erstellen guter Explosionsschutzdokumente,* 2022. ISBN 978-3503200368.

[FRI20] Frischknecht, R.: *Lehrbuch der Ökobilanzierung.* Springer Verlag, Berlin, Heidelberg, 2020. ISBN 978-3-662-54762-5.

[FU14] Fu, C.; Guo, Y.: *Three-Dimensional Temperature Gradient Mechanism in Selective Laser Melting of Ti-6Al-4V.* In: Journal of manufacturing science and engineering, Jg. 136(6), 2014. ISSN 1087-1357. Verfügbar unter: doi:10.1115/1.4028539.

[GAS18] Gasper, A.; Szost, B.; Wang, X.; Johns, D.; Sharma, S.; Clare, A. T.; Ashcroft, I.: *Spatter and oxide formation in laser powder bed fusion of Inconel 718.* In: Additive Manufacturing, Jg. 24, S. 446-456, 2018. ISSN 22148604. Verfügbar unter: doi:10.1016/j.addma.2018.09.032.

[GEB15] Gebbe, C.; Lutter-Günther, M.; Greiff, B.; Glasschröder, J.; Reinhart, G.: *Measurement of the Resource Consumption of a Selective Laser Melting Process.* In: Applied Mechanics and Materials, Jg. 805, S. 205-212, 2015. Verfügbar unter: doi:10.4028/www.scientific.net/AMM.805.205.

[GEB16] Gebhardt, A.: Additive Fertigungsverfahren. Additive Manufacturing und 3D-Drucken für Prototyping - Tooling - Produktion. 5., neu bearbeitete und erweiterte Auflage. Hanser, München, 2016. ISBN 3446444017.

[GEN24a] General Electric Aerrospace: *L-PBF Printers : Laser powder bed fusion machines,* 2024. Verfügbar unter: https://www.colibriumadditive.com/printers/l-pbf-printers, [Zuletzt geprüft: 28. Oktober 2024].

[GEN24b] General Electric Aerrospace: *Metal Powders for Additive Manufacturing,* 2024. Verfügbar unter: https://www.colibriumadditive.com/powders, [Zuletzt geprüft: 28. Oktober 2024].

[GES17] Geschäftsstelle der Nationalen Arbeitsschutzkonferenz, Bundesanstalt für Arbeitsschutz und Arbeitsmedizin: *Leitlinie Organisation des betrieblichen Arbeitsschutzes,* 2017.

[GIB20] Gibson, I.; Rosen, D.; Stucker, B.; Khorasani, M.: *Additive manufacturing technologies. 3D printing, rapid prototyping and direct digital manufacturing.* 3. Auflage. Springer, New York, 2020. ISBN 978-3030561260.

[GLU22] Glück, M.: *Agile Innovation : Mit neuem Schwung zum Erfolg.* Springer Vieweg, Wiesbaden, 2022. ISBN 978-3-658-37956-8.

[GRI07] Grießhammer, R.; Buchert, M.; Gensch, C.-O.; Hochfeld, C.; Manhart, A.; Reisch, L.; Rüdenauer, I.: *PROSA – Product Sustainability Assessment,* 2007.

[GRI19] Griffiths, V.; Scanlan, J.; Eres, M.; Martinez-Sykora, A.; Chinchapatnam, P.: *Cost-driven build orientation and bin packing of parts in Selective Laser Melting (SLM).* In: European Journal of Operational Research, Jg. 273(1), S. 334-352, 2019. ISSN 03772217. Verfügbar unter: doi:10.1016/j.ejor.2018.07.053.

[GRI21] Grillitsch, W.; Sagmeister, M.: *Projektmanagement in Organisationen der Sozialwirtschaft.* Springer VS, Wiesbaden, 2021. Lehrbuch. ISBN 9783658339449.

[GRO21] Groneberg, H.; Koller, J.; Mahr, A.; Döpper, F.: *Development of a systematic approach to identify non-value-adding operations in the LBM process chain.* In: 54th CIRP Conference on Manufacturing Systems, 2021.

[GRU15] Grund, M.: *Implementierung von schichtadditiven Fertigungsverfahren.* Springer Berlin Heidelberg, Berlin, Heidelberg, 2015. ISBN 978-3-662-44265-4.

[GUN17] Gunenthiram, V.; Peyre, P.; Schneider, M.; Dal, M.; Coste, F.; Fabbro, R.: *Analysis of laser–melt pool–powder bed interaction during the selective laser melting of a stainless steel.* In: Journal of Laser Applications, Jg. 29(2), S. 22303, 2017. ISSN 1042-346X. Verfügbar unter: doi:10.2351/1.4983259.

[GUN18] Gunenthiram, V.; Peyre, P.; Schneider, M.; Dal, M.; Coste, F.; Koutiri, I.; Fabbro, R.: *Experimental analysis of spatter generation and melt-pool behavior during the powder bed laser beam melting process.* In: Journal of Materials Processing Technology, Jg. 251, S. 376-386, 2018. ISSN 09240136. Verfügbar unter: doi:10.1016/j.jmatprotec.2017.08.012.

[GUO18] Guo, Q.; Zhao, C.; Escano, L.; Young, Z.; Xiong, L.; Fezzaa, K.; Everhart, W.; Brown, B.; Sun, T.; Chen, L.: Transient dynamics of powder spattering in laser powder bed fusion additive manufacturing process revealed by in-situ high-speed high-energy x-ray imaging. In: Acta Materialia, Jg. 151, S. 169-180, 2018. ISSN 1359-6454. Verfügbar unter: doi:10.1016/j.actamat.2018.03.036.

[GUS05] Gusarov, A.; Kruth, J.-P.: *Modelling of radiation transfer in metallic powders at laser treatment.* In: International Journal of Heat and Mass Transfer, Jg. 48(16), S. 3423-3434, 2005. ISSN 00179310. Verfügbar unter: doi:10.1016/j.ijheatmasstransfer.2005.01.044.

[GUT17] Gutowski, T.; Jiang, S.; Cooper, D.; Corman, G.; Hausmann, M.; Manson, J.-A.; Schudeleit, T.; Wegener, K.; Sabelle, M.; Ramos-Grez, J.; Sekulic, D.: *Note on the Rate and Energy Efficiency Limits for Additive Manufacturing.* In: Journal of Industrial Ecology, Jg. 21(S1), S69-S79, 2017. ISSN 10881980. Verfügbar unter: doi:10.1111/jiec.12664.

[HAB22] Haberstock, L.; Haberstock, P.: *Kostenrechnung.* 15. Auflage. Erich Schmidt Verlag, Berlin, 2022. ESV basics. ISBN 978-3-503-20599-8.

[HAN16] Hann, B.: *Powder Reuse and Its Effects on Laser Based Powder Fusion Additive Manufactured Alloy 718.* In: SAE International Journal of Aerospace, Jg. 9(2), S. 209-213, 2016. ISSN 1946-3901. Verfügbar unter: doi:10.4271/2016-01-2071.

[HAN21] Hannen, C.: *Transformationsstrategien zum CO2-neutralen Unternehmen.* Dissertation, Universität Kassel; kassel university press, 2021.

[HAR19] Harpankar, K.: *Internal carbon pricing: rationale, promise and limitations*. In: Carbon Management, Jg. 10(2), S. 219-225, 2019. ISSN 1758-3004. Verfügbar unter: doi:10.1080/17583004.2019.1577178.

[HAR13] Hartmann, E.: *TPM. Effiziente Instandhaltung und Maschinenmanagement*. 4. Aufl. Vahlen, München, 2013. Management Competence. ISBN 978-3-8006-4634-0.

[HEL21] Helmold, M.: Kaizen, Lean Management und Digitalisierung. Mit den japanischen Konzepten Wettbewerbsvorteile für das Unternehmen erzielen. Springer Gabler, Wiesbaden, 2021. ISBN 978-3-658-32341-7.

[HER14] Hering, E.: *Kalkulation für Ingenieure*. Springer Fachmedien Wiesbaden, Wiesbaden, 2014. essentials. ISBN 9783658051990.

[HER10] Herrmann, C.: Ganzheitliches Life Cycle Management. Nachhaltigkeit und Lebenszyklusorientierung in Unternehmen. Springer, Berlin, 2010. VDI-Buch. ISBN 978-3-642-01421-5.

[HIL21] Hilzenthaler, M.; Bifano, L.; Scherm, F.; Fischerauer, G.; Seemann, A.; Glatzel, U.: *Characterization of recycled AISI 904L superaustenitic steel powder and influence on selective laser melted parts*. In: Powder Technology, Jg. 391, S. 57-68, 2021. ISSN 00325910. Verfügbar unter: doi:10.1016/j.powtec.2021.06.011.

[HOE18] Hoeges, S.; Schade; Christopher; Causton, R.: Development of a maraging steel powder for additive Manufacturing, 2018.

[HOF24] Hofmann, A.; Grotz, T.; Köstler, N.; Mahr, A.; Döpper, F.: *Electrical Smoothing of the Powder Bed Surface in Laser-Based Powder Bed Fusion of Metals*. In: Journal of Manufacturing and Materials Processing, Jg. 8(3), S. 112, 2024. Verfügbar unter: doi:10.3390/jmmp8030112.

[HOF22] Hofmann, A.; Huber, A.; Mahr, A.; Bay, C.; Döpper, F.: Influence of the effective thermal conductivity of the powder bed on the properties of overhanging areas in Laser-based Powder Bed Fusion of Ti-6Al-4V. In: Procedia CIRP, Jg. 111, S. 138-143, 2022. ISSN 22128271. Verfügbar unter: doi:10.1016/j.procir.2022.08.137.

[HOF21] Hofmann, A.; Mahr, A.; Döpper, F.; Bay, C.: Verzug bei pulverbettbasiertem Schmelzen von TiAl6V4/Distortion in laser beam melting – Influences of part geometry and heat treatment. In: wt Werkstattstechnik online, Jg. 111(06), S. 372-377, 2021. ISSN 1436-4980. Verfügbar unter: doi:10.37544/1436-4980-2021-06-16.

[HOF20] Hofmann, M.: Prozessoptimierung Als Ganzheitlicher Ansatz : Mit Konkreten Praxisbeispielen Für Effiziente Arbeitsabläufe. Springer Fachmedien Wiesbaden, Wiesbaden, 2020. ISBN 9783658266264.

[HU17] Hu, L.; Peng, C.; Evans, S.; Peng, T.; Liu, Y.; Tang, R.; Tiwari, A.: *Minimising the machining energy consumption of a machine tool by sequencing the features of a part*. In: Energy, Jg. 121, S. 292-305, 2017. ISSN 03605442. Verfügbar unter: doi:10.1016/j.energy.2017.01.039.

[HU23] Hu, L.; Wang, Y.; Shu, L.; Cai, W.; Lv, J.; Xu, K.: *Energy benchmark for evaluating the energy efficiency of selective laser melting processes*. In: Applied Thermal

Engineering, Jg. 221, S. 119870, 2023. ISSN 13594311. Verfügbar unter: doi:10.1016/j.applthermaleng.2022.119870.

[HÜG92] Hügel, H.: *Strahlwerkzeug Laser.* Vieweg+Teubner Verlag, Wiesbaden, 1992. Springer eBook Collection Computer Science and Engineering. ISBN 978-3-663-11535-9.

[IGO09] Igor Yadroitsev: Selective laser melting: Direct manufacturing of 3D-objects by selective laser melting of metal powders : LAP Lambert Academic Publ, Saarbrücken, 2009. ISBN 9783838317946., 2009.

[IKE22] Ikeshoji, T.-T.; Yonehara, M.; Kato, C.; Yanaga, Y.; Takeshita, K.; Kyogoku, H.: *Spattering mechanism of laser powder bed fusion additive manufacturing on heterogeneous surfaces.* In: Scientific reports, Jg. 12(1), S. 20384, 2022. Verfügbar unter: doi:10.1038/s41598-022-24828-9.

[INS24] Institut für Arbeitsschutz der Deutschen Gesetzlichen Unfallversicherung IFA: *GESTIS-STAUB-EX,* 2024. Verfügbar unter: https://staubex.ifa.dguv.de/explosuche.aspx, [Zuletzt geprüft: 28. Oktober 2024].

[INT22] Intergovernmental panel on climate change: *Global Warming of 1.5°C.* Cambridge University Press, 2022. ISBN 9781009157940.

[INT23] International Emissions Trading Association (IETA), PwC UK: *GHG Market Sentiment Survey 2023,* 2023.

[ISN20] Isniah, S.; Hardi Purba, H.; Debora, F.: *Plan do check action (PDCA) method: literature review and research issues.* In: Jurnal Sistem dan Manajemen Industri, Jg. 4(1), S. 72-81, 2020. ISSN 2580-2887. Verfügbar unter: doi:10.30656/jsmi.v4i1.2186.

[JAC21] Jacob, K.; Postpischil, R.; Graaf, L.; Ramezani, M.; Ostertag, K.; Pfaff, M.; Reuster, L.; Zerzawy, F.: *Handlungsfelder zur Steigerung der Ressourceneffizienz : Potenziale, Hemmnisse und Maßnahmen,* 2021.

[JAE21] Jaeger, E.; Ravisankar, B.; Wirtz, A.; Meißner, M.; Rehtanz, C.; Biermann, D.; Wiederkehr, P.: *Simulation-based analysis of the energy demand within an additive subtractive process chain.* In: Procedia CIRP, Jg. 99, S. 352-357, 2021. ISSN 22128271. Verfügbar unter: doi:10.1016/j.procir.2021.03.051.

[JIA21] Jia, H.; Sun, H.; Wang, H.; Wu, Y.; Wang, H.: *Scanning strategy in selective laser melting (SLM): a review.* In: The International Journal of Advanced Manufacturing Technology, Jg. 113(9-10), S. 2413-2435, 2021. ISSN 0268-3768. Verfügbar unter: doi:10.1007/s00170-021-06810-3.

[JÓR23] Jórasz, W.; Baltzer, B.: *Kosten- und Leistungsrechnung. Lehrbuch mit Aufgaben und Lösungen.* 7. Auflage. Schäffer-Poeschel Verlag, Stuttgart, März 2023. ISBN 978-3-7910-5465-0.

[KAL16] Kalusche, D.: *Biosphäre und Ökosysteme. In:* (Hrsg.) Kalusche, Dietmar: *Ökologie in Zahlen,* S. 1-18, Berlin, Heidelberg, Springer Berlin Heidelberg, 2016. ISBN 978-3-662-47986-5.

[KAM18] Kamps, T.; Lutter-Guenther, M.; Seidel, C.; Gutowski, T.; Reinhart, G.: *Cost- and energy-efficient manufacture of gears by laser beam melting.* In: CIRP Journal of

Manufacturing Science and Technology, Jg. 21, S. 47-60, 2018. ISSN 17555817. Verfügbar unter: doi:10.1016/j.cirpj.2018.01.002.

[KAP12] Kaplan, A.: Fresnel absorption of 1µm- and 10µm-laser beams at the keyhole wall during laser beam welding: Comparison between smooth and wavy surfaces. In: Applied Surface Science, Jg. 258(8), S. 3354-3363, 2012. ISSN 01694332. Verfügbar unter: doi:10.1016/j.apsusc.2011.08.086.

[KAR12] Karg, M.: Laserstrahlschmelzen von Metallen - Aktuelle Entwicklungen im Bereich der Additiven Fertigung, 2012.

[KEA20] Keaveney, S.; Shmeliov, A.; Nicolosi, V.; Dowling, D.: *Investigation of process by-products during the Selective Laser Melting of Ti6AL4V powder.* In: Additive Manufacturing, Jg. 36, S. 101514, 2020. ISSN 22148604. Verfügbar unter: doi:10.1016/j.addma.2020.101514.

[KEL11a] Kellens, K.; Dewulf, W.; Overcash, M.; Hauschild, M.; Duflou, J.: Methodology for systematic analysis and improvement of manufacturing unit process life cycle inventory (UPLCI) CO2PE! initiative (cooperative effort on process emissions in manufacturing). Part 2: case studies. In: The International Journal of Life Cycle Assessment, Jg. 17(2), S. 242-251, 2011. ISSN 0948-3349. Verfügbar unter: doi:10.1007/s11367-011-0352-0.

[KEL12] Kellens, K.; Dewulf, W.; Overcash, M.; Hauschild, M.; Duflou, J.: Methodology for systematic analysis and improvement of manufacturing unit process life-cycle inventory (UPLCI)—CO2PE! initiative (cooperative effort on process emissions in manufacturing). Part 1: Methodology description. In: The International Journal of Life Cycle Assessment, Jg. 17(1), S. 69-78, 2012. ISSN 0948-3349. Verfügbar unter: doi:10.1007/s11367-011-0340-4.

[KEL17b] Kellens, K.; Mertens, R.; Paraskevas, D.; Dewulf, W.; Duflou, J.: *Environmental Impact of Additive Manufacturing Processes: Does AM Contribute to a More Sustainable Way of Part Manufacturing?* In: Procedia CIRP, Jg. 61, S. 582-587, 2017. ISSN 22128271. Verfügbar unter: doi:10.1016/j.procir.2016.11.153.

[KEL10] Kellens, K.; Yasa, E.; Dewulf, W.; Duflou, J.: Environmental assessment of selective laser melting and selective laser sintering, 2010.

[KEL11b] Kellens, K.; Yasa, E.; Renaldi; Dewulf, W.; Kruth, J.-P.; Duflou, J.: *Energy and Resource Efficiency of SLS/SLM Processes.* University of Texas at Austin, 2011.

[KEL17] Keller, N.: Dissertation, Verzugsminimierung bei selektiven Laserschmelzverfahren durch Multi-Skalen-Simulation, Universität Bremen, 14. März 2017.

[KHA15] Khairallah, S.; Anderson, A.; Rubenchik, A.; King, W.: Laser powder-bed fusion additive manufacturing: Physics of complex melt flow and formation mechanisms of pores, spatter, and denudation zones. In: Acta Materialia, Jg. 108, S. 36-45, 2015.

[KNA23] Knauer, T.; Sommer, F.; Wöhrmann, A.: *Kostenmanagement : Kostentransparenz erhöhen – Kostensituation optimieren.* Schäffer-Poeschel, Freiburg, 2023. ISBN 9783791043081.

[KOH24] Kohlwes, P.: *Prozessstabile additive Fertigung durch spritzerreduziertes Laserstrahlschmelzen*. Springer Berlin Heidelberg, Berlin, Heidelberg, 2024. ISBN 978-3-662-69081-9.

[KOL21] Kolb, T.: Laserstrahl-Schmelzen von Metallen mit einer Serienanlage - Prozesscharakterisierung und Erweiterung eines Überwachungssystems. Lehrstuhl für Photonische Technologien (LPT), Friedrich-Alexander-Universität Erlangen-Nürnberg, 2021.

[KOM03] Kommission der europäischen Gemeinschaften: Empfehlung der Kommission vom 6. Mai 2003 betreffend die Definition der Kleinstunternehmen sowie der kleinen und mittleren Unternehmen (Text von Bedeutung für den EWR) (Bekannt gegeben unter Aktenzeichen K(2003) 1422), Jg. (124), 2003.

[KRA16] Krauss, H.: Qualitätssicherung beim Laserstrahlschmelzen durch schichtweise thermografische In-Process-Überwachung. Dissertation, Technische Universität München, 2016.

[KRO21] Kroslid, D.; Ohnesorge, D.; Pohl, J.: *5S - Arbeitsumgebung, Prozesse und Projekte optimieren*. 3. Auflage. Hanser, München, 2021. Pocket Power, Bd. 061. ISBN 978-3-446-45205-3.

[KRU04] KRUTH, J.: *Selective laser melting of iron-based powder*. In: Journal of Materials Processing Technology, 2004. ISSN 09240136. Verfügbar unter: doi:10.1016/S0924-0136(04)00220-1.

[KÜH21] Kühnapfel, J.: *Scoring und Nutzwertanalysen. Ein Leitfaden für die Praxis*. Springer Gabler, Wiesbaden, 2021. ISBN 9783658348090.

[KUM18] Kumke, M.: *Methodisches Konstruieren von additiv gefertigten Bauteilen*. Dissertation, Technische Universität Braunschweig, 8. Februar 2018.

[KÜN19] Künneke, T.; Lieneke, T.; Lammers, S.; Zimmer, D.: *Design guidelines for post-processing of laser beam melting In context of support structures*. In: : Proceedings of the Special Interest Group Meeting on Advancing Precision in Additive Manufacturing, 2019.

[KUN23] Kunze, O.; Schilp, J.; Frommer, F.; Oettl, F.; Klinkova, G.: *3D-Druck für Führungskräfte : Technik, Prozesse, Wirtschaftlichkeit und Umweltverträglichkeit der additiven Fertigung*. Carl Hanser, München, 2023. Hanser eLibrary. ISBN 9783446477285.

[KUR12] Kurzynowski, T.; Chlebus, E.; Kuźnicka, B.; Reiner, J.: Parameters in selective laser melting for processing metallic powders. In: (Hrsg.) Beyer, Eckhard; Morris, Timothy: High Power Laser Materials Processing: Lasers, Beam Delivery, Diagnostics, and Applications, S. 823914, SPIE, 2012.

[LAC21] Lachmayer, R.; Rettschlag, K.; Kaierle, S. (Hrsg.): *Konstruktion für die Additive Fertigung 2020*. Springer Vieweg, Berlin, 2021. ISBN 9783662630297.

[LAC16] Lachmayer, R.; Lippert, R.; Fahlbusch, T.: *3D-Druck beleuchtet*. Springer Berlin Heidelberg, Berlin, Heidelberg, 2016. ISBN 978-3-662-49055-6.

[LAD16] Ladewig, A.; Schlick, G.; Fisser, M.; Schulze, V.; Glatzel, U.: *Influence of the shielding gas flow on the removal of process by-products in the selective laser melting process*. In: Additive Manufacturing, Jg. 10, S. 1-9, 2016. ISSN 22148604. Verfügbar unter: doi:10.1016/j.addma.2016.01.004.

[LAN19] Landmann, N.; Schat, H.-D. (Hrsg.): Ideen erfolgreich managen : Neue Perspektiven, aktuelle Branchenbeispiele, wissenschaftliche Grundlagen und Erkenntnisse. Springer Gabler, Wiesbaden, 2019. ISBN 9783658265199.

[LAN24] Lanzutti, A.; Marin, E.: *The Challenges and Advances in Recycling/Re-Using Powder for Metal 3D Printing: A Comprehensive Review*. In: Metals, Jg. 14(8), S. 886, 2024. ISSN 2075-4701. Verfügbar unter: doi:10.3390/met14080886.

[LEE17] Lee, H.; Lim, C.; Low, M.; Tham, N.; Murukeshan, V.; Kim, Y.-J.: *Lasers in additive manufacturing: A review*. In: International Journal of Precision Engineering and Manufacturing-Green Technology, Jg. 4(3), S. 307-322, 2017. ISSN 2288-6206. Verfügbar unter: doi:10.1007/s40684-017-0037-7.

[LEH12] Lehnert, M.; Pesch, B.; Lotz, A.; Pelzer, J.; Kendzia, B.; Gawrych, K.; Heinze, E.; van Gelder, R.; Punkenburg, E.; Weiss, T.; Mattenklott, M.; Hahn, J.-U.; Möhlmann, C.; Berges, M.; Hartwig, A.; Brüning, T.: *Exposure to inhalable, respirable, and ultrafine particles in welding fume*. In: The Annals of occupational hygiene, Jg. 56(5), S. 557-567, 2012. Verfügbar unter: doi:10.1093/annhyg/mes025.

[LIA21] Liao, J.; Cooper, D.: *The Environmental Impacts of Metal Powder Bed Additive Manufacturing*. In: Journal of manufacturing science and engineering, Jg. 143(3), 2021. ISSN 1087-1357. Verfügbar unter: doi:10.1115/1.4048435.

[LIN12] Lindermann, C.; Jahnke, U.; Moi, M.; Koch, R.: Analyzing Product Lifecycle Costs for a Better Understanding of Cost Drivers in Additive Manufacturing. University of Texas at Austin, 2012.

[LIP18] Lippert, R. B.: *Restriktionsgerechtes Gestalten gewichtsoptimierter Strukturbauteile für das Selektive Laserstrahlschmelzen*. Dissertation. Fakultät für Maschinenbau, Gottfried Wilhelm Leibniz Universität Hannover, 12. März 2018.

[LIU15] Liu, Y.; Yang, Y.; Mai, S.; Di Wang; Song, C.: *Investigation into spatter behavior during selective laser melting of AISI 316L stainless steel powder*. In: Materials & Design, Jg. 87, S. 797-806, 2015. ISSN 02641275. Verfügbar unter: doi:10.1016/j.matdes.2015.08.086.

[LIU23] Liu, Z.; Yang, Y.; Han, C.; Zhou, H.; zhou, H.; Wang, M.; Liu, L.; Wang, H.; Bai, Y.; Di Wang: *Effects of gas flow parameters on droplet spatter features and dynamics during large-scale laser powder bed fusion*. In: Materials & Design, Jg. 225, S. 111534, 2023. ISSN 02641275. Verfügbar unter: doi:10.1016/j.matdes.2022.111534.

[LUT18a] Lutter-Günther, M.; Bröker, M.; Mayer, T.; Lizak, S.; Seidel, C.; Reinhart, G.: *Spatter formation during laser beam melting of AlSi10Mg and effects on powder quality*. In: Procedia CIRP, Jg. 74, S. 33-38, 2018. ISSN 22128271. Verfügbar unter: doi:10.1016/j.procir.2018.08.008.

[LUT20a] Lutter-Günther, M.: *Qualitätsorientiertes und modellbasiertes Pulverrecycling beim Laserstrahlschmelzen*. Dissertation. Institut für Werkzeugmaschinen und Betriebswissenschaften, Technische Universität München, 17. August 2020.

[LUT18b] Lutter-Günther, M.; Gebbe, C.; Kamps, T.; Seidel, C.; Reinhart, G.: *Powder recycling in laser beam melting: strategies, consumption modeling and influence on resource efficiency*. In: Production Engineering, Jg. 12(3-4), S. 377-389, 2018. ISSN 0944-6524. Verfügbar unter: doi:10.1007/s11740-018-0790-7.

[LUT17] Lutter-Günther, M.; Hofmann, A.; Hauck, C.; Seidel, C.; Reinhart, G.: *Quantifying Powder Losses and Analyzing Powder Conditions in order to Determine Material Efficiency in Laser Beam Melting*. In: Applied Mechanics and Materials, Jg. (856), S. 231-237, 2017.

[LUT20b] Lutter-Günther, M.; Horn, M.; Seidel, C.; Reinhart, G.: *Einfluss der Korngrößenverteilung auf Fließfähigkeit und Bauteilqualität beim Laserstrahlschmelzen*. In: Rapid.Tech – International Trade Show & Conference for Additive Manufacturing, 2020.

[LY17] Ly, S.; Rubenchik, A.; Khairallah, S.; Guss, G.; Matthews, M.: *Metal vapor micro-jet controls material redistribution in laser powder bed fusion additive manufacturing*. In: Scientific reports, Jg. 7(1), S. 4085, 2017. Verfügbar unter: doi:10.1038/s41598-017-04237-z.

[MA18] Ma, F.; Zhang, H.; Hon, K.; Gong, Q.: *An optimization approach of selective laser sintering considering energy consumption and material cost*. In: Journal of Cleaner Production, Jg. 199, S. 529-537, 2018. ISSN 09596526. Verfügbar unter: doi:10.1016/j.jclepro.2018.07.185.

[MA22] Ma, Z.; Gao, M.; Guo, K.; Wang, Q.; Li, L.; Liu, C.; Zhu, G.; Liu, Z.: Analysis and Optimization of Energy Consumption for Multi-part Printing Using Selective Laser Melting and Considering the Support Structure. In: International Journal of Precision Engineering and Manufacturing-Green Technology, 2022. ISSN 2288-6206. Verfügbar unter: doi:10.1007/s40684-022-00450-y.

[MA21] Ma, Z.; Gao, M.; Wang, Q.; Wang, N.; Li, L.; Liu, C.; Liu, Z.: *Energy consumption distribution and optimization of additive manufacturing*. In: The International Journal of Advanced Manufacturing Technology, Jg. 116(11-12), S. 3377-3390, 2021. ISSN 0268-3768. Verfügbar unter: doi:10.1007/s00170-021-07653-8.

[MAH19] Mahr, A.; Bay, C.: Arbeitssicherheit in der additiven Fertigung: Gefährdungen und Handlungsempfehlungen. In: additive, Jg. (04-2019), S. 54, 2019.

[MAH20] Mahr, A.; Bay, C.: Nachbearbeitung beim additiven Fertigungsverfahren Laserstrahlschmelzen: Herausforderungen und Optimierungspotential. In: Werkstoffe in der Fertigung., Jg. (05), 29-31, 2020.

[MAH21] Mahr, A.; Bay, C.; Huber, T.; Döpper, F.: Systematische Bewertung der materialspezifischen humantoxischen Gefährdungen bei additiven Fertigungsverfahren. In: (Hrsg.) Kynast, Michael; Witt, Gerd; Eichmann, Michael: Proceedings of the 17th Rapid.Tech 3D Conference Erfurt, Germany, 22 –23 June 2021, S. 127-140, 2021.

[MAH24] Mahr, A.; Schütt, T.; Rosnitschek, T.; Tremmel, S.; Döpper, F.: Evaluation of Powder- and Extrusion-Based Metal Additive Manufacturing Processes for the Sustainable Fabrication of Spare Parts in Electromobility. In: Sustainability, Jg. 16(8), S. 3425, 2024. Verfügbar unter: doi:10.3390/su16083425.

[MAJ13] Majumdar, J.: *Laser-Assisted Fabrication of Materials.* Springer Berlin / Heidelberg, Berlin, Heidelberg, 2013. Springer Series in Materials Science Ser, v.161. ISBN 978-3-642-28359-8.

[MAN22] Mandolini, M.; Sartini, M.; Favi, C.; Germani, M.: *Cost Sensitivity Analysis for Laser Powder Bed Fusion.* In: Proceedings of the Design Society, Jg. 2, S. 1411-1420, 2022. Verfügbar unter: doi:10.1017/pds.2022.143.

[MAR17] Martens, J.; Obenland, W.: *Die Agenda 2030 : Globale Zukunftsziele für nachhaltige Entwicklung.* Vollständig aktualisierte und überarbeitete Neuauflage, Redaktionsschluss: 30. September 2017. Global Policy Forum; terre des hommes, Bonn, November 2017. ISBN 978-3-943126-35-8.

[MAT15] Matopoulos, A.; Barros, A.; van der Vorst, J.: *Resource-efficient supply chains: a research framework, literature review and research agenda.* In: Supply Chain Management: An International Journal, Jg. 20(2), S. 218-236, 2015. ISSN 1359-8546. Verfügbar unter: doi:10.1108/SCM-03-2014-0090.

[MAT20a] Matos, M.; Rocha, A.; Pereira, A.: *Improving additive manufacturing performance by build orientation optimization.* In: The International Journal of Advanced Manufacturing Technology, Jg. 107(5-6), S. 1993-2005, 2020. ISSN 0268-3768. Verfügbar unter: doi:10.1007/s00170-020-04942-6.

[MAT20b] Matthes, S.; Kluge, M.; Jahn, S.; Emmelmann, C.: *Factors influencing powder-properties of TiAl6V4 along the L-PBF process chain.* In: Progress in Additive Manufacturing, Jg. 5(1), S. 33-39, 2020. ISSN 2363-9512. Verfügbar unter: doi:10.1007/s40964-020-00120-y.

[MAN16] Matthews, M.; Guss, G.; Khairallah, S.; Rubenchik, A.; Depond, P.; King, W.: *Denudation of metal powder layers in laser powder bed fusion processes.* In: Acta Materialia, Jg. 114, S. 33-42, 2016. ISSN 1359-6454. Verfügbar unter: doi:10.1016/j.actamat.2016.05.017.

[MER23] Mercurio, V.; Calignano, F.; Iuliano, L.: *Sustainable production of AlSi10Mg parts by laser powder bed fusion process.* In: The International Journal of Advanced Manufacturing Technology, Jg. 125(7-8), S. 3117-3133, 2023. ISSN 0268-3768. Verfügbar unter: doi:10.1007/s00170-023-11004-0.

[MIS18] Mishurova, T.; Cabeza, S.; Thiede, T.; Nadammal, N.; Kromm, A.; Klaus, M.; Genzel, C.; Haberland, C.; Bruno, G.: *The Influence of the Support Structure on Residual Stress and Distortion in SLM Inconel 718 Parts.* In: Metallurgical and Materials Transactions A, Jg. 49(7), S. 3038-3046, 2018. ISSN 1073-5623. Verfügbar unter: doi:10.1007/s11661-018-4653-9.

[MÖL21] Möller, M.; Antony, F.; Grießhammer, R.; Gröder, J.; Prieß, R.: *PROSA – Product Sustainability Assessment Leitfaden PROSAplus,* 2021.

[MON24] Montel GmbH: *The price of emissions allowances in the EU : Cost per tonne of carbon dioxide produced (€),* 2024. Verfügbar unter: https://montelgroup.com/services/market-data/energy-prices/carbon-market-prices, [Zuletzt geprüft: 28. Oktober 2024].

[MOR07] Morrow, W.; Qi, H.; Kim, I.; Mazumder, J.; Skerlos, S.: *Environmental aspects of laser-based and conventional tool and die manufacturing.* In: Journal of Cleaner

Production, Jg. 15(10), S. 932-943, 2007. ISSN 09596526. Verfügbar unter: doi:10.1016/j.jclepro.2005.11.030.

[MUG19] Mugwagwa, L.; Dimitrov, D.; Matope, S.; Yadroitsev, I.: *Evaluation of the impact of scanning strategies on residual stresses in selective laser melting.* In: The International Journal of Advanced Manufacturing Technology, Jg. 102(5-8), S. 2441-2450, 2019. ISSN 0268-3768. Verfügbar unter: doi:10.1007/s00170-019-03396-9.

[NAS19] Nassar, A.; Gundermann, M.; Reutzel, E.; Guerrier, P.; Krane, M.; Weldon, M.: *Formation processes for large ejecta and interactions with melt pool formation in powder bed fusion additive manufacturing.* In: Scientific reports, Jg. 9(1), S. 5038, 2019. Verfügbar unter: doi:10.1038/s41598-019-41415-7.

[NEH23] Nehring, C.: *Gelingendes Unternehmertum. Mit Herz und Verstand statt Gewinnmaximierung.* Haufe, Freiburg, 2023. Haufe Fachbuch. ISBN 9783648168431.

[NER14] Nertinger, S.: *Carbon and Material Flow Cost Accounting. Ein integrierter Ansatz im Kontext nachhaltigen Erfolgs und Wirtschaftens.* Springer Gabler, s.l., 2014. Hallesche Schriften zur Betriebswirtschaft, v.31. ISBN 3658081295.

[NIC18] Nickenig, K.: *Grundkurs Kosten- und Leistungsrechnung. Schneller Einstieg in die unternehmerische Kalkulation.* 2., durchgesehene Auflage. Springer Gabler, Wiesbaden, 2018. Lehrbuch. ISBN 3658227508.

[NIE21] Niemann, J.; Reich, B.; Stöhr, C. (Hrsg.): *Lean Six Sigma.* Springer Berlin Heidelberg, Berlin, Heidelberg, 2021. ISBN 978-3-662-63007-5.

[NIK20] Nikon SLM Solutions: *Höchste Produktivität: SLM Solutions bringt neue Selective Laser Melting Maschine mit 12 Lasern auf den Markt,* 2020. Verfügbar unter: https://www.slm-solutions.com/de/unternehmen/news-raum/detail/hoechste-produktivitaet-slm-solutions-bringt-neue-selective-laser-melting-maschine-mit-12-lasern-auf-den-markt/, [Zuletzt geprüft: 28. Oktober 2024].

[NIK24a] Nikon SLM Solutions: *Additive Fertigung und selektives Laserschmelzen,* 2024. Verfügbar unter: https://www.slm-solutions.com/de/additive-fertigung/, [Zuletzt geprüft: 28. Oktober 2024].

[NIK24b] Nikon SLM Solutions: *SLM Metallpulver & Materialparameter,* 2024. Verfügbar unter: https://www.slm-solutions.com/de/produkte-und-loesungen/materialien/, [Zuletzt geprüft: 28. Oktober 2024].

[ORL18] O.R. Lasertechnologie GmbH: ORLAS CREATOR RA 250 Selective Laser Melting - Reaktive Materialien Betriebsanleitung, 2018.

[OCH21] Ochs, D.; Wehnert, K.; Hartmann, J.; Schiffler, A.; Schmitt, J.: *Sustainable Aspects of a Metal Printing Process Chain with Laser Powder Bed Fusion (LPBF).* In: Procedia CIRP, Jg. 98, S. 613-618, 2021. ISSN 22128271. Verfügbar unter: doi:10.1016/j.procir.2021.01.163.

[OER23] Oerlikon Metco Europe GmbH: Unveröffentlichtes Angebot MetcoAdd Ti64 G23-A, 2023.

[OHN88] Ohno, T.: *Toyota production system : Beyond large-scale production.* Productivity Press, Cambridge, Mass., 1988. ISBN 978-0-915299-14-0.

[O'L15] O'Leary, R.; Setchi, R.; Prickett, P.; Hankins, G.; Jones, N.: *An Investigation into the Recycling of Ti-6Al-4V Powder Used Within SLM to Improve Sustainability*. In: 2nd International Conference on Sustainable Design and Manufacturing, 2015.

[PAR14] Parzinger, S.: Dissertation. Analytische Modellierung der temperatur- und gasdruckabhängigen effektiven Wärmeleitfähigkeit von Pulvern. Dissertation, München, 2014.

[PEN21] Peng, X.; Kong, L.; Fuh, J.; Wang, H.: *A Review of Post-Processing Technologies in Additive Manufacturing*. In: Journal of Manufacturing and Materials Processing, Jg. 5(2), S. 38, 2021. Verfügbar unter: doi:10.3390/jmmp5020038.

[PET11] Petrovic, V.; Vicente Haro Gonzalez, J.; Jordá Ferrando, O.; Delgado Gordillo, J.; Ramón Blasco Puchades, J.; Portolés Griñan, L.: *Additive layered manufacturing: sectors of industrial application shown through case studies*. In: International Journal of Production Research, Jg. 49(4), S. 1061-1079, 2011. ISSN 0020-7543. Verfügbar unter: doi:10.1080/00207540903479786.

[PFA20] Pfaff, A.; Bierdel, M.; Hoschke, K.; Wickert, M.; Riedel, W.; Hiermaier, S.: Resource analysis model and validation for selective laser melting, constituting the potential of lightweight design for material efficiency. In: Sustainable Production and Consumption, Jg. 21, S. 182-191, 2020. ISSN 23525509. Verfügbar unter: doi:10.1016/j.spc.2019.12.004.

[PFE21] Pfeufer, H.-J.: *FMEA - Fehler-Möglichkeits- und Einfluss-Analyse nach AIAG und VDA*. 2. Auflage. Hanser, München, 2021. ISBN 978-3-446-46741-5.

[POH13] Pohlmann, G.; Holzinger, C.; Spiegel-Ciobanu, V. E.: *Comparative investigations in order to characterise ultrafine particles in fumes in the case of welding and allied processes*. In: Welding and Cutting, Jg. (2), S. 97-105, 2013. Verfügbar unter: https://www.welding-and-cutting.info/article/comparative-investigations-in-order-to-characterise-ultrafine-particles-in-fumes-in-the-case-of-welding-and-allied-processes.

[POP05] Poprawe, R.: Lasertechnik für die Fertigung : Grundlagen, Perspektiven und Beispiele für den innovativen Ingenieur ; mit 26 Tabellen. Springer, Berlin, 2005. VDI-Buch. ISBN 9783540214069.

[PÖT22] Pötters, P.; Leyendecker. Bert: Ohlig, J.; Schmitt, R.: *Verbreitungsgrad von Optimierungsmethoden in der Produktion*. In: Wissenschaftliche Schriften des Fachbereichs Wirtschaftswissenschaften, Koblenz University of Applied Sciences, 2022. Verfügbar unter: https://opus4.kobv.de/opus4-hs-koblenz/frontdoor/index/index/docId/170.

[PRE24] Presse- und Informationsamt der Bundesregierung: *Zukunftsstrategie Forschung und Innovation. Innovationsstandort Deutschland mit neuen Lösungen stärken,* 2024. Verfügbar unter: https://www.bundesregierung.de/breg-de/themen/forschung/zukunftsstrategie-forschung-innovation-2163454#tar-3, [Zuletzt geprüft: 5. Januar 2025].

[PRE25] Presse- und Informationsamt der Bundesregierung: *CO2-Preis beträgt jetzt 55 Euro,* 2025. Verfügbar unter: https://www.bundesregierung.de/breg-de/aktuelles/co2-preis-kohle-abfallbrennstoffe-2061622, [Zuletzt geprüft: 5. Januar 2025].

[ÖKO87] Projektgruppe Ökologische Wirtschaft: *Produktlinienanalyse: Bedürfnisse, Produkte und ihre Folgen.* Kölner Volksblatt-Verl., Köln, 1987. Wege aus der Krise, Bd. 4. ISBN 9783923243273.

[PRO14] Prox, M.: Hilfestellung für betriebliche Ressourceneffizienz aus der internationalen Welt der Standards - Normen zu Materialflusskostenrechnung und Ökoeffizienzbewertung. In: Umweltwirtschaftsforum, Jg. 22(2-3), S. 177-179, 2014. Verfügbar unter: doi:10.1007/s00550-014-0322-7.

[RAM24] Ramadugu, S.; Ledella, S.; Gaduturi, J.; Pinninti, R.; Sriram, V.; Saxena, K.: *Environmental life cycle assessment of an automobile component fabricated by additive and conventional manufacturing.* In: International Journal on Interactive Design and Manufacturing (IJIDeM), Jg. 18(2), S. 847-858, 2024. ISSN 1955-2513. Verfügbar unter: doi:10.1007/s12008-023-01532-0.

[RAO19] Rao, J.; Zhang, Y.; Zhang, K.; Wu, X.; Huang, A.: *Selective laser melted Al-7Si-0.6Mg alloy with in-situ precipitation via platform heating for residual strain removal.* In: Materials & Design, Jg. 182, S. 108005, 2019. ISSN 02641275. Verfügbar unter: doi:10.1016/j.matdes.2019.108005.

[RAO22] Raoufi, K.; Haapala, K.; Etheridge, T.; Manoharan, S.; Paul, B.: Cost and environmental impact assessment of stainless steel microscale chemical reactor components using conventional and additive manufacturing processes. In: Journal of Manufacturing Systems, Jg. 62, S. 202-217, 2022. ISSN 02786125. Verfügbar unter: doi:10.1016/j.jmsy.2021.11.017.

[RAU21] Rauber, N.; Georg, S.: *Prozesskostenmanagement in der Industrie.* Springer Gabler, Wiesbaden, Germany, 2021. essentials. ISBN 978-3-658-35297-4.

[RAV21] Ravisankar, B.; Jaeger, E.; Meißner, M.; Wirtz, A.; Wiederkehr, P.; Rehtanz, C.: Investigation of electrical power consumption of an additive process chain and empirical modelling as feature selection for machine learning algorithms. In: Procedia CIRP, Jg. 99, S. 358-363, 2021. ISSN 22128271. Verfügbar unter: doi:10.1016/j.procir.2021.03.103.

[REC24] Rechlin, A.; Langsdorf, S.; Heni, Y.; -Hirschnitz-Garbers, M.; Araujo, A.; Hinzmann, M.; Fuchs, G.; Landgrebe-Trinkunaite, R.; Bohushenko, A.; Meyer, M.; Distelkamp, M.: *Ressourceneffizienz und natürliche Ressourcen im internationalen Kontext. Entwicklungslinien der Ressourcenpolitik mit Schwerpunkt auf Ressourcenschonung und Ressourceneffizienz,* 2024. Verfügbar unter: https://www.umweltbundesamt.de/sites/default/files/medien/11850/publikationen/53_2024_texte_ressourceneffizienz_0.pdf, [Zuletzt geprüft: 28. Oktober 2024].

[REF16] REFA-Institut e.V.: *Arbeitsorganisation erfolgreicher Unternehmen - Wandel in der Arbeitswelt.* Hanser, München, 2016. Hanser eLibrary, Band 1. ISBN 978-3-446-44833-9.

[REI23] Reichhardt, M.: *Kosten- und Leistungsrechnung. Ein Überblick mit Fragen, Beispielen, Übungen und Lösungen.* 2., überarb. u. aktualisierte Auflage 2023. Springer Fachmedien Wiesbaden GmbH, Wiesbaden, 2023. ISBN 9783658422332.

[REI22] Reichwein, J.: Gestaltung der Baustruktur für die additive Fertigung mittels Bauteilintegration und -trennung. Fachbereich Maschinenbau, Technische Universität Darmstadt, 9. Februar 2022.

[REI19] Reim, J.: *Kosten- und Leistungsrechnung: Instrumente, Anwendung, Auswertung.* Springer Gabler, Wiesbaden, 2019. ISBN 9783658217785.

[REM05] Remer, D.; Mülhaupt, E.: Einführen der Prozesskostenrechnung. Grundlagen, Methodik, Einführung und Anwendung der verursachungsgerechten Gemeinkostenzurechnung. 2., überarb. u. erw. Aufl. Schäffer-Poeschel, Stuttgart, 2005. ISBN 978-3791024271.

[REN17] Renate Beisser, M. Buxtrup, D. Fendler, L. Hohenbergr, V. Kazda, Y. von Mering, H. Niemann, K. Pitzke, R. Weiß*: Inhalative Exposition gegenüber Metallbei bei additiven Verfahren (3D-Druck),* 2017.

[REN23] Renishaw: Sicherheitsdatenblatt. Aluminium AlSi10Mg, 2023.

[REN24] Renishaw: *Material- und Sicherheitsdatenblätter – Additive Fertigung,* 2024. Verfügbar unter: https://www.renishaw.de/de/datenblaetter-additive-fertigung--17862, [Zuletzt geprüft: 28. Oktober 2024].

[REU24] Reusswig, F.*: Klimawandel und globale Umweltveränderungen. In:* (Hrsg.) Sonnberger, Marco; Bleicher, Alena; Groß, Matthias: *Handbuch Umweltsoziologie,* S. 347-361, Wiesbaden, Springer Fachmedien Wiesbaden, 2024. ISBN 978-3-658-37217-0.

[ROZ15] Rozzi, Ricardo; Chapin, Stuart; Callicott, J.; Pickett, S.T.A.; Power, Mary; Armesto, Juan; May, Roy (Hrsg.): *Earth stewardship. Linking ecology and ethics in theory and practice.* Ecology and Ethics Ser, v.2. Springer, Cham, 2015. ISBN 978-3-319-12132-1.

[RUB15] Rubenchik, A.; Wu, S.; Mitchell, S.; Golosker, I.; LeBlanc, M.; Peterson, N.*: Direct measurements of temperature-dependent laser absorptivity of metal powders.* In: Applied optics, Jg. 54(24), S. 7230-7233, 2015. Verfügbar unter: doi:10.1364/AO.54.007230.

[RUW18] Ruwac Industriesauger GmbH: Betriebsanleitung. Nassabscheider Typ NA 7-26, 2018.

[SAA20] Saade, M.; Yahia, A.; Amor, B.*: How has LCA been applied to 3D printing? A systematic literature review and recommendations for future studies.* In: Journal of Cleaner Production, Jg. 244, S. 118803, 2020. ISSN 09596526. Verfügbar unter: doi:10.1016/j.jclepro.2019.118803.

[SAN20] Santecchia, E.; Spigarelli, S.; Cabibbo, M.*: Material Reuse in Laser Powder Bed Fusion: Side Effects of the Laser—Metal Powder Interaction.* In: Metals, Jg. 10(3), S. 341, 2020. ISSN 2075-4701. Verfügbar unter: doi:10.3390/met10030341.

[SCH07] Schatt, W.; Wieters, K.-P.; Kieback, B. (Hrsg.): *Pulvermetallurgie. Technologien und Werkstoffe.* 2., bearb. und erw. Aufl. 2007. VDI-Buch. Springer Berlin Heidelberg, Berlin, Heidelberg, 2007. ISBN 9783540681120.

[SCH16a] Schmid, D.; Schmutzler, C.; Schreiber, S.; Anstätt, C.; Zäh, M.: *Arbeitssicherheit in der pulverbettbasierten Additiven Fertigung. In:* (Hrsg.) Kniffka, Wieland; Eichmann, Michael; Witt, Gerd: *Rapid.Tech. International Trade Show Conference for Additive Manufacturing ; Proceedings of the 13th Rapid.Tech Conference Erfurt, Germany, 14 - 16 June 2016,* S. 226-235, München, Hanser, 2016. ISBN 978-3-446-45060-8.

[SCH14] Schrack, D.: *Die Materialflusskostenrechnung in der Lieferkette. In:* (Hrsg.) Prammer, Heinz: *Ressourceneffizientes Wirtschaften,* S. 55-90, Wiesbaden, Springer Fachmedien Wiesbaden, 2014. ISBN 978-3-658-04608-8.

[SCH16b] Schrack, D.: Nachhaltigkeitsorientierte Materialflusskostenrechnung : Anwendung in Lieferketten, der Abfallwirtschaft und Integration Externer Effekte. Springer Fachmedien Wiesbaden, Wiesbaden, 2016. ISBN 978-3-658-11301-8.

[SEF22] Sefene, E.: *State-of-the-art of selective laser melting process: A comprehensive review.* In: Journal of Manufacturing Systems, Jg. 63, S. 250-274, 2022. ISSN 02786125. Verfügbar unter: doi:10.1016/j.jmsy.2022.04.002.

[SEN22] Senathirajah, K.; Kemp, A.; Saaristo, M.; Ishizuka, S.; Palanisami, T.: Polymer prioritization framework: A novel multi-criteria framework for source mapping and characterizing the environmental risk of plastic polymers. In: Journal of hazardous materials, Jg. 429, S. 128330, 2022. Verfügbar unter: doi:10.1016/j.jhazmat.2022.128330.

[SER16] Sercombe, T.; Li, X.: *Selective laser melting of aluminium and aluminium metal matrix composites: review.* In: Materials Technology, Jg. 31(2), S. 77-85, 2016. ISSN 1066-7857. Verfügbar unter: doi:10.1179/1753555715Y.0000000078.

[SEY18] Seyda, V.: *Werkstoff- und Prozessverhalten von Metallpulvern in der laseradditiven Fertigung.* Springer Berlin Heidelberg, Berlin, Heidelberg, 2018. ISBN 978-3-662-58232-9.

[SEY12] Seyda, V.; Kaufmann, N.; Emmelmann, C.: *Investigation of Aging Processes of Ti-6Al-4 V Powder Material in Laser Melting.* In: Physics Procedia, Jg. 39, S. 425-431, 2012. ISSN 18753892. Verfügbar unter: doi:10.1016/j.phpro.2012.10.057.

[SHE94] Shen, J.: *Optimierung von Verfahren der Laseroberflächenbehandlung bei gleichzeitiger Pulverzufuhr.* Vieweg+Teubner Verlag, Wiesbaden, 1994. Springer eBook Collection Business and Economics. ISBN 9783322967312.

[SLM18] SLM Solutions GmbH: Betriebsanleitung SLM 125 Selective Laser Melting Maschine, 2018.

[SMO20] Smola, T.: Das GHS-Spaltenmodell 2020. Erste Hilfestellung zur Substitutionsprüfung nach Gefahrstoffverordnung, Sankt Augustin, 01/2020.

[SNO23] Snow, Z.; Scime, L.; Ziabari, A.; Fisher, B.; Paquit, V.: *Observation of spatter-induced stochastic lack-of-fusion in laser powder bed fusion using in situ process monitoring.* In: Additive Manufacturing, Jg. 61, S. 103298, 2023. ISSN 22148604. Verfügbar unter: doi:10.1016/j.addma.2022.103298.

[SON18] Song, M.; Peng, J.; Wang, J.; Dong, L.: Better resource management: An improved resource and environmental efficiency evaluation approach that considers undesirable outputs. In: Resources, Conservation and Recycling, Jg. 128, S.

197-205, 2018. ISSN 09213449. Verfügbar unter: doi:10.1016/j.resconrec.2016.08.015.

[SPI22] Spindler, G.-I.: Basiswissen Allgemeine Betriebswirtschaftslehre. Quick Guide für (Quer-) Einsteiger, Jobwechsler, Selbstständige, Auszubildende und Studierende. 3., aktualisierte Auflage 2022. Springer Fachmedien Wiesbaden, Wiesbaden, 2022. ISBN 9783658383367.

[STA22] Statista Research Department: *Wichtige Hersteller von industriellen Systemlösungen für die additive Metallfertigung weltweit nach Umsatz im Jahr 2021,* 2022. Verfügbar unter: https://de.statista.com/statistik/daten/studie/446955/umfrage/hersteller-von-industriellen-systemloesungen-fuer-additive-manufacturing-weltweit-nach-umsatz/?locale=de, [Zuletzt geprüft: 28. Oktober 2024].

[STA19] Statistisches Bundesamt: Produzierendes Gewerbe. Kostenstruktur des Verarbeitenden Gewerbes sowie des Bergbaus und der Gewinnung von Steinen und Erden nach Rechtlichen Einheiten 2017, 2019.

[STA23] Statistisches Bundesamt: Produzierendes Gewerbe. Kostenstruktur des Verarbeitenden Gewerbes sowie des Bergbaus und der Gewinnung von Steinen und Erden nach Rechtlichen Einheiten 2021, 2023.

[STA24] Statistisches Bundesamt: *Statistischer Bericht - Volkswirtschaftliche Gesamtrechnungen - 4. Vierteljahr 2023,* 2024. Verfügbar unter: https://www.bewacherregister.de/DE/Themen/Wirtschaft/Volkswirtschaftliche-Gesamtrechnungen-Inlandsprodukt/Publikationen/Downloads-Inlandsprodukt/statistischer-bericht-2180120233245.html.

[STE21] Steinhaus, T.; Hartwig, M.; Beidl, C.: *Empirical Modelling of a Near-Traffic Emission Hotspot – Analysis of Immission Reduction Potentials*. In: International Journal of Transport Development and Integration, Jg. 5(4), S. 353-366, 2021. ISSN 2058-8305. Verfügbar unter: doi:10.2495/TDI-V5-N4-353-366.

[STI24] Stiftung Allianz für Entwicklung und Klima: *Klimaschutzprojekte im Globalen Süden,* 2024. Verfügbar unter: https://allianz-entwicklung-klima.de/informieren/partner-innen-fuer-entwicklung-und-klima-finden/, [Zuletzt geprüft: 28. Oktober 2024].

[STR16] Streich, R.: *Fit for Leadership. Führungserfolg durch Führungspersönlichkeit.* 2., überarbeitete und erweiterte Auflage. Springer Gabler, Wiesbaden, 2016. ISBN 9783658121815.

[SUB22] Subedi, S.; Shahba, A.; Thevamaran, M.; Thoma, D.; Suresh, K.: Towards the optimal design of support structures for laser powder bed fusion-based metal additive manufacturing via thermal equivalent static loads. In: Additive Manufacturing, Jg. 57, S. 102956, 2022. ISSN 22148604. Verfügbar unter: doi:10.1016/j.addma.2022.102956.

[TAB23] Tabatabaei, N.; Zarei-Hanzaki, A. Z.; Moshiri, A.; Abedi, H.: The effect of heat treatment on the room and high temperature mechanical properties of AlSi10Mg alloy fabricated by selective laser melting. In: Journal of Materials Research and Technology, Jg. 23, S. 6039-6053, 2023. ISSN 2238-7854. Verfügbar unter: doi:10.1016/j.jmrt.2023.02.086.

[TAD20] Taddese, G.; Durieux, S.; Duc, E.: *Sustainability performance indicators for additive manufacturing: a literature review based on product life cycle studies*. In: The International Journal of Advanced Manufacturing Technology, Jg. 107(7-8), S. 3109-3134, 2020. ISSN 0268-3768. Verfügbar unter: doi:10.1007/s00170-020-05249-2.

[TAH18] Taheri Andani, M.; Dehghani, R.; Karamooz-Ravari, M.; Mirzaeifar, R.; Ni, J.: *A study on the effect of energy input on spatter particles creation during selective laser melting process*. In: Additive Manufacturing, Jg. 20, S. 33-43, 2018. ISSN 22148604. Verfügbar unter: doi:10.1016/j.addma.2017.12.009.

[THO14] Thombansen, U.; Gatej, A.; Pereira, M.: *Process observation in fiber laser–based selective laser melting*. In: Optical Engineering, Jg. 54(1), S. 11008, 2014. ISSN 0091-3286. Verfügbar unter: doi:10.1117/1.OE.54.1.011008.

[THO15] Thompson, S.; Aspin, Z.; Shamsaei, N.; Elwany, A.; Bian, L.: *Additive manufacturing of heat exchangers: A case study on a multi-layered Ti–6Al–4V oscillating heat pipe*. In: Additive Manufacturing, Jg. 8, S. 163-174, 2015. ISSN 22148604. Verfügbar unter: doi:10.1016/j.addma.2015.09.003.

[TOY22] Toyserkani, E.; Sarker, D.; Ibhadode, O.; Liravi, F.; Russo, P.; Taherkhani, K.: *Metal Additive Manufacturing,* John Wiley & Sons Ltd., 2022. ISBN 9781119210788.

[TRU17a] TRUMPF GmbH + Co. KG Technische Redaktion: *Betriebsanleitung TruPrint 3000 (G02),* 2017.

[TRU17b] TRUMPF Laser-und Systemtechink GmbH: *Sicherheitsdatenblatt Titan Ti64 ELI-A LMF,* 2017.

[TRU24a] TRUMPF SE + Co. KG: *Additive Manufacturing: Pulver und Parameter,* 2024. Verfügbar unter: https://www.trumpf.com/de_DE/produkte/maschinen-systeme/additive-fertigungssysteme/pulver-und-parameter/, [Zuletzt geprüft: 28.10.2024].

[TRU24b] TRUMPF SE + Co. KG: *Laser Metal Fusion – Vorteile, Funktionsprinzipien und Anwendungen der additiven Technologie,* 2024. Verfügbar unter: https://www.trumpf.com/de_DE/loesungen/anwendungen/additive-fertigung/laser-metal-fusion/, [Zuletzt geprüft: 28. Oktober 2024].

[UHL15] Uhlmann, E.; Kersting, R.; Klein, T.; Cruz, M.; Borille, A.: *Additive Manufacturing of Titanium Alloy for Aircraft Components*. In: Procedia CIRP, Jg. 35, S. 55-60, 2015. ISSN 22128271. Verfügbar unter: doi:10.1016/j.procir.2015.08.061.

[UMW20] Umweltbundesamt: Methodenkonvention 3.1 zur Ermittlung von Umweltkosten. Kostensätze, 2020.

[UMW24] Umweltbundesamt: *Sanktionierung*. Verfügbar unter: https://www.dehst.de/DE/Themen/EU-ETS-1/EU-ETS-1-Informationen/Sanktionierung/sanktionierung_artikel.html, [Zuletzt geprüft: 28. Oktober 2024].

[UNI18] United Nations Framework Convention on Climate Change: *The Paris Agreement,* 2018.

[UNI87] United Nations. World Commision on Environment and Development: *Report of the world commission on environment and development,* 1987.

[VDI13] VDI Verein Deutscher Ingenieure e. V.: VDI-Richtlinie 2870 Blatt 2. Ganzheitliche Produktionssysteme. Methodenkatalog. Beuth Verlag, Berlin, 2013.

[VDI14a] VDI Verein Deutscher Ingenieure e. V.: VDI-Richtlinie 3405. Additive Fertigungsverfahren. Grundlagen, Begriffe, Verfahrensbeschreibungen. 12:2014. Beuth Verlag, Berlin, 2014.

[VDI14b] VDI Verein Deutscher Ingenieure e. V.: VDI-Richtlinie 3679 Blatt 1. Nassabscheider. Grundlagen, Abgasreinigung von partikelförmigen Stoffen. Beuth Verlag, Berlin, 2014.

[VDI18a] VDI Verein Deutscher Ingenieure e. V.: VDI-Richtlinie 2263. Staubbrände und Staubexplosionen. Gefahren – Beurteilung – Schutzmaßnahmen. Beuth Verlag, Berlin, 2018.

[VDI18b] VDI Verein Deutscher Ingenieure e. V.: VDI-Richtlinie 4800 Blatt 2: Ressourceneffizienz. Bewertung des Rohstoffaufwands. Beuth Verlag, Berlin, 2018.

[VDI18c] VDI Verein Deutscher Ingenieure e. V.: VDI-Richtlinie 4801. Ressourceneffizienz in kleinen und mittleren Unternehmen (KMU). Strategien und Vorgehensweisen zum effizienten Einsatz natürlicher Ressourcen. Beuth Verlag, Berlin, 2018.

[VDI19] VDI Verein Deutscher Ingenieure e. V.: VDI-Richtlinie 3405 Blatt 6.1. Additive Fertigungsverfahren. Anwendersicherheit beim Betrieb der Fertigungsanlagen Laser-Strahlschmelzen von Metallpulvern. Beuth Verlag, Berlin, 2019.

[VDI24a] VDI Verein Deutscher Ingenieure e. V.: VDI-Richtlinie 3405 Blatt 6 Entwurf. Additive Fertigungsverfahren - Anwendersicherheit beim Betrieb - Systematische Abschätzung der Gefährdung durch das Material bei der Anlagenplanung. Beuth Verlag, Berlin, 2024.

[VDI24b] VDI Verein Deutscher Ingenieure e. V.: VDI-Richtlinie 4803. Methoden zum effizienten und schonenden Umgang mit Ressourcen in Unternehmen. Beuth Verlag, Berlin, 2024.

[VDI24c] VDI Zentrum Ressourceneffizienz: *Input-Output-Analyse,* 2024. Verfügbar unter: https://www.ressource-deutschland.de/fileadmin/user_upload/3_Werkzeuge/a_Basis-Werkzeuge/i_Leitfaden_Ressourceneffizienz/Input_Output_Analyse.pdf, [Zuletzt geprüft: 28. Oktober 2024].

[VOC19] Vock, S.; Klöden, B.; Kirchner, A.; Weißgärber, T.; Kieback, B.: *Powders for powder bed fusion: a review.* In: Progress in Additive Manufacturing, Jg. 4(4), S. 383-397, 2019. ISSN 2363-9512. Verfügbar unter: doi:10.1007/s40964-019-00078-6.

[WÄL17] Wälder, K.; Wälder, O.: *Methoden zur Risikomodellierung und des Risikomanagements.* Springer Vieweg, Wiesbaden, 2017. ISBN 3658139722.

[WAL19] Wallner, S.: *Powder Production Technologies.* In: Berg- und Hüttenmännische Monatshefte, Jg. 164(3), S. 108-111, 2019. Verfügbar unter: doi:10.1007/s00501-019-0832-2.

[WAL21] Waltersmann, L.; Kiemel, S.; Stuhlsatz, J.; Sauer, A.; Miehe, R.: *Artificial Intelligence Applications for Increasing Resource Efficiency in Manufacturing Companies. A Comprehensive Review.* In: Sustainability, Jg. 13(12), S. 6689, 2021. Verfügbar unter: doi:10.3390/su13126689.

[WAN17] Wang, D.; Wu, S.; Fu, F.; Mai, S.; Yang, Y.; Liu, Y.; Song, C.: *Mechanisms and characteristics of spatter generation in SLM processing and its effect on the properties.* In: Materials & Design, Jg. 117, S. 121-130, 2017. ISSN 02641275. Verfügbar unter: doi:10.1016/j.matdes.2016.12.060.

[WAN14] Wang, X.; Zhang, L.; Fang, M.; Sercombe, T.: *The effect of atmosphere on the structure and properties of a selective laser melted Al–12Si alloy.* In: Materials Science and Engineering: A, Jg. 597, S. 370-375, 2014. ISSN 0921-5093. Verfügbar unter: doi:10.1016/j.msea.2014.01.012.

[WEB21] Weber, J.: *Einführung in das Rechnungswesen. Bilanzierung und Kostenrechnung.* 10. Auflage 2021. Schäffer-Poeschel Verlag für Wirtschaft Steuern Recht, Freiburg, 2021. ISBN 9783791047843.

[WEB19] Weber, M.: Leitfaden Ressourceneffizienz. Ressourcen schonen – Effizienz steigern, 2019.

[WEI18] Wei, L.; Ehrlich, L.; Powell-Palm, M.; Montgomery, C.; Beuth, J.; Malen, J.: *Thermal conductivity of metal powders for powder bed additive manufacturing.* In: Additive Manufacturing, Jg. 21, S. 201-208, 2018. ISSN 22148604. Verfügbar unter: doi:10.1016/j.addma.2018.02.002.

[WER11] Werdich, M. (Hrsg.): FMEA - Einführung und Moderation. Durch systematische Entwicklung zur übersichtlichen Risikominimierung (inkl. Methoden im Umfeld). Praxis. Vieweg + Teubner, Wiesbaden, 2011. ISBN 978-3-8348-1433-3.

[WES06] Westkämper, E.: *Einführung in die Organisation der Produktion.* Springer-Verlag, Berlin, Heidelberg, 2006. Springer-Lehrbuch. ISBN 9783540260394.

[WIE19] Wiendahl, H.-P.; Wiendahl, H.-H.: *Betriebsorganisation für Ingenieure.* 9., vollständig überarbeitete Auflage. Hanser, München, 2019. Hanser eLibrary. ISBN 978-3-446-44661-8.

[WIL19] Wildemann, H.: Implementierung additiver Fertigungsverfahren/3D Druck. Teileauswahl, Wirtschaftlichkeitsrechnung, Investitions-, Fabrik- und Personalplanung. TCW-Verlag, München, 2019. Leitfaden / TCW Transfer-Centrum für Produktions-Logistik und Technologie-Management, Bd. 149. ISBN 978-3-947730-05-6.

[WIL24] Willenbacher, M.: Einsatz von künstlicher Intelligenz zur Prozessoptimierung und Steigerung der Ressourceneffizienz in kleinen und mittleren Unternehmen. Dissertation, Medien- und Informationszentrum, Leuphana Universität Lüneburg, 2024.

[WIR24] Wirtschaftsuniversität Wien: Material flows by material group, 1970-2023. Visualisation basiert auf der UN IRP Global Material Flows Database. Wirtschaftsuniversität Wien, 2024. Verfügbar unter: https://www.materialflows.net/visualisation-centre/data-visualisations/?_inputs_&sidebar=%22bar_chart_1%22, [Zuletzt geprüft: 28. Oktober 2024].

[WOH21] Wohlers Associates: *Wohlers report 2021. 3D printing and additive manufacturing. Global state of the industry.* Wohlers Associates, Fort Collins, Colorado, 2021. ISBN 0991333276.

[WOH23] Wohlers Associates: *Wohlers report 2023. 3D printing and additive manufacturing : global state of the industry.* Wohlers Associates; ASTM International, Fort Collins, Colo., 2023. ISBN 9781622049660.

[WÖL11] Wöltje, J.: *Betriebswirtschaftliche Formelsammlung.* 5., überarb. Aufl. Haufe, Freiburg, 2011. Haufe Praxisratgeber. ISBN 9783648011225.

[WÖL16] Wöltje, J.: Kosten- und Leistungsrechnung - inkl. Arbeitshilfen online. Alle Verfahren und Systeme auf einen Blick. 2. Auflage 2016. Haufe, Stuttgart, 2016. Haufe Fachbuch. ISBN 9783648079317.

[WOR13] World Resources Institute & World Business Council for Sustainable Development: *Technical Guidance for Calculating Scope 3 Emissions P,* 2013.

[ERI17] Wycisk, E.; Munsch, M.; Schmidt-Lehr, M.: *Ampower Insights: Additive Manufacturing - Make or Buy?,* 2017. Verfügbar unter: doi:10.13140/RG.2.2.16262.68168.

[XIA22] Xiaohui, J.; Chunbo, Y.; Honglan, G.; Shan, G.; Yong, Z.: *Effect of supporting structure design on residual stresses in selective laser melting of AlSi10Mg.* In: The International Journal of Advanced Manufacturing Technology, Jg. 118(5-6), S. 1597-1608, 2022. ISSN 0268-3768. Verfügbar unter: doi:10.1007/s00170-021-08010-5.

[YAN22] Yang, G.; Xie, Y.; Zhao, S.; Qin, L.; Wang, X.; Wu, B.: Quality Control: Internal Defects Formation Mechanism of Selective Laser Melting Based on Laser-powder-melt Pool Interaction: A Review. In: Chinese Journal of Mechanical Engineering: Additive Manufacturing Frontiers, Jg. 1(3), S. 100037, 2022. ISSN 27726657. Verfügbar unter: doi:10.1016/j.cjmeam.2022.100037.

[YAN16] Yang, J.; Yu, H.; Yin, J.; Gao, M.; Wang, Z.; Zeng, X.: *Formation and control of martensite in Ti-6Al-4V alloy produced by selective laser melting.* In: Materials and Design, Jg. (108), S. 308-318, 2016.

[YI20] Yi, L.; Glatt, M.; Thomas Kuo, T.-Y.; Ji, A.; Ravani, B.; Aurich, J.: *A method for energy modeling and simulation implementation of machine tools of selective laser melting.* In: Journal of Cleaner Production, Jg. 263, S. 121282, 2020. ISSN 09596526. Verfügbar unter: doi:10.1016/j.jclepro.2020.121282.

[YI18] Yi, L.; Krenkel, N.; Aurich, J.: *An energy model of machine tools for selective laser melting.* In: Procedia CIRP, Jg. 78, S. 67-72, 2018. ISSN 22128271. Verfügbar unter: doi:10.1016/j.procir.2018.08.302.

[YI19] Yi, L.; Ravani, B.; Aurich, J.: *Development of a simulation tool for predicting energy consumption of selective laser melting by using MATLAB/Simulink.* In: Procedia CIRP, Jg. 81, S. 28-33, 2019. ISSN 22128271. Verfügbar unter: doi:10.1016/j.procir.2019.03.006.

[YOU20] Young, Z.; Guo, Q.; Parab, N.; Zhao, C.; Qu, M.; Escano, L.; Fezzaa, K.; Everhart, W.; Sun, T.; Chen, L.: *Types of spatter and their features and formation mechanisms in laser powder bed fusion additive manufacturing process*. In: Additive Manufacturing, Jg. 36, S. 101438, 2020. ISSN 22148604. Verfügbar unter: doi:10.1016/j.addma.2020.101438.

[ZAN77] Zanke, U.: Berechnung der Sinkgeschwindigkeiten von Sedimenten, 1977.

[ZEU14] Zeugner, T.: *Thermografische Charakterisierung eines Laserstrahlschmelzprozesses bei Metallwerkstoffen*. Masterarbeit, Universität Augsburg, 2014. Verfügbar unter: https://www.hmilch.net/downloads/Masterarbeit_Zeugner.pdf.

[ZHA19] Zhang, D.; Wang, W.; Guo, Y.; Hu, S.; Dong, D.; Poprawe, R.; Schleifenbaum, J.; Ziegler, S.: *Numerical simulation in the absorption behavior of Ti6Al4V powder materials to laser energy during SLM*. In: Journal of Materials Processing Technology, Jg. 268, S. 25-36, 2019. ISSN 09240136. Verfügbar unter: doi:10.1016/j.jmatprotec.2019.01.002.

[ZHU19] Zhu, Y.; Peng, T.; Jia, G.; Zhang, H.; Xu, S.; Yang, H.: Electrical energy consumption and mechanical properties of selective-laser-melting-produced 316L stainless steel samples using various processing parameters. In: Journal of Cleaner Production, Jg. 208, S. 77-85, 2019. ISSN 09596526. Verfügbar unter: doi:10.1016/j.jclepro.2018.10.109.

[ZIM16] Zimmermann, F.: *Nachhaltigkeit wofür? Von Chancen und Herausforderungen für eine nachhaltige Zukunft.* Springer Berlin Heidelberg, Berlin, Heidelberg, 2016. ISBN 978-3-662-48190-5.

Anhang

A1 Maßnahmenauswahl

Tabelle 18: Hilfestellung zur Beurteilung der Bewertungskriterien der Maßnahmenprioritätszahl MPZ

Bedeutung der Ursache		Maßnahmen-einschränkung		Mindestens gleichbleibende Bauteilqualität		Mindestens gleichbleibende Arbeitssicherheit		Effektivität der Maßnahme		Realisierbarkeit der Maßnahme	
10 9	**Sehr hoch** Der Hotspot ist (fast) ausschließlich auf die Ursache zurückzuführen.	1	**Kein Ausschluss der Maßnahme** Die Maßnahme wird nicht durch RBed 4 ausgeschlossen.	1	**Keine Beeinträchtigung** Eine Beeinträchtigung der Bauteilqualität durch die Maßnahme wird ausgeschlossen.	1	**Keine Beeinträchtigung** Eine Erhöhung der Mitarbeitergefährdung durch die Maßnahme wird ausgeschlossen.	10 9	**Sehr hoch** Die Maßnahme ist sehr effektiv zur Behebung der Ursache.	10 9	**Sehr hoch** Die Maßnahme ist sehr zeitnah und kostengünstig zu realisieren.
8 7	**Hoch** Die Ursache trägt maßgeblich zur Entstehung des Hotspots bei.							8 7	**Hoch**, Die Maßnahme trägt maßgeblich zur Behebung der Ursache bei.	8 7	**Hoch** Die Maßnahme ist mit geringem Zeitaufwand und Kosten zu realisieren.
6 5	**Mäßig** Die Ursache hat eine mittlere Bedeutung für die Entstehung des Hotspots.							6 5	**Mäßig** Die Maßnahme hat eine mittlere Bedeutung für die Behebung der Ursache.	6 5	**Mäßig** Die Maßnahme ist mit moderatem Zeitaufwand und Kosten zu realisier-en.
4 3	**Gering** Die Ursache trägt nur geringfügig zur Entstehung des Hotspots bei.							4 3	**Gering** Die Maßnahme trägt nur geringfügig zur Behebung der Ursache bei.	4 3	**Gering** Die Maßnahme ist nur mit hohem Zeitaufwand und Kosten zu realisieren.
2 1	**Sehr gering** Der Hotspot ist kaum auf die Ursache zurückzuführen.							2 1	**Sehr gering** Die Ursache kann durch die Maßnahme kaum behoben werden.	2 1	**Sehr gering** Die Maßnahme ist nur sehr langwierig und kostspielig zu realisieren.
0	**Nicht vorhanden** Die Ursache steht mit dem Hotspot in keinem kausalen Zusammenhang.	0	**Ausschluss der Maßnahme** Die Maßnahme wird durch RBed 4 ausgeschlossen.	0	**Beeinträchtigung** Eine Beeinträchtigung der Bauteilqualität durch die Maßnahme wird erwartet.	0	**Beeinträchtigung** Eine Erhöhung der Mitarbeitergefährdung durch die Maßnahme wird erwartet.	0	**Nicht vorhanden** Die Maßnahme behebt die Ursache nicht.	0	**Nicht vorhanden** Die Maßnahme kann nicht realisiert werden.

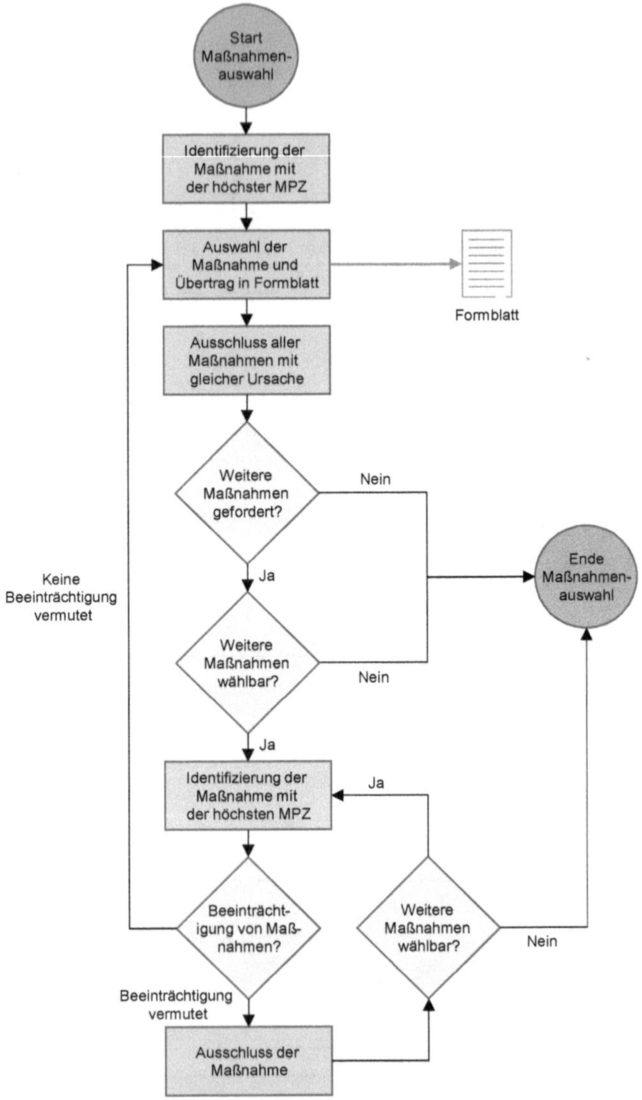

Abbildung 52: Ablaufdiagramm zum Auswahl von Maßnahmen im Rahmen von Modul 3

A2 Maßnahmenkatalog

Tabelle 19: Maßnahmenkatalog zur Steigerung der Ressourceneffizienz

Ressource	lfd. Nr.	Potenzielle Ursache	lfd. Nr.	Potenzielle Maßnahme	Wirkungsansatz der Maßnahme	Übertragbarkeit	Interferenzfreiheit
Material: Metallpulver	MP1	Metallpulverbedarf aufgrund von Aufmaßverlusten	MP1-1	Vermeidung der Notwendigkeit des Bauteilaufmaßes durch Wahl alternativer Nachbearbeitungsverfahren	BM	◑	◕
			MP1-2	Reduzierung des Volumens des Bauteilaufmaßes	BM	○	◑
	MP2	Metallpulverbedarf aufgrund von Stützstrukturverlusten	MP2-1	Reduzierung des Volumens an Stützstrukturen durch Adaption der Bauteilorientierung	BM	◑	◔
			MP2-2	Reduzierung des Volumens an Stützstrukturen durch Wahl alternativer Stützstrukturen (vgl. Abschnitt 2.1.3)	BM	◑	◑
			MP2-3	Reduzierung des Volumens an Stützstrukturen durch Reduzierung des Abstands zwischen Bauteile und Bauplatte	BM	◕	◑
			MP2-4	Reduzierung des Volumens an Stützstrukturen durch gemeinsame Verwendung von Stützstrukturen für mehrere Bauteile	BM	◑	◔
	MP3	Metallpulverbedarf aufgrund von Einschlussverlusten	MP3-1	Reduzierung der Masse an Metallpulver in Kavitäten des gefertigten Bauteils durch Berücksichtigung von Entpulverungsöffnungen oder -kanälen	BM	○	◑
			MP3-2	Reduzierung der Masse an Metallpulver in Zwischenräumen der Stützstrukturen durch Vereinfachung der Pulverentfernung mittels Perforation der Stützstrukturen	BM	○	◑
			MP3-3	Reduzierung der Masse an Metallpulver in Kavitäten des gefertigten Bauteils oder in Zwischenräumen der Stützstrukturen durch Verwendung von Peripheriegeräten zur Entfernung und sortenreinen Erfassung von Metallpulver für eine anschließende Aufbereitung und Wiederverwendung	BM	○	◑
	MP4	Metallpulverbedarf aufgrund von Anhaftungsverlusten	MP4-1	Adaption der händischen Entfernung von an den Bauteilen und der Bauplatte anhaftendem Metallpulver nach dem PBF-LB/M-Prozess	BM	◑	◕
			MP4-2	Verwendung von Peripheriegeräten zur Entfernung und sortenreinen Erfassung von Metallpulver für eine anschließende Aufbereitung und Wiederverwendung	BM	◑	◑
	MP5	Metallpulverbedarf aufgrund von Prozessgasfilterverlusten	MP5-1	Reduzierung der Strömungsgeschwindigkeit des Prozessgases oberhalb der Pulverbettes	BM	◕	◔
			MP5-2	Realisierung eines homogenen Prozessgasstroms oberhalb des Pulverbettes durch z. B. Veränderung der Position von Ein- und Auslass des Prozessgases in der Baukammer	BM	◕	◔
	MP6	Metallpulverbedarf aufgrund von Handhabungsverlusten	MP6-1	Reduzierung der Notwendigkeit von manuellen Transport- und Umfüllvorgängen	BT	●	◑
			MP6-2	Durchführung von Transport- und Umfüllvorgängen in staubdichten Behältnissen	BM	●	◕
			MP6-3	Befüllung der PBF-LB/M-Maschine unter Berücksichtigung des prognostizierten Bedarfs an Metallpulver für den nächsten Fertigungsprozess	BM	●	●
	MP7	Metallpulverbedarf aufgrund von Absaugverlusten	MP7-1	Reduzierung der Masse an einzusaugendem Metallpulver durch Adaption der händischen Entfernung von Metallpulver aus dem Bauraum nach dem PBF-LB/M-Prozess	BM	◕	◕
			MP7-2	Verwendung von Absaugeinrichtungen mit einem geschlossenen Pulverkreislauf bei der Absaugung von Metallpulver aus dem Bauraum nach dem PBF-LB/M-Prozess	BM	◕	◕
			MP7-3	Verwendung von Absaugeinrichtungen mit sortenreiner Erfassung und Sammlung von Metallpulver	BM	●	◕
	MP8	Metallpulverbedarf aufgrund von Siebverlusten	MP8-1	Reduzierung der Masse an als Grobkorn erfasstes Feinkorn durch Hinzufügen des ausgesiebten Metallpulvers zu dem zu siebenden Metallpulver im Rahmen der nächsten Pulveraufbereitung mittels Sieben	BM	●	●
			MP8-2	Reduzierung der Masse an als Grobkorn erfasstes Feinkorn durch Adaption der Siebparameter (z. B. Winkel der Siebfläche, Anregung)	BM	◕	●
	MP9	Metallpulverbedarf aufgrund von prozessbedingten Pulververlusten	MP9-1	Reduzierung der Masse an prozessbedingten Pulververlusten durch Verwendung eines im Hinblick auf den Werkstoff des Metallpulver geeigneteren Inertgases	BM	◔	◑

			MP9-2	Reduzierung der Masse an prozessbedingten Pulververlusten durch Verwendung einer höheren Reinheitsklasse des Inertgases	BM	◑	◑
			MP9-3	Reduzierung der Masse an prozessbedingten Pulververlusten durch Durchführung des PBF-LB/M-Prozesses bei einer geringeren Restsauerstoffkonzentration	BM	◑	◑
			MP9-4	Reduzierung der Masse an prozessbedingten Pulververlusten durch Verwendung von Prozessparameter, die eine geringere Entstehung von Schweißspritzer und Agglomerate verursachen	BM	◑	◔
	MP10	Metallpulverbedarf aufgrund von Überdimensionierung	MP10-1	Reduzierung der Masse des Bauteils durch Adaption des Bauteildesigns (z. B. mittels Topologieoptimierung)	BM	◕	◔
			MP10-2	Reduzierung der Masse an für die Bauteilfertigung notwendigem Metallpulver durch Hybridfertigung des Bauteils (Bauteilaufbau auf Halbzeugen oder bereits vorgefertigten Bauteilen)	BM	◑	○
	MP11	Metallpulverbedarf aufgrund der Nichterfüllung der Qualitätsanforderungen	MP11-1	Reduzierung der Kontamination verschiedener Metallpulver durch Vermeidung der Verarbeitung von Metallpulver unterschiedlicher Werkstoffe auf einer PBF-LB/M-Maschine	BM	●	◑
			MP11-2	Reduzierung der Kontamination verschiedener Metallpulver durch Lagerung von Metallpulver in geschlossenen Behältern	BM	●	●
	MP12	Spezifische Kosten des Metallpulvers	MP12-1	Reduzierung der spezifischen Kosten für das Metallpulver durch Verwendung von Metallpulver eines anderen Werkstoffs	WA	◔	○
			MP12-2	Reduzierung der spezifischen Kosten für das Metallpulver durch Verwendung eines mit einem alternativen Verdüsungsverfahren hergestellten Metallpulvers	WA	◑	◔
			MP12-3	Reduzierung der spezifischen Kosten für das Metallpulver durch Verwendung eines bereits bei einem anderen PBF-LB/M-Anwender verwendeten und aufgrund höherer Anforderungen nicht mehr erneut nutzbaren Metallpulvers	WA	◑	◔
			MP12-4	Reduzierung der spezifischen Kosten für das Metallpulver durch Bezug von Metallpulver über Lieferverträge mit anderen Konditionen (z. B. Vertragslaufzeit, Abnahmemenge)	WA	●	◕
			MP12-5	Reduzierung der spezifischen Kosten für das Metallpulver durch Bezug des Metallpulvers bei einem alternativen Anbieter	WA	●	◕
Material: Energie	EG1	Energiebedarf der PBF-LB/M-Maschine	EG1-1	Reduzierung des Energiebedarfs der PBF-LB/M-Maschine durch Verkürzung deren Standby-Zeit	BM	●	●
			EG1-2	Reduzierung des Energiebedarfs der PBF-LB/M-Maschine durch Ausschaltung von in der PBF-LB/M-Maschine integrierter und nicht verwendeter Messgeräte	BM	◕	◕
			EG1-3	Reduzierung des Energiebedarfs der PBF-LB/M-Maschine durch Verwendung von Prozessparameter mit geringerem spezifischen Energiebedarf *SEB*	BM	◕	◑
			EG1-3	Reduzierung des Energiebedarfs der PBF-LB/M-Maschine durch Verwendung einer alternativen PBF-LB/M-Maschine	BM	◕	◔
	EG2	Energiebedarf beim Abtrennvorgang von Bauteil und Bauplatte	EG2-1	Reduzierung des Energiebedarfs beim Abtrennvorgang durch Verwendung eines anderen Verfahrens zum Abtrennen von Bauteil und Bauplatte (z. B. händisches Abtrennen oder Abtrennen mittels Bandsäge)	BM	◑	◕
			EG2-2	Reduzierung des Energiebedarfs beim Abtrennvorgang durch Reduzierung der Querschnittfläche der Stützstrukturen	BM	◑	◑
	EG3	Energiebedarf bei der Bauteil-Nachbearbeitung	EG3-1	Reduzierung des Energiebedarfs bei der Bauteil-Nachbearbeitung durch Verwendung eines alternativen Nachbearbeitungsverfahrens	BM	◑	◕
			EG3-2	Reduzierung des Energiebedarfs bei der Bauteil-Nachbearbeitung durch Berücksichtigung der Bauteil-Funktionsflächen bei der Orientierung des Bauteils im Rahmen der Datenvorbereitung	BM	◕	◑
			EG3-3	Reduzierung des Energiebedarfs bei der Bauteil-Nachbearbeitung durch Adaption der Kontaktpositionen der Stützstrukturen am Bauteil	BM	◕	◑
			EG3-4	Reduzierung des Energiebedarfs bei der Bauteil-Nachbearbeitung durch Verwendung von Sollbruchstellen beim Übergang der Stützstrukturen zum Bauteil	BM	◕	◑
	EG4	Spezifische Energiekosten	EG4-1	Reduzierung der spezifischen Energiekosten durch Verwendung eigener Photovoltaik- oder Windenergie	WA	◕	●

			EG4-2	Reduzierung der spezifischen Energiekosten durch Bezug der Energie über Lieferverträge mit anderen Konditionen (z. B. Vertragslaufzeit)	WA	●	●
			EG4-3	Reduzierung der spezifischen Energiekosten durch Bezug der Energie eines alternativen Anbieters	WA	●	●
Material: Inertgas	IG1	Leckage in der Gasführung der PBF-LB/M-Maschine oder der Siebstation	IG1-1	Reduzierung des Volumens an Inertgas durch Durchführung einer Leckage-Prüfung und Behebung der Leckage	BM	◕	●
	IG2	Verwendung ungeeigneter Parameter bei der PBF-L/M-Maschine oder der Siebstation	IG2-1	Reduzierung des Volumens an Inertgas durch Verkürzung des PBF-L/M-Prozesses mittels Anpassung der Prozessparameter (z. B. erhöhte Laserleistung)	BM	◕	◔
			IG2-2	Reduzierung des Volumens an Inertgas durch Verkürzung des Siebvorgangs mittels Anpassung der Siebparameter (z. B. Orientierung der Siebfläche)	BM	◕	◕
			IG2-3	Reduzierung des Volumens an Inertgas durch Verringerung des Inertgas-Volumenstroms beim Siebvorgang	BM	◕	◕
			IG2-4	Reduzierung des Volumens an Inertgas durch Implementierung einer automatischen Verringerung oder Unterbrechung der Inertgaszufuhr ab Unterschreiten einer geforderten Restsauerstoffkonzentration	BM	◕	◕
	IG3	Ablassung von Prozessgas aus der Baukammer der PBF-LB/M-Maschine oder der Siebstation aufgrund ungeeigneter Druckregulierung	IG3-1	Reduzierung des abgelassenen Volumens an Inertgas durch Adaption des Öffnungsdrucks des Inertgas-Einlassventils beim PBF-LB/M-Prozess oder dem Siebvorgang	BM	◕	◑
			IG3-2	Reduzierung des abgelassenen Volumens an Inertgas durch Adaption des Öffnungsdrucks des Inertgas-Auslassventils beim PBF-LB/M-Prozess oder dem Siebvorgang	BM	◕	◑
	IG4	Verdrängung von bereits eingebrachtem Inertgas bei der initialen Inertisierung von PBF-LB/M-Maschine und Siebstation	IG4-1	Reduzierung des Volumens an verdrängtem Inertgas durch Adaption der Position von Einlass- und Auslassventil unter Berücksichtigung der Dichte des eingesetzten Inertgases	BM	◑	◕
			IG4-2	Reduzierung des Volumens an verdrängtem Inertgas durch zeitliche Regelung des Öffnungsdrucks von Einlassventil und Auslassventil	BM	◑	◕
			IG4-3	Reduzierung des Volumens an Inertgas durch zeitliche Regelung des Volumenstroms des eingeleiteten Inertgases	BM	◑	◕
	IG5	Spezifische Kosten des Inertgases	IG5-1	Reduzierung der spezifischen Kosten für das Inertgas durch Verwendung einer anderen Inertgas-Art	WA	◔	◔
			IG5-2	Reduzierung der spezifischen Kosten für das Inertgas durch Verwendung einer anderen Reinheitsklasse des Inertgases	WA	◑	◑
			IG5-3	Reduzierung der spezifischen Kosten für das Inertgas durch eigene Herstellung des Inertgases (z. B. mittels Stickstoffgenerator)	WA	◑	◕
			IG5-4	Reduzierung der spezifischen Kosten für das Inertgas durch Adaption der Bereitstellung des Inertgases (z. B. Gasflasche, Flaschenbündel, Flüssiggastank)	WA	◑	●
			IG5-5	Reduzierung der spezifischen Kosten für das Inertgas durch Bezug des Inertgases über Lieferverträge mit anderen Konditionen (z. B. Vertragslaufzeit, Abnahmemenge)	WA	◕	●
			IG5-6	Reduzierung der spezifischen Kosten für das Inertgas durch Bezug des Inertgases bei einem alternativen Anbieter	WA	◕	●
Material: Beschichterlippe	BL1	Verschleiß der Beschichterlippe	BL1-1	Reduzierung der Anzahl an Beschichterlippen durch Adaption der Prozessparameter mit dem Ziel zur Reduzierung von Beschädigungen der Beschichterlippe bei deren Überfahrt über dem Pulverbett	BM	◕	◔
			BL1-2	Reduzierung der Anzahl an Beschichterlippen durch Reduzierung oder Vermeidung spitz zulaufender Bauteil- und Stützstrukturquerschnitte entgegen der Beschichtungsrichtung	BM	◑	◔
			BL1-3	Reduzierung der Anzahl an Beschichterlippen durch Verwendung von mehrseitig einsetzbaren Beschichterlippen	BM	◑	◕
	BL2	Kosten pro Beschichterlippe	BL2-1	Reduzierung der Kosten pro Beschichterlippe durch Verwendung einer anderen Art von Beschichterlippen (z. B. Bürste, Klinge)	WA	◑	◕
			BL2-2	Reduzierung der Kosten pro Beschichterlippe durch Verwendung von Beschichterlippen aus einem anderen Werkstoff	WA	◑	◕
			BL2-3	Reduzierung der Kosten pro Beschichterlippe durch Bezug der Beschichterlippen als Strangprofil in Meterware und eigener Zuschnitt	WA	◑	◕

			BL2-4	Reduzierung der Kosten pro Beschichterlippe durch Bezug der Beschichterlippen über Lieferverträge mit anderen Konditionen (z. B. Vertragslaufzeit, Abnahmemenge)	WA	●	●
			BL2-6	Reduzierung der Kosten pro Beschichterlippe durch Bezug der Beschichterlippen bei einem alternativen Anbieter	WA	●	●
Material: Bauplatte	BP1	Materialabnahme bei der Nachbearbeitung der Bauplatte	BP1-1	Erhöhung der Nutzungszyklen der Bauplatte durch Reduzierung der Materialabnahme bei der Nachbearbeitung der Bauplatte	BM	◕	◑
			BP1-2	Erhöhung der Nutzungszyklen der Bauplatte durch Fertigung der Bauteile unter Verwendung von auf der Bauplatte positionierten Halbzeugen (Hybridfertigung)	BM	◔	◔
			BP1-3	Erhöhung der Nutzungszyklen der Bauplatte durch Verwendung eines alternativen Verfahrens zur Nachbearbeitung der Bauplatte	BM	◕	◕
	BP2	Geringe Ausgangsdicke der Bauplatte	BP2-1	Erhöhung der Nutzungszyklen der Bauplatte durch Verwendung von Bauplatten mit einer höheren Ausgangshöhe	BM	◕	◑
	BP3	Verformung der Bauplatte durch thermische Spannungen	BP3-1	Erhöhung der Nutzungszyklen der Bauplatte durch Verwendung von Bauplatten mit unterschiedlicher Ausgangshöhe in Abhängigkeit der entstehenden thermischen Eigenspannungen beim PBF-LB/M-Prozess	BM	●	◕
			BP3-2	Erhöhung der Nutzungszyklen der Bauplatte durch Verwendung von Bauplatten aus einem alternativen Werkstoff	BM	◔	◔
	BP4	Notwendige Mindesthöhe der Bauplatte aufgrund Befestigung der Bauplatte an Bauplattform	BP4-1	Erhöhung der Nutzungszyklen der Bauplatte durch Verwendung eines alternativen Befestigungsmechanismus von Bauplatte an Bauplattform (z. B. Verwendung von Schrauben mit geringerer Schraubenkopf-Höhe)	BM	◑	◕
	BP5	Kosten pro Bauplatte	BP5-1	Reduzierung der Kosten pro Bauplatte durch Verwendung von Bauplatten aus einem anderen Werkstoff	WA	◔	◔
			BP5-2	Reduzierung der Kosten pro Bauplatte durch Verwendung von selbst hergestellten Bauplatten	WA	◑	◕
			BP5-3	Reduzierung der Kosten pro Bauplatte durch Bezug der Bauplatten über Lieferverträge mit anderen Konditionen (z. B. Vertragslaufzeit, Abnahmemenge)	WA	●	●
			BP5-5	Reduzierung der Kosten pro Bauplatte durch Bezug der Bauplatten über einem alternativen Anbieter	WA	●	◕
Material: Prozessgasfilter	PF1	Mitführung und Ablagerung von Metallpulver in Prozessgasfilter durch Prozessgasströmung	PF1-1	Erhöhung der Lebensdauer des Prozessgasfilters und damit des Bedarfsturnus zum Austausch des Prozessgasfilters durch Reduzierung der Strömungsgeschwindigkeit des Prozessgases oberhalb der Pulverbettes	BM, BT	◑	◑
			PF1-2	Erhöhung der Lebensdauer des Prozessgasfilters und damit des Bedarfsturnus zum Austausch des Prozessgasfilters durch Realisierung eines homogenen Prozessgasstroms oberhalb des Pulverbettes (z. B. mittels Veränderung der Positionen von Ein- und Auslass des Prozessgases in Baukammer)	BM, BT	◑	◕
	PF2	Reduzierte Lebensdauer des Prozessgasfilters aufgrund Feuchtigkeit im Prozessgas	PF2-1	Erhöhung der Lebensdauer des Prozessgasfilters und damit des Bedarfsturnus zum Austausch des Prozessgasfilters durch Verlängerung der initialen Inertisierung	BM, BT	◕	◑
			PF2-2	Erhöhung der Lebensdauer des Prozessgasfilters und damit des Bedarfsturnus zum Austausch des Prozessgasfilters durch Verwendung einer Bauplattentemperierung bei der initialen Inertisierung	BM, BT	◑	◔
			PF2-3	Erhöhung der Lebensdauer des Prozessgasfilters und damit des Bedarfsturnus zum Austausch des Prozessgasfilters durch Positionierung von Trocknungspads in Baukammer vor Prozessstart	BM, BT	●	◕
			PF2-4	Erhöhung der Lebensdauer des Prozessgasfilters und damit des Bedarfsturnus zum Austausch des Prozessgasfilters durch Schließen der Ventile der Prozessgasführung bei längerer Nichtbenutzung der PBF-LB/M-Maschine	BM, BT	●	◕
	PF3	Reduzierte Lebensdauer des Prozessgasfilters aufgrund Entstehung und Ablagerung von Schweißspritzern und Agglomeraten beim PBF-LB/M-Prozess	PF3-1	Erhöhung der Lebensdauer des Prozessgasfilters und damit des Bedarfsturnus zum Austausch des Prozessgasfilters durch Verwendung eines alternativen Metallpulvers mit dem Ziel zur Reduzierung der Entstehung von Schweißspritzern und Agglomeraten	BM, DT	◔	○
			PF3-2	Erhöhung der Lebensdauer des Prozessgasfilters und damit des Bedarfsturnus zum Austausch des Prozessgasfilters durch Verwendung alternativer Inertgas-Arten mit dem Ziel zur Reduzierung der Entstehung von Schweißspritzern und Agglomeraten	BM, BT	◑	◔

			PF3-3	Erhöhung der Lebensdauer des Prozessgasfilters und damit des Bedarfsturnus zum Austausch des Prozessgasfilters durch Verwendung einer anderen Reinheitsklasse des Inertgases mit dem Ziel zur Reduzierung der Entstehung von Schweißspritzern und Agglomeraten	BM, BT	◕	◕
			PF3-4	Erhöhung der Lebensdauer des Prozessgasfilters und damit des Bedarfsturnus zum Austausch des Prozessgasfilters durch Reduzierung der Restsauerstoffkonzentration während des PBF-LB/M-Prozesses mit dem Ziel zur Reduzierung der Entstehung von Schweißspritzern und Agglomeraten	BM, BT	◕	◕
			PF3-5	Erhöhung der Lebensdauer des Prozessgasfilters und damit des Bedarfsturnus zum Austausch des Prozessgasfilters durch Adaption der Prozessparametern mit dem Ziel zur Reduzierung der Entstehung von Schweißspritzern und Agglomeraten	BM, BT	◑	◔
	PF4	Kosten pro Prozessgasfilter	PF4-1	Reduzierung der Kosten pro Prozessgasfilter durch Verwendung alternativer Prozessgasfilter	WA	◔	◑
			PF4-2	Reduzierung der Kosten pro Prozessgasfilter durch Bezug der Prozessgasfilter über Lieferverträge mit anderen Konditionen (z. B. Vertragslaufzeit, Abnahmemenge)	WA	◕	●
			PF4-3	Reduzierung der Kosten pro Prozessgasfilter durch Bezug der Prozessgasfilter über einem alternativen Anbieter	WA	◕	◕
Material: Entsorgung	ET1	Masse an zu entsorgendem Material	ET1-1	Reduzierung der Masse an zu entsorgendem Material durch Erhöhung der Lebensdauer des Prozessgasfilters oder der Bauplatte	BM, BT	◑	◕
	ET2	Für die Deaktivierung und Entsorgung von Prozessgasfilter und Metallpulver erforderliches Material	ET2-1	Reduzierung der Masse an zu entsorgendem Material durch alternative Deaktivierung des Prozessgasfilters (z. B. mittels Vakuumierung und Einschweißung)	BM	◕	◔
			ET2-2	Reduzierung der Masse an zu entsorgendem Material durch Verwendung alternativer Behältnisse für das zu entsorgende Material (z. B. Kunststofffass anstelle Blechfass)	BM	◕	◔
	ET3	Spezifische Entsorgungskosten	ET3-1	Reduzierung der spezifischen Entsorgungskosten durch Aufbewahrung des zu entsorgenden Materials in separaten Behältnissen	WA	◕	◕
			ET3-2	Reduzierung der spezifischen Entsorgungskosten durch Abschluss von Entsorgungsverträge mit anderen Konditionen (z. B. Vertragslaufzeit, Entsorgungsmenge)	WA	◕	◕
			ET3-3	Reduzierung der spezifischen Entsorgungskosten durch Entsorgung über einen alternativen Entsorgungsdienstleister	WA	◕	◕
Mensch: Manueller Arbeitsaufwand	ME1	Zeitintensive manuelle Tätigkeiten	ME1-1	Reduzierung der Arbeitszeit der Mitarbeiter durch Erhöhung des Automatisierungsgrades	BM	◑	◕
			ME1-2	Reduzierung der Arbeitszeit der Mitarbeiter durch Kombination von aufeinander folgenden Prozessschritten und Durchführung an einem Arbeitsplatz	BM	◔	◑
			ME1-3	Reduzierung der Arbeitszeit der Mitarbeiter durch Verwendung von Maschinen und Peripheriegeräte, die einen geringeren Umfang an manuellen Tätigkeiten erfordern	BM	◑	◑
	ME2	Ineffiziente Arbeitsumgebung	ME2-1	Reduzierung der Arbeitszeit der Mitarbeiter durch Verbesserung der Ergonomie	BM	◕	●
	ME3	Nicht wertschöpfende Tätigkeiten der Mitarbeiter	ME3-1	Reduzierung der Arbeitszeit der Mitarbeiter durch Schulung / Fortbildung der Mitarbeiter	BM	●	●
			ME3-2	Reduzierung der Arbeitszeit der Mitarbeiter durch Verringerung der Arbeitswege (z. B. auf Basis einer Erfassung mittels Spaghetti-Diagramm)	BM	◑	◕
			ME3-3	Reduzierung der Arbeitszeit der Mitarbeiter durch Verringerung der Zeit zum Suchen von Werkzeugen (z. B. Implementierung von 5S)	BM	◕	◕
	ME4	Geringe Motivation der Mitarbeiter	ME4-1	Reduzierung der Arbeitszeit der Mitarbeiter durch Erhöhung deren intrinsischen Motivation	BM	◕	◑
			ME4-2	Reduzierung der Arbeitszeit der Mitarbeiter durch Erhöhung deren extrinsischen Motivation	BM	◕	◑
	ME5	Personalstundensatz der Mitarbeiter	ME5-1	Reduzierung des Personalstundensatzes der entlang der PBF-LB/M-Prozesskette tätigen Mitarbeiter durch Auslagerung der Produktion zu alternativen Standorten mit gerinererem Personalstundensatz	WA	◔	○
			ME5-2	Reduzierung des Personalstundensatzes der entlang der PBF-LB/M-Prozesskette tätigen Mitarbeiter durch Verteilung von Tätigkeiten auf Mitarbeiter mit niedrigerem Lohn / Gehalt	WA	◕	◑

			ME5-3	Reduzierung des Personalstundensatzes der entlang der PBF-LB/M-Prozesskette tätigen Mitarbeiter durch Beschäftigung von Mitarbeitern mit niedrigerem Lohn / Gehalt	WA	◑	◔
Maschine: Nutzung der PBF-LB/M-Maschine	MA1	Betriebszeit der PBF-LB/M-Maschine	MA1-1	Reduzierung der Betriebszeit der PBF-LB/M-Maschine durch Verwendung von Maschinen mit höherer Laseranzahl mit dem Ziel zur Steigerung der Produktivität	BM	◑	○
			MA1-2	Reduzierung der Betriebszeit der PBF-LB/M-Maschine durch Verwendung alternativer Prozessparameter zum Belichten der Bauteile und Stützstrukturen mit dem Ziel zur Steigerung der Produktivität	BM	◕	◑
			MA1-3	Reduzierung der Betriebszeit der PBF-LB/M-Maschine durch Verwendung einer Bauplattentemperierung (vgl. Abschnitt 2.1.5) mit dem Ziel zur Steigerung der Produktivität	BM	◑	◑
			MA1-4	Reduzierung der Betriebszeit der PBF-LB/M-Maschine durch Erhöhung der Schichtdicke mit dem Ziel zur Steigerung der Produktivität	BM	◕	◑
	MA2	Rüstzeit der PBF-LB/M-Maschine	MA2-1	Reduzierung der Rüstzeit der PBF-LB/M-Maschine durch laufzeitparalleles Rüsten der PBF-LB/M-Maschine (z. B. durch Vorbereitung des Wechsels der Bauplatte)	BM	◕	◑
			MA2-2	Reduzierung der Rüstzeit der PBF-LB/M-Maschine durch Schulung / Fortbildung der Mitarbeiter	BM	●	●
			MA2-3	Reduzierung der Rüstzeit der PBF-LB/M-Maschine durch Verwendung alternativer Peripheriegeräte	BM	◑	◑
	MA3	Maschinenstundensatz der PBF-LB/M-Maschine	MA3-1	Reduzierung des Maschinenstundensatzes der PBF-LB/M-Maschine durch Erhöhung der Auslastung der PBF-LB/M-Maschine	WA	◔	◔
			MA3-2	Reduzierung des Maschinenstundensatzes der PBF-LB/M-Maschine durch Verwendung von kostengünstigeren PBF-LB/M-Maschinen	WA	◔	◔

Legende:

○ nicht erfüllt ◔ kaum erfüllt ◑ teilweise erfüllt ◕ weitestgehend erfüllt ● vollständig erfüllt

BM: Reduzierung der Bedarfsmenge der Ressource

BT: Erhöhung des Bedarfsturnus der Ressource

WA: Reduzierung des Wertansatzes der Ressource

A3 Ergänzende Informationen zur Fallstudie im Forschungsumfeld

Tabelle 20: Rahmenbedingungen der Fallstudie im Forschungsumfeld

Rahmenbedingung	Ausprägung
RBed 1. Produktionslos	
▪ Zu fertigendes Bauteil:	*Bohrschablone, siehe Abbildung 40*
▪ Anzahl an zu fertigenden Bauteilen:	*acht (einmalig)*
▪ Erforderliche Anzahl an Prozesskettendurchläufen:	*vier*
▪ Werkstoff des Metallpulvers	*Ti6Al4V (Grade 5)*
RBed 2. Funktionelle Einheit	*eine Bohrschablone*
RBed 3. Produktionssystem	
▪ Angewandte PBF-LB/M-Prozesskette:	*siehe Abbildung 41*
▪ Prozessschrittspezifisches Mindest-Verhältnis $N_{Vp;min}$:	*Reinigung des Nassabscheiders,* $N_{Vp;min} = 0{,}5$ *Reinigung der Produktionsstätte,* $N_{Vp;min} = 0{,}2$
▪ Produktionsstätte:	*PBF-LB/M-Labor am Standort in Bayreuth, siehe Abbildung 39*
▪ Genutzte Maschinen und Peripheriegeräte:	*PBF-LB/M-Maschine: Orlas Creator RA (O.R. Lasertechnologie GmbH)* *Nassabscheider: NA7-26 (Ruwac Industriesauger GmbH)* *Umluftkammerofen: NA 120/85 (Nabertherm GmbH)* *Bandsäge: Bitron 300 3d Cut (Klaeger Sägetechnik GmbH)*
▪ Berücksichtige Maschinen und Peripheriegeräte der Ressource *Maschine*:	*PBF-LB/M-Maschine: Orlas Creator RA (O.R. Lasertechnologie GmbH)*
RBed 4. Maßnahmeneinschränkung	*Kein hard- oder softwareseitiger Eingriff in die PBF-LB/M-Maschine* *Keine Maßnahmen zur Adaption der PBF-LB/M-Prozessparameter* *Kein Wechsel des Metallpulverwerkstoffs*
RBed 5. Ökon. Bewertung	
▪ Ökon. Wertansatz der Ressource *Material*:	*Metallpulver: 250 €/kg (konstant)* *Strom: 0,20 €/kWh (konstant)* *Inertgas Argon: 2,40 €/m³ (konstant)* *Beschichterlippe: 2,50 €/Stück (konstant)* *Bauplatte: 185,51 €/Stück (konstant)* *Prozessgasfilter: 299 €/Stück (konstant)* *Entsorgung: 0,91 €/kg (konstant)* *(jeweils Einstandspreis)*
▪ Ökon. Wertansatz der Ressource *Mensch*:	*Personalstundensatz Mitarbeiter: 40 €/h (konstant)*
▪ Ökon. Wertansatz der Ressource *Maschine*:	*Maschinenstundensatz PBF-LB/M-Maschine: 30 €/h (konstant)*
RBed 6. Ökol.- ökon. Bewertung	
▪ Festgelegter $CO_{2äq}$-Preis:	*200 €/kg* $CO_{2äq}$

Hotspot: #2 »Material beim PBF-LB/M-Prozess«

1. Hintergrund

- PBF-LB/M-Prozess: Schicht-für-Schicht-Bauprozess bestehend aus Beschichtung, Belichtung und Absenkung
- 22,8 % der gesamten Kosten, die durch die Anwendung der Methodik reduziert werden können, treten in Form der Ressource *Material* beim *PBF-LB/M-Prozess* auf
- Zu berücksichtigende Maßnahmeneinschränkung (vgl. RBed 4):
  - Kein hard- oder softwareseitiger Eingriff in die PBF-LB/M-Maschine
  - Keine Maßnahmen zur Adaption der Prozessparameter

2. Ausgangs-Zustand

Ökon. (siehe Rbed. 5) und ökol.-ökon. (siehe RBed 6) Kostenbewertung

Material	$MW_M \times (1 + MGKZ)$	$SE_M \times CP$	Anwendung
Metallpulver	250 €/kg	10,22 €/kg	Pulververluste, siehe Tabelle 5
Inertgas	2,40 €/m²	0,49 €/m³	Reduzierung Sauerstoffkonzentration beim Prozess
Strom	0,20 €/kWh	0,11 €/kWh	PBF-LB/M-Maschine, siehe Gl. (2.5)
Beschichterlippe	2,50 €/Stk	0,02 €/Stk	Auftrag des Metallpulvers
Bauplatte	185,51 €/Stk	4,79 €/Stk	Befestigung, Wärmeabfuhr
Prozessgasfilter	300 €/Stk	1,87 €/Stk	Filterung der Prozessgasatmosphäre

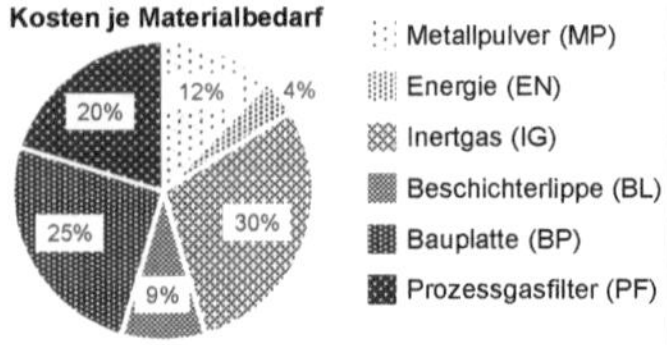

3. Ziel-Zustand

- Reduzierung der durch den Materialbedarf im Hauptprozess entstehenden Kosten um 30%.
- Fokus der Maßnahmen auf die Ressourcenbedarfe mit der höchsten kostenbasierten Kategorisierung: Inertgas, Prozessgasfilter und Bauplatte.
- Umsetzung der Maßnahmen bis zum 15.02.2024.
- Die Kosteneinsparungen erhöhen die Wahrscheinlichkeit zur Durchführung von Folgeprojekten

4. Analyse der Ursachen

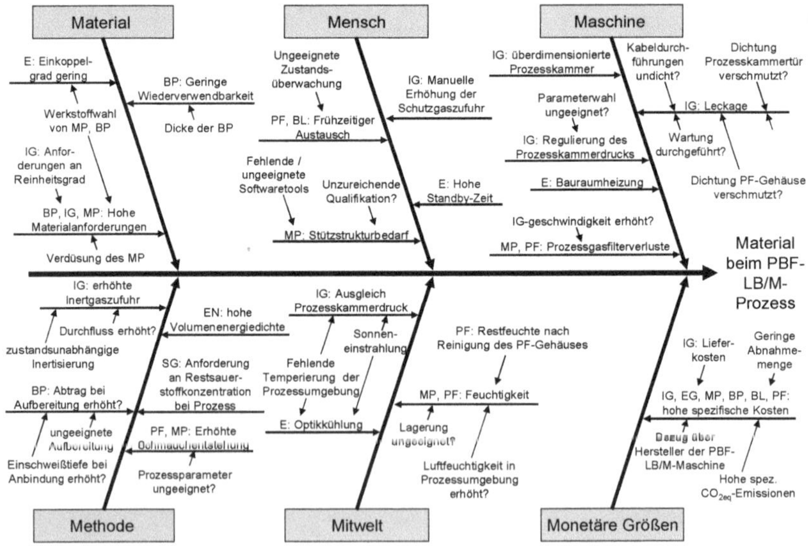

Abbildung 53: A3-Report für Hotspot #11 im Rahmen der Fallstudie im Forschungsumfeld (Teil 1)

Autor: Alexander Mahr | **Datum: 30.09.2024**

5. Ableitung potenzieller Maßnahmen

Ursache	U	Potenzielle Maßnahme	AM	AQ	AS	W	R	MPZ
U1. IG-Verlust infolge Leckage der PBF-LB/M-Maschine	4	M1-1. Überprüfung des Sitzes der Gaskupplungen	1	1	1	3	4	48
		M1-2. Überprüfung der Dichtheit des PF-Gehäuses und der Prozesskammertür	1	1	1	4	8	**128**
		M1-3. Reduzierung des Wartungsturnus durch OEM	1	1	1	6	2	48
U2. IG-Ausstoß infolge Regulierung des Prozesskammerdrucks	3	M2-1. Anpassung der Druckregulierung der Prozesskammer	1	1	1	8	3	72
U3. Erhöhter IG-Bedarf aufgrund überdimensionierter Prozesskammer	3	M3-1. Verkleinerung der Prozesskammer (z. B. Rückseite)	1	0	1	4	3	0
U4. Kontinuierliche IG-Zufuhr in PBF-LB/M-Maschine trotz Unterschreiten der minimalen Restsauerstoffkonzentration	9	M4-1. Erweiterung der Maschinensoftware: IG-zufuhr in Abhängigkeit der Restsauerstoffkonzentration	0	1	1	9	4	0
		M4-2. DoE zur Ermittlung der minimalen IG-konzentration für eine Restsauerstoffkonzentration von 0,1 Vol.-%	1	1	1	7	6	**441**
U5. Geringer Turnus zum Austauch des PF	4	M5-1. DoE zur Minimierung der IG-geschwindigkeit	1	1	1	3	5	60
		M5-2. Erhöhung des maximalen Differenzdrucks für die Notwendigkeit eines PF-Austausches	1	0	0	5	9	0
		M5-3. Regelmäßiges Absaugen oder Abblasen des PF	1	1	0	7	6	0
U6. Geringe BP-Wiederverwendbarkeit	7	**M6-1. Einholung von Angeboten über höhere BP**	1	1	1	8	8	**448**
U7. Fehlende Temperierung der Prozessumgebung	2	M7-1. Installation einer Raumlufttechnischen Anlage	1	1	1	9	1	18
U8. Reduzierung des Volumens an Stützstrukturen	2	M8-1. Erprobung weiterer Softwaretools	1	1	1	5	4	40
		M8-2. Erprobung von anderen Gestaltungsprinzipien der Stützstruktur	1	1	1	4	5	40
		M8-3. Auffrischung der Softwareschulung	1	1	1	3	4	24
U9. Ungeeignete Aufbereitung der BP	5	M9-1. Investition in Schleifmaschine zur Aufbereitung der BP	1	1	1	6	3	90
		M9-2. DoE zur Ermittlung des minimalen Abtrags bei der Aufbereitung	1	1	1	4	5	100
U10. Einschweißtiefe bei Anbindung der Stützstrukturen an BP erhöht	3	M10-1. DoE zur Minimierung der Einschweißtiefe bei Stützstrukturbelichtung unter Berücksichtigung der Festigkeit der Anbindung	1	1	1	4	4	48
U11. Feuchtigkeit des PF und MP	5	**M11-1. Lagerung von PF und MP mit Trockenpads vor Einsatz**	1	1	1	8	8	**320**
U12. Hohe Materialanforderungen an MP	7	M12-1. Erprobung von wasserverdüstem Metallpulver	1	0	1	8	4	0
		M12-2. Erprobung von Metallpulver mit breiterer Partikelgrößenverteilung	0	0	1	4	6	0
U13. Hohe Materialanforderungen an IG	4	M13-1. DoE zur Überprüfung der Eignung von IG mit geringerem Reinheitsgrad	1	1	1	5	5	100
U14. Hohe Materialanforderungen an BP	5	M14-1. DoE zur Überprüfung der Eignung von BP aus kostengünstigeren Werkstoffen	1	1	1	3	3	45
U15. Hohe spezifische MP-Kosten	5	M15-1. Einholung von Alternativangeboten für MP	1	1	1	3	7	105
U16. Hohe spezifische EN-Kosten	2	M16-1. Einholung von Alternativangeboten für EN	1	1	1	2	1	6
U17. Hohe spezifische IG-Kosten	6	M17-1. Einholung von Alternativangeboten für IG	1	1	1	3	6	108
U18. Hohe spezifische BL-Kosten	4	M18-1. Einholung von Alternativangeboten für BL	1	1	1	8	2	64
U19. Hohe spezifische BP-Kosten	7	**M19-1. Einholung von Alternativangeboten für BP**	1	1	1	8	5	**280**
U20. Hohe spezifische PF-Kosten	8	**M20-1. Einholung von Alternativangeboten für PF**	1	1	1	8	3	**192**

6. Auswahl und Umsetzung der Maßnahmen

Maßnahme	Terminierung	Verantwortung/ Sponsor	Datum des Entwicklungsfortschritts 20%	40%	60%	80%	100%	Bemerkung
M6-1. Einholung von Angeboten über höhere BP M19-1. Einholung von Alternativangeboten	31.01.2024	AM/ AM	03.10. 2023	11.10. 2023	11.10. 2023	02.11. 2023	02.11. 2023	
M4-2. DoE zur Ermittlung der minimalen IG-konzentration für eine Restsauerstoffkonzentration von 0,1 Vol.-%		AM/ AM	04.10. 2023	03.01. 2024	03.01. 2024	03.01. 2024	03.01. 2024	
M11-1. Lagerung von PF und MP mit Trockenpads vor Einsatz		AM/ AM	03.10. 2023	03.10. 2023	04.12. 2023	05.12. 2023	21.12. 2023	
M20-1. Einholung von Alternativangeboten für PF		AM/ AM	03.10. 2023	×	×	×	×	Keine alternativen und kompatiblen PF gefunden
M1-2. Überprüfung der Dichtheit des PF-Gehäuses und der Prozesskammertür		AM/ AM	04.10. 2023	21.11. 2023	21.11. 2023	21.11. 2023	21.11. 2023	

Abbildung 54: A3-Report für Hotspot #11 im Rahmen der Fallstudie im Forschungsumfeld (Teil 2)

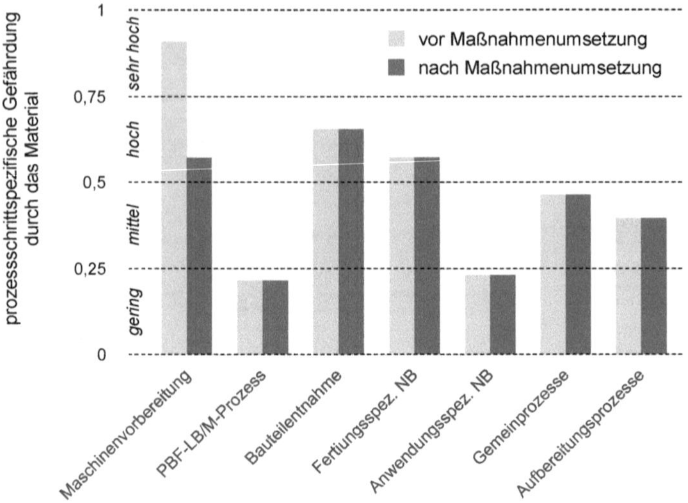

Abbildung 55: Bewertung der Gefährdung bei der prozessschrittspezifischen Materialhandhabung je Hauptprozess im Rahmen der Fallstudie im Forschungsumfeld; in Anlehnung an [MAH21, VDI24a]

A4 Ergänzende Informationen zur Fallstudie im Industrieumfeld

Tabelle 21: Rahmenbedingungen der Fallstudie im Industrieumfeld

Rahmenbedingung	Ausprägung
RBed 1. Produktionslos	
▪ Zu fertigendes Bauteilset:	*Bauteilset, bestehend aus acht Zentrierbolzen*
▪ Anzahl an zu fertigenden Bauteilsets:	*acht (pro Jahr)*
▪ Erforderliche Anzahl an Prozesskettendurchläufen:	*acht (pro Jahr)*
▪ Werkstoff des Metallpulvers	*1.4404 bzw. AISi 316 L (korrosionsbeständiger Edelstahl)*
RBed 2. Funktionelle Einheit	*Bauteilset bestehend aus acht Zentrierbolzen*
RBed 3. Produktionssystem	
▪ Angewandte PBF-LB/M-Prozesskette:	*Siehe Abbildung 47*
▪ prozessschrittspezifische Mindest-Verhältnis $N_{Vp;min}$	*Reinigung des Nassabscheiders,* $N_{Vp;min} = 0{,}09$ *Reinigung der Produktionsstätte,* $N_{Vp;min} = 0{,}09$
▪ Produktionsstätte:	*N/A*
▪ Genutzte Maschinen und Peripheriegeräte:	*PBF-LB/M-Maschine: TruPrint 1000 (TRUMPF Laser- und Systemtechnik GmbH)* *Nassabscheider: NA7-11 (Ruwac Industriesauger GmbH)* *Bandsäge: N/A* *Siebstation: N/A*
Berücksichtige Maschinen und Peripherigeräte der Ressource Maschine:	*PBF-LB/M-Maschine: TruPrint 1000 (TRUMPF Laser- und Systemtechnik GmbH)*
RBed 4. Maßnahmeneinschränkung	*Kein hard- oder softwareseitiger Eingriff in die PBF-LB/M-Maschine* *Keine Maßnahmen zur Adaption der PBF-LB/M-Prozessparameter* *Kein Wechsel des Metallpulverwerkstoffs*
RBed 5. Ökon. Bewertung	
▪ Ökon. Wertansatz *der* Ressource *Material*	*Metallpulver: N/A (konstant)* *Strom: N/A (konstant)* *Inertgas Argon: N/A (konstant)* *Beschichterlippe: N/A (konstant)* *Bauplatte: N/A (konstant)* *Prozessgasfilter: N/A (konstant)* *(jeweils Einstandspreis)*
▪ Ökon. Wertansatz *der* Ressource *Mensch*	*N/A (konstant)*
▪ Ökon. Wertansatz der Ressource *Maschine*	*N/A (konstant)*
RBed 6. Ökol.- ökon. Bewertung	
▪ Festgelegter $CO_{2äq}$-Preis:	*100 €/kg* $CO_{2äq}$

Hotspot: #11 »Mensch bei der fertigungsspezifischen Nachbearbeitung «

1. Hintergrund

- Fertigungsspezifische Nachbearbeitung: Abtrennen der Bauteile von der Bauplatte mittels Bandsäge sowie anschließende manuelle Entfernung der Stützstrukturen mittels diverser Werkzeuge (z. B. Hammer, Meisel, Zange, Feile)
- 23,4 % der gesamten Kosten, die durch die Anwendung der Methodik reduziert werden können, treten in Form der *RjH Mensch* bei der *fertigungsspezifischen Nachbearbeitung* auf
- Produktionslos: Bauteilset bestehend aus 8 Bauteilen mit geringfügig abweichender Geometrie
- Das Volumen der Stützstrukturen entsprechen 6 % des Bauteilvolumens
- Zu berücksichtigende Maßnahmeneinschränkung (vgl. RBed 4): keine
- Einhaltung der definierten Anforderungen an Form- und Maßhaltigkeit

2. Ausgangs-Zustand

Ökonomische Kostenbewertung (siehe Rbed. 5):

Wertansatz	Wert
Personalstundensatz	N/A
Restfertigungsgemein-kostenzuschlagssatz	N/A

Die überwiegende Arbeitszeit im Hauptprozess *Fertigungsspezifische Nachbearbeitung* fällt bei der manuellen Entfernung der Stützstrukturen je Bauteilset an.

Arbeitszeit je Prozessschritt

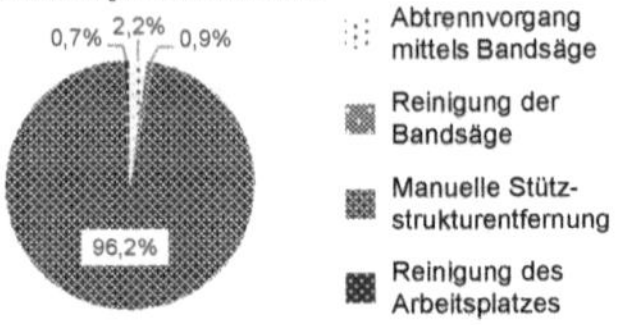

3. Ziel-Zustand

- Reduzierung der Arbeitszeit und dadurch der Kosten im Hauptprozess um 20%.
- Umsetzung der Maßnahmen bis zum N/A.
- Fokus der Maßnahmen auf die Reduzierung der Arbeitszeit zur manuellen Entfernung der Stützstrukturen.
- Durch den effizienten Einsatz der Ressource *Mensch* kann das Unternehmen die Produktivität steigern und auf den steigenden Fachkräftemangel reagieren.

4. Analyse der Ursachen

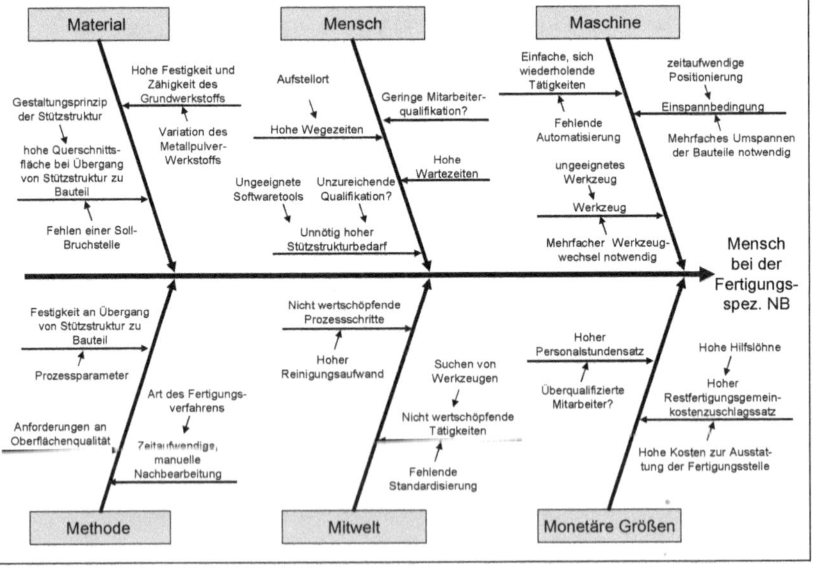

Abbildung 56: A3-Report für Hotspot #11 im Rahmen der Fallstudie im Industrieumfeld (Teil 1)

Autor: MK, AM	Datum: N/A

5. Ableitung potenzieller Maßnahmen

Ursache	U	Potenzielle Maßnahme	AM	AQ	AS	W	R	MPZ
U1. Hoher NB-Aufwand aufgrund hoher Querschnittsfläche bei Übergang von Stützstruktur zu Bauteil	5	M1-1. Variation des Gestaltungsprinzips der Stützstruktur	1	1	1	4	6	120
		M1-2: Verjüngung des Übergangs von Stützstruktur zu Bauteil (Soll-Bruchstelle)	1	1	1	5	7	175
U2. Hoher NB-Aufwand aufgrund Festigkeit und Duktilität des Stützstruktur-Werkstoffs	7	M2-1. Variation des Metallpulver-Werkstoffs	0	1	1	6	3	0
		M2-2. Variation der Prozessparameter an Übergang von Stützstruktur und Bauteil	0	1	1	6	4	0
U3. Hohe Wegezeiten	1	M3-1. Anordnung der Arbeitsplätze, Maschinen und Peripheriegeräte auf Basis eines Spaghetti-Diagramms	1	1	1	7	7	49
U4. Hoher NB-Aufwand aufgrund ungeeigneter Stützstruktur-Auslegung	2	M4-1. Erprobung von alternativen oder neuen Softwaretools zur Stützstruktur-Auslegung	1	1	1	5	4	40
		M4-2. Auffrischung der Softwareschulung	1	1	1	3	4	24
U5. Fehlendes Mitarbeiter-Wissen über geeignete manuelle NB	3	M5-1. Durchführung von Weiterbildungsmaßnahmen	1	1	1	4	8	96
U6. Hoher NB-Aufwand aufgrund einer Vielzahl an einfachen, sich wiederholenden Tätigkeiten	8	M6-1. Anfrage über mögliche Automatisierung der NB (z. B. kollaborativer Roboter)	1	1	1	8	2	128
		M6-2. Anbringen eines Aufmaßes an den Bauteilen bei Datenvorbereitung und automatisierte maschinelle NB mittels Fräsen	1	1	1	8	7	**448**
U7. Zeitaufwendige Positionierung und Einspannung der Bauteile	5	M7-1. Beschaffung und Erprobung von kommerziell erhältlichen Schnellspann-Vorrichtungen	1	1	1	3	8	120
		M7-2. Beschaffung und Erprobung von kommerziell erhältlichen Mehrfach-Schraubstöcken	1	1	1	2	8	80
		M7-3. Entwicklung von bauteilspezifischen Aufnahmen (Negativ-Geometrie der Bauteile)	1	1	1	8	6	**240**
U8. Ungeeignetes NB-Werkzeug	3	M8-1. Beschaffung und Erprobung alternativer NB-Werkzeuge	1	1	1	6	8	144
		M8-2. Beschaffung und Erprobung von NB-stationen	1	1	1	5	6	90
U9. hohe Anforderungen an Oberflächenqualität	6	M9-1. Reduzierung der Anforderungen an die mittels NB zu erzielende Oberflächenqualität	1	0	1	7	9	0
U10. Hoher Reinigungsaufwand	4	M10-1. Kapselung des NB-Arbeitsplatzes	1	1	1	5	5	100
		M10-2. Installation einer Punktabsaugung bei NB-Arbeitsplatz	1	1	1	7	5	140
U11. Hoher Personalstundensatz	6	M12-1. Durchführung der Tätigkeiten durch Hilfsarbeiter	1	1	1	5	4	120
U12. Hoher Restfertigungsgemeinkostenzuschlagssatz	4	M12-1. Reduzierung der RFGK durch Verwendung von kostengünstigen (z. B. gebrauchten) Werkzeugen	1	1	1	3	6	72
		M12-1. Reduzierung der RFGK durch Reduzierung des Anteils an nicht wertschöpfenden Hilfstätigkeiten durch Etablierung von 5S am NB-Arbeitsplatz	1	1	1	6	4	96

6. Auswahl und Umsetzung der Maßnahmen

Maßnahme	Terminierung	Verantwortung/ Sponsor	Datum des Entwicklungsfortschritts 20%	40%	60%	80%	100%	Bemerkung
M6-2. Anbringen eines Aufmaßes an den Bauteilen bei Datenvorbereitung und automatisierte maschinelle NB mittels Fräsen	N/A	MK/ RE	N/A	N/A	N/A	N/A	N/A	
M7-3. Entwicklung von bauteilspezifischen Aufnahmen für eine Einspannung in der Fräsmaschine (Umsetzung als Negativ-Geometrie der Bauteile)		MK/ RE	N/A	N/A	N/A	N/A	N/A	

Abbildung 57: A3-Report für Hotspot #11 im Rahmen der Fallstudie im Industrieumfeld (Teil 2)

Betreute studentische Arbeiten

Im Rahmen der vorliegenden Arbeit entstanden im Zeitraum von 2020 bis 2023 die folgenden studentischen Arbeiten am Lehrstuhl Umweltgerechte Produktionstechnik der Universität Bayreuth unter Betreuung durch den Autor. Die Ergebnisse der studentischen Arbeiten sind teilweise in die vorliegende Arbeit eingeflossen. Hierfür sei allen Studierenden herzlich für ihre Unterstützung gedankt.

Huber, Tobias Maximilian

Entwicklung einer Methodik zur Abschätzung des Gefährdungspotentials luftgetragener Emissionen in der additiven Fertigung, Masterarbeit, 2020.

Wienert, Christian

Machbarkeitsanalyse und Bewertung einer hybriden Fertigung von Ti6Al4V-Strukturen auf subtraktiv gefertigten Halbzeugen beim Laser-Strahlschmelzen, Masterarbeit, 2021.

Tonhäuser, Kathrin

Nachhaltigkeit in der additiven Fertigung: Bewertung der Anwendersicherheit von metallischen Pulverwerkstoffen am Beispiel vom Laserstrahlschmelzen, Masterarbeit, 2022.

Faatz, Katharina Emma

Methoden der Digitalisierung von Getriebeteilen in der Additiven Refabrikation, Bachelorarbeit, 2022.

Schwechel, Eyck

Qualifizierung und Quantifizierung von Nachhaltigkeitsaspekten bei pulverbettbasierten additiven Fertigungsverfahren, Masterarbeit, 2022.

Herth, Leonie

Entwicklung einer Methode zur Bewertung der Nachhaltigkeit und Identifikation von Optimierungspotentialen beim Laserstrahlschmelzen, Masterarbeit, 2022.

Kröner, Svenja Mareike Alexandra

Entwicklung einer Methodik zur Auswahl von Maßnahmen zur Steigerung von Nachhaltigkeitskennwerten für die additive Fertigung, Studienarbeit, 2022.

Benker, Simeon

Ökologische und ökonomische Handhabung von Abfallprodukten beim pulverbettbasierten Schmelzen von Metallen mittels Laserstrahl, Masterarbeit, 2023.

Kaminski, Silvia

Methodenentwicklung zur unternehmensspezifischen Identifikation eines relevanten Handlungsfeldes und Ableitung von geeigneten Maßnahmen zur Verbesserung der Nachhaltigkeit für das additive Fertigungsverfahren PBF-LB/M, Masterarbeit, 2023.

Lebenslauf

Name: Alexander Mahr
Geburtstag: 18.09.1991
Geburtsort: Lichtenfels

Beruflicher Werdegang

10 / 2023 – heute	Akademischer Rat auf Zeit am Lehrstuhl Umweltgerechte Produktionstechnik der Universität Bayreuth
12 / 2021 – 10 / 2023	Wissenschaftlicher Mitarbeiter an der Fraunhofer-Projektgruppe Prozessinnovation des Fraunhofer Instituts für Produktionstechnik und Automatisierung IPA in Bayreuth
09 / 2018 – heute	Laborleiter an der Fraunhofer-Projektgruppe Prozessinnovation des Fraunhofer Instituts für Produktionstechnik und Automatisierung IPA in Bayreuth
11 / 2017 – 12 / 2021	Wissenschaftlicher Mitarbeiter am Lehrstuhl Umweltgerechte Produktionstechnik der Universität Bayreuth

Studium

04 / 2015 – 09 / 2017	Master of Science: Maschinenbau an der Friedrich–Alexander–Universität Erlangen–Nürnberg, *mit Auszeichnung bestanden*
10 / 2011 – 03 / 2015	Bachelor of Science: Maschinenbau an der Friedrich–Alexander–Universität Erlangen–Nürnberg

Schulbildung

09 / 2002 – 04 / 2011	Allgemeine Hochschulreife am Naturwissenschaftlich-technologischen und Sprachlichen Gymnasium Burgkunstadt

FSC
www.fsc.org
MIX
Papier | Fördert
gute Waldnutzung
FSC® C083411

Kolibri 360 GmbH
Ferdinand-Jühlke-Straße 7
99095 Erfurt, Deutschland
produktsicherheit@kolibri360.de